現代表面科学シリーズ

表面物性

日本表面科学会 ［編集］
担当編集幹事 坂本一之

MODERN SURFACE SCIENCE SERIES　Vol.3

3

共立出版

現代表面科学シリーズ編集委員会

担当理事	田沼繁夫	物質・材料研究機構 中核機能部門
委員長	近藤 寛	慶應義塾大学 理工学部
	阿部芳巳	株式会社三菱化学科学技術研究センター
	板倉明子	物質・材料研究機構 ナノ計測センター
	犬飼潤治	山梨大学 燃料電池ナノ材料研究センター
	岩本光正	東京工業大学 大学院理工学研究科
	宇理須恒雄	名古屋大学 革新ナノバイオデバイス研究センター
	荻野俊郎	横浜国立大学 大学院工学研究院
	久保田純	東京大学 大学院工学系研究科
	粉川良平	株式会社島津製作所 分析計測事業部
	坂本一之	千葉大学 大学院融合科学研究科
	白石賢二	筑波大学 大学院数理物質科学研究科
	菅原康弘	大阪大学 大学院工学研究科
	鈴木峰晴	パーク・システムズ・ジャパン株式会社
	永富隆清	大阪大学 大学院工学研究科
	中山知信	物質・材料研究機構 国際ナノアーキテクトニクス研究拠点
	名取晃子	電気通信大学 名誉教授
	福島 整	物質・材料研究機構 ナノ計測センター
	本間芳和	東京理科大学 理学部
	松井文彦	奈良先端科学技術大学院大学 物質創成科学研究科
	柳内克昭	TDK 株式会社 ヘッドビジネスグループ

(五十音順)

シリーズ刊行にあたって

　表面科学は物の表面で起こる現象を科学の目で探求する学問だが，この30年あまりの間に，学問としての深化はもちろん，その対象領域の広がりや社会との繋がりの深さにおいて大きな発展を遂げた．表面科学の学問としての発展には，新しい方法論の開発やそれに基づく新概念の提出，新しい表面物質系の発見など幾つかの鍵となるブレークスルーがあるが，それらが上手く絡み合って，昔は想像でしか語ることができなかった表面の世界を，今日では原子レベルで理解し，精密に制御し，新しい物質やエネルギーを生み出す特異な場に造り変えることができるようになった．また，当初は，物の中身ではなく，表面という一見して二義的かつ難解なものを相手にしているように見えた表面科学は，半導体産業の微細加工技術の高度化やナノテクノロジーの登場など，比表面積の大きい微細な物を扱う技術が現代社会のキーテクノロジーになることに伴って，様々な産業分野で大きく貢献するようになった．さらに，今日の社会にとって大きな課題となっているエネルギー問題や環境問題を解決していくための新しい物質系や新技術の開発において，無くてはならない基幹学問の一つになっている．

　このように表面科学の学問的・社会的重要性がますます高まるなかで，日本表面科学会は2009年に設立30周年を迎えた．日本表面科学会では設立30周年を記念して，表面科学に親しみながら現代社会における役割を広く理解してもらうとともに，急速に発展してきた表面科学の最新の学問体系を分かりやすく学んでもらい，大学・大学院での講義や研究・開発の現場での実践に活かしてもらえるようなシリーズを世に送ることを期して，ここに「現代表面科学シリーズ」を刊行することになった．

　本シリーズは，入門編（第1巻），学問編（第2～4巻），生活・実用編（第5巻），演習編（第6巻）の全6巻で構成される．第1巻「表面科学こと始め－開拓者たちのひらめきに学ぶ－」は，表面科学の開拓者が記した原典の解説とその研究にまつわるエピソードの紹介を通して，表面科学の学問としての誕生の様子を様々な角度から学んでいただくと同時に，優れた研究が生まれる瞬間に何が大切なのかを知っていただくことができる巻になっている．第2～4巻は，大学・大学院あるいは講習会等での教科書，ある

いは学生や研究者の自習書として使っていただくことを意図しており，表面科学の学問体系を「表面科学の基礎」，「表面物性」，「表面新物質創製」の3巻で構成し，最新の研究成果も織り交ぜながら分かりやすく丁寧に解説している。第5巻「ひとの暮らしと表面科学」は私たちの実生活の中の色々なトピックを切り口に，表面の様子やその役割を紹介し，表面科学が一見関係なさそうに見えて実は表面科学が重要な役割を果たしている例や，表面科学的アプローチのエッセンスなどを解説している。第6巻「問題と解説で学ぶ表面科学」は第1巻から5巻までで学んだ表面科学の考え方や実験・解析手法を実践で使えるように，重要な概念や実験・解析方法に関する多くの具体的事例を取り上げ，各演習問題とその解説を1ページにまとめて示した演習書になっている。表面の研究をするうえで役に立つ資料集も巻末に添付し，実践の場で読者に役立つ演習書を目指している。

　本シリーズが表面科学を体系的に学ぶ助けになるとともに，表面関係の実験や解析をする場合には必携の本となることを期待している。また，表面を専門としない一般の人にとっても，表面の面白さを知る一助になることを願っている。

　本シリーズの刊行にあたり，表面科学会内外の様々な分野から数十名にのぼる多くの方々にご執筆いただきました。編集委員会の難しい注文にお応えくださり，素晴らしい原稿をご執筆くださいました皆様方にこの場を借りて篤くお礼申し上げます。また，本シリーズの出版に際しては共立出版のご協力に感謝致します。

現代表面科学シリーズ編集委員会を代表して
近藤　寛

まえがき

　固体物質の構造を 3 次元から 2 次元に低下させると，たとえば 2010 年にノーベル物理学賞を射止めたグラフェンが興味深い電子状態を示すように，種々の新奇物理現象が発現することがある。このような 2 次元構造を有する物質研究の多くは空中に浮いたフリー・スタンディング状態でなく，その 2 次元物質を固体表面上に置いたり，固体表面上に成長させたりして行っている。このことは固体表面の物性を理解し，それが 2 次元物質に与える影響や化学反応による成長様式の制御に関する知見を得ることが重要であることを意味している。また固体表面は，固体内部からの表面垂直方向の連続性が途切れて 2 次元的構造を有しており，連続性・対称性の破れとスピン軌道相互作用によって非磁性体であってもスピン偏極電子バンドが発現するなど，表面自体が特異な 2 次元物性を示すことも多い。さらに，2 次元物質の代わりに原子・分子を吸着・反応させることで，表面上に固体には本来ない物性を発現する可能性を秘めた任意の低次元（2・1・ゼロ次元）構造体を作成することもできる。

　表面物性は低次元構造体のみでなく，世の中に浸透して久しいナノサイエンス・ナノテクノロジーという分野とも密接に関連する。一昔前まで「ミクロ」だった小さいものを表す接頭語は，現在では「ナノ」に置き換わったが，この 10^{-6} を表す「ミクロ」から 10^{-9} を表す「ナノ」へ物質の大きさが変わると，たとえば $1\mu m^3$ の立方体で 10^{-3} から 10^{-4} だった表面原子の割合が $1 nm^3$ の立方体では 0.5 程度となり，構造体の物性への「表面」の寄与が大きくなることがわかる。

　このような背景のもと，固体表面で起こる物理・化学現象に関する理解を深めていただくため，本巻「表面物性」では表面の基本的な性質からそこで発現する種々の物性を詳細に解説している。第 1 章「力学物性」では，熱力学によって表面張力やそれによる表面の構造決定が理解できることを説明するとともに，ナノスケール物質と密接に関連するナノメートルスケールでの摩擦現象，ナノトライボロジーについて示す。第 2 章「低次元物性」では，固体表面に存在する固体内部と異なる固有の電子状態，表面電子状態を説明し，低次元性・電子相関・スピン軌道相互作用に由来する表面電子の

振る舞いに関する物性を示す。第3章「電子的・電気的特性」では，表面での電気伝導と関連する，起源の異なる四つの表面電子状態，電荷の運動と密接に関連する波数空間内での表面電子状態の振る舞い（バンド構造），およびバンド湾曲と空間電荷層を説明し，表面平行方向と垂直方向の電気伝導に関して示す。第4章「表面・ナノ構造磁性」では，磁性体表面の物性だけでなく，非磁性体表面上に成長した薄膜・ナノワイヤ・ナノドットなどの低次元磁性構造体の物性を示す。低次元磁性体は，固体結晶では実現できない格子定数・結晶構造・低次元化合物などに起因した新奇な磁性を発現する。第5章「化学的特性」は，「化学的安定性，疎水性・親水性」に関わる物性と「反応性」に関わるものの二節に分け，物質の熱力学的安定性と表面特有の熱力学的・速度論的問題から環境と化学的安定性の相関を示すとともに，表面化合物の生成や触媒作用を示す。第6章「表面の素励起」では，表面フォノン・表面プラズモンの起源・測定方法などを説明し，それらが固体内のものとどのように異なるかを示し，低次元構造体での素励起やプラズモンと光との混成である表面プラズモンポラリトン，電子と正孔がクーロン力で互いに束縛された状態にあるエキシトンに関しても示す。第7章「非弾性トンネル分光」では，トンネル分光の原理から，分子振動を例に非弾性分光によって得られる表面固有の物性について示す。

　各章は，それぞれの分野の第一線で研究に従事されておられる専門家によって，その分野の概要と現在における到達点が理解できるように執筆されている。一方，全体を通読することによって「固体表面に固有の物性」に関する知見を深めることができるはずである。本書が，これから表面物性を志す研究者，表面物性のさらなる探求を目指す研究者にとって必携の本となることを期待している。

　　　2012年7月

担当編集幹事
坂本　一之

担当編集委員

坂本一之	千葉大学 大学院融合科学研究科	(担当編集幹事)
名取晃子	電気通信大学 名誉教授	
岩本光正	東京工業大学 大学院理工学研究科	
久保田純	東京大学 大学院工学系研究科	

執 筆 者

佐々木成朗	成蹊大学 理工学部	(第1章)
有賀哲也	京都大学 大学院理学研究科	(第2章)
長谷川修司	東京大学 大学院理学系研究科	(第3章)
小森文夫	東京大学 物性研究所	(第4章)
魚崎浩平	物質・材料研究機構 国際ナノアーキテクトニクス研究拠点	(5.1節)
野口秀典	物質・材料研究機構 国際ナノアーキテクトニクス研究拠点	(5.1節)
中村潤児	筑波大学 数理物質系	(5.2節)
長尾忠昭	物質・材料研究機構 国際ナノアーキテクトニクス研究拠点	(第6, 7章)

目　次

第1章　力学物性 …………………………………………………………… 1
1.1　熱力学 …………………………………………………………… 1
1.1.1　バルクの熱力学 ………………………………………… 1
1.1.2　表面の熱力学 …………………………………………… 2
1.1.3　表面張力とぬれ ………………………………………… 6
1.1.4　表面自由エネルギーと薄膜成長 ……………………… 8
1.1.5　結晶表面の静的・動的構造 …………………………… 10
1.2　摩擦のナノ力学 …………………………………………………… 12
1.2.1　ナノトライボロジー …………………………………… 12
1.2.2　ナノスケールの摩擦へのアプローチ ………………… 16
1.2.3　1次元 Tomlinson モデル ……………………………… 18
1.2.4　2次元 Tomlinson モデル ……………………………… 22
1.2.5　3次元 Tomlinson モデル ……………………………… 24
1.2.6　実験との比較 …………………………………………… 27
1.2.7　超潤滑 …………………………………………………… 30
1.2.8　超潤滑 C_{60} 分子ベアリング（実験）………………… 34
1.2.9　超潤滑 C_{60} 分子ベアリング（理論）………………… 38
引用・参考文献 ………………………………………………………… 42

第2章　低次元物性 ………………………………………………………… 44
2.1　低次元系としての表面 …………………………………………… 44
2.2　表面状態と表面共鳴 ……………………………………………… 45
2.3　パイエルス不安定性とパイエルス転移 ………………………… 48
2.4　電子相関の関係する物性現象 …………………………………… 57
2.4.1　モット絶縁体 …………………………………………… 57
2.4.2　近藤効果 ………………………………………………… 60
2.4.3　朝永-ラッティンジャー液体 …………………………… 63
2.5　スピン軌道相互作用がもたらす物性 …………………………… 64
2.5.1　ラシュバ効果 …………………………………………… 64

2.5.2 トポロジカル絶縁体 ……………………………… 68
引用・参考文献 ………………………………………………… 72

第3章 電子的・電気的特性 …………………………………… 75

3.1 表面電子状態 ……………………………………………… 75
 3.1.1 4種の表面状態 ……………………………… 75
 3.1.2 ショックレー状態とバンド分散 …………… 78
 3.1.3 空間反転対称性の破れの効果 ……………… 85
 3.1.4 ディラックコーン型表面状態 ……………… 88
 3.1.5 トポロジカル表面状態 ……………………… 89
3.2 仕事関数 …………………………………………………… 91
3.3 バンド湾曲と空間電荷層 ………………………………… 94
3.4 表面平行方向の伝導 ……………………………………… 98
 3.4.1 三つの伝導パス ……………………………… 98
 3.4.2 空間電荷層での伝導と電界効果トランジスタ …104
 3.4.3 表面状態伝導 ………………………………110
3.5 表面垂直方向の伝導 ……………………………………117
 3.5.1 ショットキー接触とオーム性接触 ………117
 3.5.2 ショットキー障壁と整流作用 ……………120
 3.5.3 ショットキー障壁の形成モデル …………121
 3.5.4 ショットキー障壁高の測定と接合の構造 …123
引用・参考文献 …………………………………………………129

第4章 表面・ナノ構造磁性 ………………………………… 132

4.1 はじめに …………………………………………………133
4.2 バルク強磁性体の表面 …………………………………135
4.3 エピタキシャル超薄膜の磁性 …………………………137
 4.3.1 エピタキシャル超薄膜磁性の面白さ ……137
 4.3.2 Cu(001)基板上のコバルト薄膜 ……………139
 4.3.3 Cu(001)基板上の鉄薄膜 ……………………143
 4.3.4 Cu(001)基板上のニッケル薄膜 ……………148
 4.3.5 タングステンとモリブデン基板上の鉄薄膜 …150
 4.3.6 反強磁性金属表面 …………………………153

 4.4　表面ナノ磁性体と孤立磁性原子 ································ 155
  4.4.1　磁性ワイヤ列 ·· 156
  4.4.2　単一磁区ナノドット ···································· 158
  4.4.3　単一原子のスピン検出 ································ 160
  4.4.4　単一原子の近藤効果 ···································· 161
 4.5　磁性を調べる方法 ·· 164
  4.5.1　スピン偏極走査型プローブ顕微鏡 (SP-SPM) ····· 164
  4.5.2　線形磁気光学カー効果 (SMOKE) 測定 ················ 165
  4.5.3　スピン偏極低速電子回折 (SPLEED) ················ 166
  4.5.4　スピン分解光電子分光 (SRPES) ······················ 166
  4.5.5　軟 X 線磁気円 2 色性 (XMCD) 測定 ················ 167
  4.5.6　磁気第二高調波発生 (MSHG) ···························· 167
  4.5.7　スピン偏極電子エネルギー損失分光 (SPEELS)
               ······ 168
 引用・参考文献 ·· 168

第 5 章　化学的特性 ·· **173**
 5.1　化学的安定性，疎水性・親水性およびそれらの制御 ············ 173
  5.1.1　化学的安定性 ·· 173
  5.1.2　表面の親水性・疎水性 ································ 183
  5.1.3　表面修飾による化学特性の制御 ······················ 187
 5.2　反応性 ·· 189
  5.2.1　表面化合物 ·· 189
  5.2.2　触媒作用 ·· 196
  5.2.3　表面反応の活性化エネルギー ························ 205
  5.2.4　まとめ ·· 211
 引用・参考文献 ·· 212

第 6 章　表面の素励起 ·· **213**
 6.1　はじめに ·· 213
 6.2　表面フォノン ·· 215
  6.2.1　バルクフォノンと表面フォノン ······················ 215
  6.2.2　表面フォノンの測定原理 ································ 216

6.2.3　表面フォノンの解析方法……………………………218
　　6.2.4　表面フォノン解析の具体例……………………………220
　6.3　表面プラズモン………………………………………………226
　　6.3.1　バルクプラズモンと表面プラズモン………………227
　　6.3.2　表面プラズモンポラリトン……………………………229
　　6.3.3　低次元電子系・金属ナノ構造のプラズモン………235
　　6.3.4　局在型のプラズモン……………………………………237
　6.4　表面エキシトン………………………………………………238
　　6.4.1　エキシトン………………………………………………238
　　6.4.2　表面・ナノ構造のエキシトン…………………………239
　引用・参考文献……………………………………………………242

第7章　非弾性トンネル分光……………………………………**244**
　7.1　はじめに………………………………………………………244
　7.2　トンネル分光…………………………………………………246
　7.3　非弾性トンネル分光…………………………………………249
　引用・参考文献……………………………………………………254

第 1 章

力学物性

1.1 熱力学

1.1.1 バルクの熱力学

表面の熱力学を取り扱う準備として，最初にバルクの熱力学を復習しておく．熱力学的平衡状態にある一成分系のバルクの内部エネルギー U は，エントロピー S，体積 V，粒子数 N といった示量変数の関数として $U = U(S, V, N)$ と書ける．熱力学第一法則

$$dU = TdS - PdV + \mu dN \tag{1.1}$$

と U の全微分

$$dU = \left(\frac{\partial U}{\partial S}\right)_{V,N} dS + \left(\frac{\partial U}{\partial V}\right)_{S,N} dV + \left(\frac{\partial U}{\partial N}\right)_{S,V} dN \tag{1.2}$$

から，示強変数である温度 T，圧力 P，化学ポテンシャル μ が

$$T = \left(\frac{\partial U}{\partial S}\right)_{V,N}, \quad P = -\left(\frac{\partial U}{\partial V}\right)_{S,N}, \quad \mu = \left(\frac{\partial U}{\partial N}\right)_{S,V} \tag{1.3}$$

第 1 章執筆：佐々木成朗

のように決まる。

内部エネルギー U，エントロピー S，体積 V，粒子数 N はすべて示量変数なので，スケーリング則

$$U(\lambda S, \lambda V, \lambda N) = \lambda U(S, V, N) \tag{1.4}$$

が成立する。式 (1.4) の両辺を λ で微分した後 $\lambda = 1$ とおくと

$$U(S,V,N) = S\left(\frac{\partial U}{\partial S}\right)_{V,N} + V\left(\frac{\partial U}{\partial V}\right)_{S,N} + N\left(\frac{\partial U}{\partial N}\right)_{S,V} \tag{1.5}$$

となる。本式に式 (1.3) を代入すると，内部エネルギー U

$$U = TS - PV + \mu N \tag{1.6}$$

が求まる。さらに U（式 (1.6)）の全微分に熱力学第一法則（式 (1.1)）を代入すると，バルクの示強変数 T, P, μ を関係づけるギブス-デュエムの式

$$SdT - VdP + Nd\mu = 0 \tag{1.7}$$

が得られる。

1.1.2 表面の熱力学

バルクの議論を，表面を含む系に適用する[1]。一般に二相が共存するとき，その境界面を界面あるいは表面という。ここでは図 **1.1**(a) のように，温度 T，圧力 P で，半無限の固相あるいは液相（相 1）が気相（相 2）と共存している一成分系の化学平衡を考える。たとえば固体表面はマイクロメートルのスケールで凹凸をもち，ナノスケールあるいは原子スケールでは様々な再構成，欠陥，吸着構造を有する。したがって図 1.1(a) に示すように表面相は相 1 から相 2 に連続的に変化する不均一な遷移層であり，その範囲は一意的に決まらない。表面の曲率が表面相の典型的な厚み（数百Å）より十分大きければ，表面の厚みは常に一定で表面相を挟む二つの界面の面積は等しいと考えてよい。そこで相 1 と相 2 が表面相を挟んで均一に分布しているような仮想的な平衡系を考える。このとき相 1 と相 2 の任意の示量変数 X_1, X_2 の和と系全体の X は一般的に一致しない。このずれ量

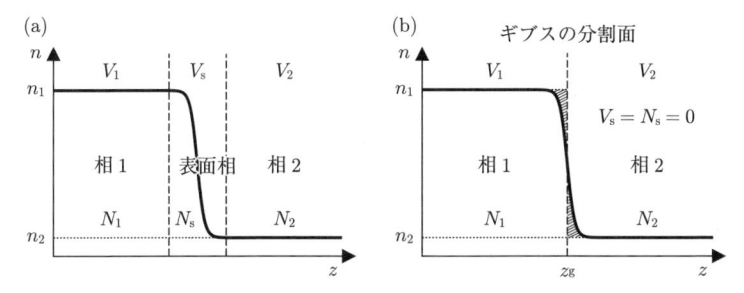

図 1.1 (a) 表面を含む系の模式図。表面垂直方向の距離 z の関数として粒子数密度をプロットした。(b) 斜線部の面積が等しくなるように決めたギブスの分割面 $z = z_\mathrm{g}$ は $N_\mathrm{S} = 0$ を満たす。

$$X_\mathrm{S} = X - X_1 - X_2 \tag{1.8}$$

を X の表面過剰と呼び，内部エネルギー U，エントロピー S，体積 V，粒子数 N に対してそれぞれの表面過剰

$$\begin{aligned} U_\mathrm{S} &= U - U_1 - U_2 \\ S_\mathrm{S} &= S - S_1 - S_2 \\ V_\mathrm{S} &= V - V_1 - V_2 \\ N_\mathrm{S} &= N - N_1 - N_2 \end{aligned} \tag{1.9}$$

が定義される。一方，体積密度

$$\begin{aligned} u_1 &= U_1/V_1, & u_2 &= U_2/V_2 \\ s_1 &= S_1/V_1, & s_2 &= S_2/V_2 \\ n_1 &= N_1/V_1, & n_2 &= N_2/V_2 \end{aligned} \tag{1.10}$$

は，相 1 と相 2 に固有の量であり，表面相の取り方には依存しない。

面積 A で接触しているバルクを無限に引き離すのに要する仕事は $2\gamma A$（図 1.2）である。比例係数 γ は単位面積あたりのエネルギー $\mathrm{J/m^2}$，つまり単位長さあたりに働く力 $\mathrm{N/m}$ と等価なので表面張力と呼ばれる[2]。表面張力 γ は表面積をできるだけ小さくするように働き，固体表面が複雑な凹凸形状を取ったり，水滴が丸くなったりする原因となる。したがって表面を含む系の内部エネルギー U は形成後の面積 A の表面がもつエネルギー

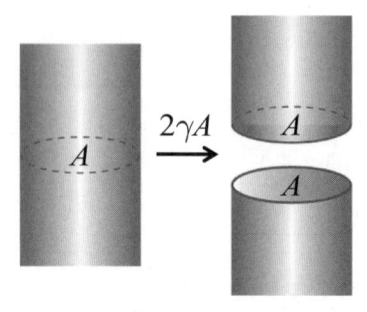

図 1.2 バルクを無限に引き離すのに要する仕事。

$$W = \gamma A \tag{1.11}$$

の分だけ増加するため，式 (1.6) を拡張して

$$U = TS - PV + \mu N + \gamma A \tag{1.12}$$

と書ける。

さらに系の弾性変形を考慮すると，熱力学第一法則は，表面応力 σ と表面歪み ε を用いて

$$dU = TdS - PdV + \mu dN + A\sum_{i,j} \sigma_{ij} d\varepsilon_{ij} \tag{1.13}$$

と書き直せるので，式 (1.12) の全微分と辺々比較すると表面を含む系のギブス–デュエムの式

$$Ad\gamma + SdT - VdP + Nd\mu + A\sum_{i,j}(\gamma\delta_{ij} - \sigma_{ij})d\varepsilon_{ij} = 0 \tag{1.14}$$

が求まる。ここで $dA = A\sum_i d\varepsilon_{ii}$ を用いた。一方，相1と相2に対しては式 (1.7) のバルクのギブス–デュエムの式が個別に成立するので，

$$\left.\begin{array}{l} S_1 dT - V_1 dP + N_1 d\mu = 0 \\ S_2 dT - V_2 dP + N_2 d\mu = 0 \end{array}\right\} \tag{1.15}$$

式 (1.14) から式 (1.15) を引くと，ギブスの吸着式

$$Ad\gamma + S_\mathrm{S} dT - V_\mathrm{S} dP + N_\mathrm{S} d\mu + A\sum_{i,j}(\gamma\delta_{ij} - \sigma_{ij})d\varepsilon_{ij} = 0 \tag{1.16}$$

が得られる。

上式には γ, T, P, μ, ε の5個の独立変数があるが，式 (1.15) から dP と $d\mu$ を消去して式 (1.10) を用いると，

$$Ad\gamma + \left(S_\mathrm{S} - \frac{s_1 n_2 - s_2 n_1}{n_2 - n_1} V_\mathrm{S} + \frac{s_1 - s_2}{n_2 - n_1} N_\mathrm{S}\right) dT$$
$$+ A \sum_{i,j} (\gamma \delta_{i,j} - \sigma_{ij}) d\varepsilon_{ij} = 0 \qquad (1.17)$$

のように独立変数は γ, T, ε の3個に減る．本式は図 1.1(a) の表面相の取り方とは無関係に成立するので，図 1.1(b) のように $V_\mathrm{S} = N_\mathrm{S} = 0$ を満たすギブスの分割面 $z = z_\mathrm{g}$ を導入しても一般性を失わない．分割面の位置 $z = z_\mathrm{g}$ は，粒子数密度 $n(z)$ を用いた下記の関係式を満たしており，図 1.1(b) の二つの斜線部の面積が等しい場合に対応する．

$$N_\mathrm{S} = \int_{-\infty}^{z_\mathrm{g}} (n(z) - n_1) dz + \int_{z_\mathrm{g}}^{+\infty} (n(z) - n_2) dz = 0 \qquad (1.18)$$

分割面 $z = z_\mathrm{g}$ 上では，表面を含む一成分系のギブスの吸着式は

$$Ad\gamma + S_\mathrm{S} dT + A \sum_{i,j} (\gamma \delta_{ij} - \sigma_{ij}) d\varepsilon_{ij} = 0 \qquad (1.19)$$

に帰着するので，$\varepsilon = $ 一定とおくと表面エントロピー S_S は，

$$S_\mathrm{S} = -A \left(\frac{\partial \gamma}{\partial T}\right)_\varepsilon \qquad (1.20)$$

表面エントロピー密度 s_S は

$$s_\mathrm{S} = S_\mathrm{S}/A = -\left(\frac{\partial \gamma}{\partial T}\right)_\varepsilon \qquad (1.21)$$

と書ける．一般に温度を上げると表面張力は減少するので $\partial\gamma/\partial T < 0$ であり，表面エントロピー密度 s_S は正となる．このように表面の存在は系の乱雑さを増加させる．

$S_\mathrm{S} = -(\partial F_\mathrm{S}/\partial T)_\varepsilon$ を式 (1.20) と比較すると，表面のヘルムホルツの自由エネルギー F_S は

$$F_\mathrm{S} = \gamma A \qquad (1.22)$$

と書ける．つまりギブスの分割面上では，表面張力は単位面積あたりのヘルムホルツの自由エネルギー $\gamma = F_\mathrm{S}/A$ に等しい．そこで $U_\mathrm{S} = F_\mathrm{S} + TS_\mathrm{S}$ に

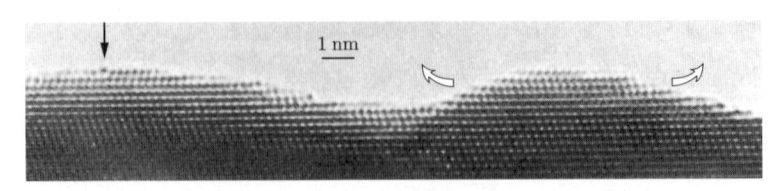

図 1.3 表面応力で座屈変形した Au(111) 表面[3]。矢印（↓）は表面の転位を示している。

式 (1.20)，(1.22) を代入すると，単位面積あたりの内部エネルギー u_S

$$u_S = U_S/A = \gamma - T\left(\frac{\partial \gamma}{\partial T}\right)_\varepsilon \tag{1.23}$$

が求まる。たとえば 90 K における液体アルゴンの表面張力 γ は $11.9\,\mathrm{erg/cm^2}$，表面エネルギー u_S は $35.0\,\mathrm{erg/cm^2}$ であることからもわかるように，一般に有限温度では，表面張力 γ と表面エネルギー u_S の値は異なる。

式 (1.19) で $T = $ 一定とおくと表面応力 σ_{ij}

$$\sigma_{ij} = \gamma \delta_{ij} + \left(\frac{\partial \gamma}{\partial \varepsilon_{ij}}\right)_T \tag{1.24}$$

が求まる。本式は表面応力 σ と表面張力 γ を関係づける式で，Shuttleworth の方程式と呼ばれる。式 (1.24) は表面張力が必ずしも表面応力と一致しないことを示していると同時に，液体と固体の違いをも示している。液体の場合 $\sigma = \gamma$ となるが，固体では一般に $\partial\gamma/\partial\varepsilon$ は 0 ではなく，$\partial\gamma/\partial\varepsilon$ の符号によって表面応力 σ は正にも負にもなりうる。$\partial\gamma/\partial\varepsilon < 0$ のとき，表面の転位と弾性的な座屈変位による凹凸構造が出現する。図 1.3 は Au(111) 表面の座屈変形の高解像度透過型電子顕微鏡像である[3]。

1.1.3 表面張力とぬれ

ぬれは表面張力が主要な働きをする現象の一つである[2,4]。一般に液体を固体表面上におくと，液体はレンズ形の平衡形状をとる。図 1.4(a) のように液体表面が固体表面と一定の角度 θ をなしている場合，一点 P に作用する固体の表面張力 γ_S，液体の表面張力 γ_L，固体と液体の界面の張力 γ_{SL} の間には，以下のつり合いの関係式が成り立つ。

$$\gamma_S = \gamma_{SL} + \gamma_L \cos\theta \tag{1.25}$$

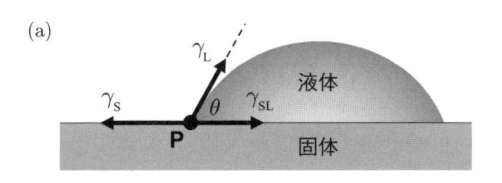

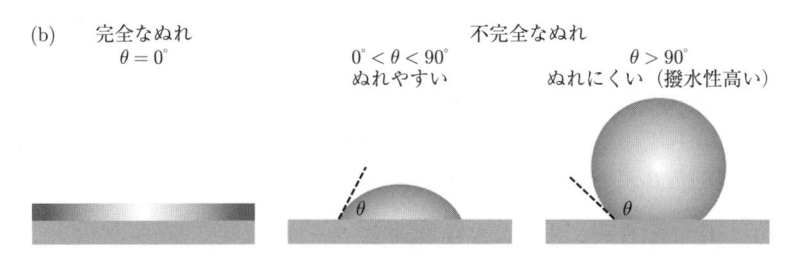

図 1.4 (a) 表面張力のつり合いと接触角の定義。(b) 接触角で定義されるぬれ。

これをヤングの式と呼び，この方程式からヤングの接触角 θ が決まり，ぬれを定義する。図 1.4(b) のように，$\theta = 0°$ のとき完全なぬれ，$\theta > 0°$ のとき不完全なぬれという。不完全なぬれはさらに表面がぬれやすいときと，ぬれにくい（撥水性が高い）ときに分けられる。ヤングの接触角は表面が平坦であると仮定したときの結果であるため，表面の凸凹を考慮した Wenzel の接触角や，不均一で汚れた界面を議論するため Cassie の接触角が用いられることもある。接触角は化学構造，表面粗さなど多様な因子で決まる。最近，ハスの葉や昆虫の体表面の微細構造を模倣して超撥水性を発揮する新素材の研究開発が精力的に進められている。

式 (1.22) から，表面張力 γ は単位面積の表面を形成するのに必要なヘルムホルツの自由エネルギーである。ぬれの形成は固体と液体の界面の形成に対応するので，これをエネルギーの観点から捉えると，付着仕事あるいは凝集仕事

$$W_A = \gamma_S + \gamma_L - \gamma_{SL} \tag{1.26}$$

が発生する。これをデュプレの方程式と呼ぶ。W_A が大きいほど物質表面はぬれやすい。式 (1.26) を用いるとヤングの方程式（式 (1.25)）は，ヤング-デュプレの方程式

$$W_A = \gamma_L(1 + \cos\theta) \tag{1.27}$$

に書き直せる。

ヤングの方程式（式 (1.25)）を以下のように変形すると

$$\cos\theta = \frac{\gamma_S - \gamma_{SL}}{\gamma_L} \tag{1.28}$$

固液界面が物理的付着のみ行っている場合 $\gamma_{SL} > 0$ であるから，固体表面の自由エネルギー γ_S が小さいほど（結合が強く安定した不活性な固体表面の場合）液体が付着したときの接触角 θ が大きくなってぬれにくいことがわかる。逆に γ_S が大きいほど（結合が弱く不安定で活性の高い固体表面の場合）接触角 θ が小さくなってぬれやすい。

1.1.4　表面自由エネルギーと薄膜成長

薄膜の成長は表面に飛来した原子・分子が表面上で拡散あるいは吸着を行い，他の吸着子と結合，凝集を起こして堆積する過程であり，基板温度，蒸着速度，基板表面の物性など多岐にわたる要因に左右される。前項のぬれにおける表面自由エネルギーの考え方は基板表面における薄膜成長モード[5]の議論に適用でき，前項の液体の表面自由エネルギー γ_L を吸着物質の表面自由エネルギー γ_A に置き換えれば，ぬれと全く同様の方法で典型的な薄膜成長モードを理解できる。以下に示す成長モードは，オージェ電子分光のピーク強度や RHEED 鏡面反射点強度の変化の測定から実験的に決定できる。

(1) Frank-Van der Merwe 成長モード（FM 成長モード）

$$\gamma_S > \gamma_{SA} + \gamma_A \tag{1.29}$$

が成立するとき，基板表面が露出しているよりも，吸着子が表面に蒸着して薄膜/基板界面を形成した方が表面エネルギーが低くなり，安定である。このとき，吸着子は基板表面上に一様に広がって成長初期段階から 2 次元層が形成される。同一物質の蒸着を続けると，1 層目が形成された状態の表面自由エネルギーはほぼ γ_A に低下し，2 層目以降はほぼホモ成長で層状に成長する（図 **1.5**(a)）。これを Frank-Van der Merwe 成長モード（FM 成長モード）あるいは層状成長 (layer-by-layer) モードと呼ぶ。たとえば $\gamma_S > \gamma_A$ の場合で，薄膜，基板の物質の格子定数が近く，$\gamma_{SA} \cong 0$ が成立するとき，式 (1.29) が成立する。

(a) FM 成長モード　(b) VW 成長モード　(c) SK 成長モード

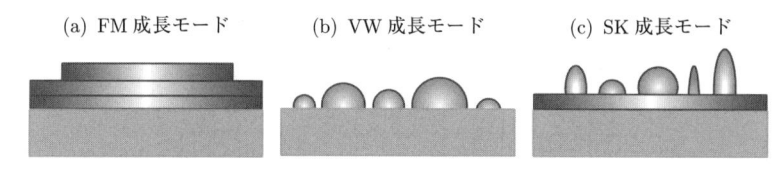

図 1.5　薄膜成長のモード。(a) Frank-Van der Merwe 成長モード, (b) Volmer-Weber 成長モード, (c) Stranski-Krastanov 成長モード。

(2) Volmer-Weber 成長モード（VW 成長モード）

(1) とは逆に，

$$\gamma_S < \gamma_{SA} + \gamma_A \tag{1.30}$$

が成立するとき，薄膜/基板界面の形成はエネルギー的に不利になるため，成長初期段階から 3 次元的な島状核が形成される（図 1.5(b)）。これを Volmer-Weber 成長モード（VW 成長モード），島状成長 (island growth) モード，あるいは 3 次元核生成成長 (nucleation and growth) モードと呼ぶ。これはヤングの式で $\cos\theta = \dfrac{\gamma_S - \gamma_{SA}}{\gamma_A} < 1$ の場合に対応する。通常 γ は正であることを考慮すると，式 (1.30) を満たす条件として，たとえば $\gamma_S < \gamma_A$ が挙げられるが，これは吸着子間相互作用が基板原子間相互作用よりも強い場合に必ず VW モードが出現することを意味している。本モードは多くの異種（ヘテロ）接合の薄膜生成過程で見られるため，結晶基板上に量子ドットを作製するのに利用される。またヤングの式で $\theta = 180°$ のときは，吸着子は基板と相互作用せずに完全な球形となって撥水状態を示す。

(3) Stranski-Krastanov 成長モード（SK 成長モード）

(1) と (2) の成長モードの中間である。n 層までは式 (1.29) が成立するので層状成長するが，$n+1$ 層からは式 (1.30) が成立して島状成長に移行する（図 1.5(c)）。n は最大 2, 3 層程度である。混合成長 (nucleation and layer growth) モードあるいは層状島状成長モードともいう。

単結晶基板表面上で薄膜を成長させると，基板の結晶方位との間に一定の関係をもつ単結晶薄膜が成長する。これをエピタキシャル成長といい，薄膜と基板が同じ物質の場合をホモエピタキシャル成長，異なる場合をヘテロエピタキシャル成長という。基板上のテラス，ステップ，キンクなどの各種欠陥とエピタキシャル成長との関係が，Si や GaAs などの半導体薄膜の成長に

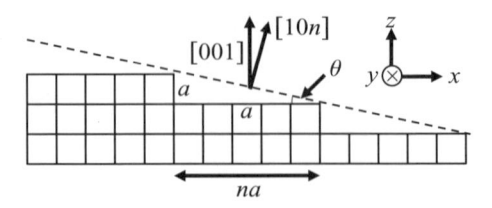

図 1.6 結晶微斜面の模式図。

おいて明らかにされており，様々なデバイス構造の作成に利用されている。

1.1.5 結晶表面の静的・動的構造

一成分系のギブスの分割面を表面とすると，単位面積あたりのヘルムホルツの自由エネルギー F_S は表面張力 γ と等しい．ある方位 θ の表面（低指数面であることが多い）のヘルムホルツの自由エネルギーが他の方位のエネルギーよりも小さいとき，その面が結晶表面により多く現れたほうが全体として自由エネルギーが小さくなる．このように結晶面として現れる平面をファセット面と呼ぶ．したがって熱平衡状態にある結晶表面の形状は，体積と温度が一定の条件下で，全表面自由エネルギー $\iint_S \gamma(\theta) dS$ を最小にする表面として与えられる[6,7]．この問題を考えるため表面張力 γ の結晶方位 θ 依存性を考える必要が生じる．図 1.6 のように (001) 表面から微小角度 $\theta(\cong 0)$ だけ傾いた (10n) 表面上で，幅 na のテラスと単一原子ステップの繰り返しを考えると，$n \gg 1$ のとき $\tan|\theta| = 1/n \approx |\theta|$ である．β を単原子ステップの単位長さあたりのエネルギーとすると，単位面積あたりの自由エネルギーの増加は $\beta/na \approx (\beta/a)|\theta|$ となるから，(10n) 表面（$\theta \approx 0$ 方向）の全表面張力は

$$\gamma(\theta) = \gamma(0) + (\beta/a)|\theta| \tag{1.31}$$

と書ける．式 (1.31) から $\gamma(\theta)$ は $\theta = 0$ 付近でその傾きに

$$\Delta\left(\frac{d\gamma}{d\theta}\right)_{\theta=0} = \frac{2\beta}{a} \tag{1.32}$$

の跳びをもつことがわかる．

このような θ の関数 $\gamma(\theta)$ を，図 1.7(a) のように原点 O から θ の方向への長さ $\gamma(\theta)$ のベクトル図で表現したものを Wulff プロット，または表面張力の極座標プロットという．各 θ に対して，プロット上の一点を通り，長

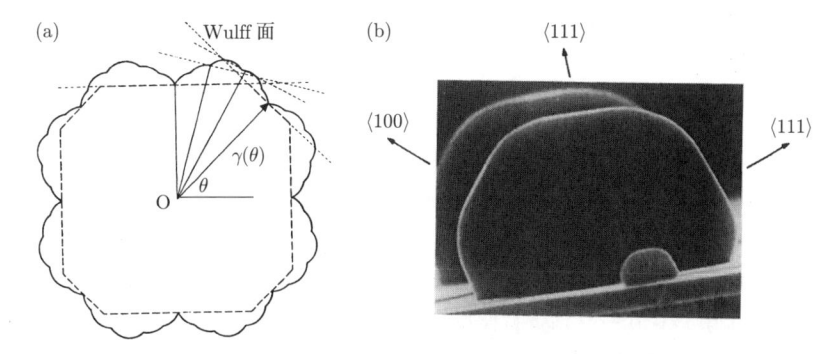

図 1.7 (a) $T = 0\,\mathrm{K}$ での表面張力 $\gamma(\theta)$ の極座標プロット（実線），長さ $\gamma(\theta)$ の半径ベクトルに垂直な平面（点線），および平衡結晶形状（破線）[6,7]．(b) $T = 473\,\mathrm{K}$ の鉛の微結晶（直径 $\cong 10\,\mu\mathrm{m}$）の電子顕微鏡像は，曲面でつながれたファセット面が立方 8 面体の結晶面を形成していることを示している．[8]

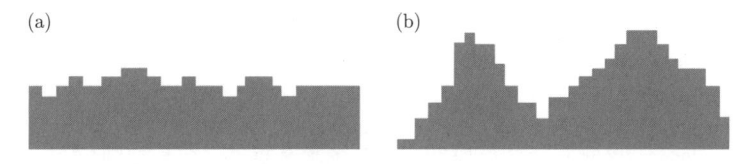

図 1.8 ラフニング転移前後 (a) $T < T_\mathrm{r}$，(b) $T > T_\mathrm{r}$ の表面形状．

さ $\gamma(\theta)$ の半径ベクトルに垂直な平面（Wulff 面）を作る．この手順をすべての角度 θ に対して繰り返して得られた平面（図 1.7(a) の点線）の集合で囲まれた最小領域が，絶対零度 $T = 0\,\mathrm{K}$ における結晶表面の平衡形状（図 1.7(a) の破線）となる．実際に有限温度ではファセット面間が曲面によってつながれた平衡形状を取る（図 1.7(b)）[8]．

低温では図 **1.8**(a) のようにすべてのファセット面が原子レベルで平坦であるが，温度が高くなると表面自由エネルギー F_S における表面エントロピー S_S の効果が大きくなる．ステップを形成する自由エネルギー β も減少するため，欠陥構造が熱的に励起されて表面が荒れ始め，表面張力 γ の異方性は低下する．その結果臨界温度 T_r 以上で平らなファセット面が完全に消滅して図 1.8(b) のように長距離スケールで変化する凹凸構造が現れる．このファセット消失転移はラフニング転移と呼ばれ，2 次元相転移の一例である．自由エネルギーは相転移点で

$$F_\mathrm{S} \sim \exp\left(-\frac{a}{|T - T_\mathrm{r}|^{\frac{1}{2}}}\right) \tag{1.33}$$

で示されるような弱い特異性をもつ[9]。

1.2 摩擦のナノ力学

1.2.1 ナノトライボロジー

　摩擦は古代エジプト文明の時代から知られている身近な現象である。紀元前1880年頃のレリーフには石像を運搬する際，石像が乗ったそりの前方の地面に液体（水か油）を注いで滑り摩擦を減らし，そりを滑りやすくしている様子が描かれている（図1.9）。摩擦の研究は15〜16世紀のルネサンス期にレオナルド・ダ・ビンチが多様な摩擦・摩耗測定を行ったのが最初といわれている。その後，17〜18世紀にアモントン，クーロンが凹凸説，デザギュリエが凝着説を提案して摩擦の研究は一時混迷するものの，1950年にバウデンとテイバーにより凝着説に基づくモデルでマクロ摩擦が理解されるようになった[10]。

　1950年〜1960年代に摩擦研究の報告が膨大になったため，1966年にイギリスの潤滑工学実行委員会が，摩擦，摩耗，潤滑の研究を統一して，ギリシャ語の $\tau\rho\iota\beta\omega$（トリボス：こする）にちなんで作った学問名がトライボロジーである。「相対運動する向かい合った表面とそれに関係する現象についての科学と実際問題」という意味であり，これをもって摩擦研究は精密科学となる。近年ナノトライボロジーという言葉がよく使われているが，これ

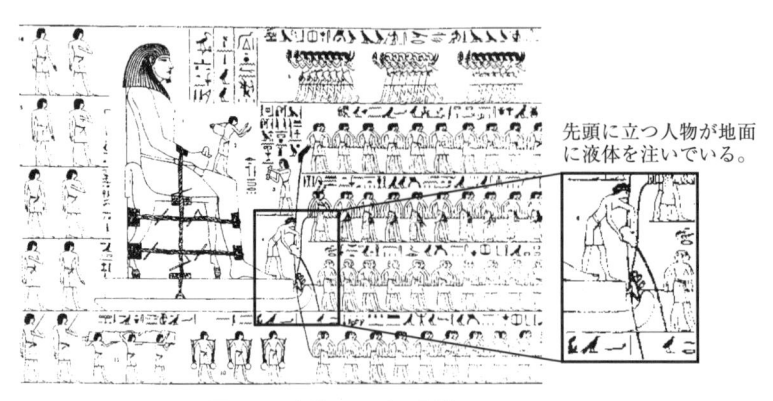

図 1.9　古代エジプト文明のレリーフ。

は摩擦現象のナノメートル (nm：10億分の1メートル) レベルでの振る舞いやその制御について研究する学問という意味である。

最初にナノトライボロジー研究の必要性について述べておく[11]。近年のナノテクノロジーの発展によって，マイクロ，ナノスケールで様々な加工が行われるようになった。たとえばトップダウンのナノテクノロジーでは，半導体微細加工技術を用いてマイクロサイズのモータの作製に成功している。一方ボトムアップのナノテクノロジーでは，走査型プローブ顕微鏡技術を用いて原子を直接操作して，表面に原子の文字を描いたり，自己組織化技術を用いて分子の導線を配線したりすることも可能となっている。微細加工のバリエーションは現在驚くほど多岐にわたるようになった。ここまで微細化が進むとマイクロマシン，ナノマシンの実用化への夢が膨らむ。しかし現実には問題はそう簡単ではない。その理由はミクロの世界では機械が動かなくなってしまうからである。半径 a の球体について表面積の体積に対する比率

$$\frac{S}{V} = \frac{4\pi a^2}{4\pi a^3/3} = \frac{3}{a} \tag{1.34}$$

は，表面効果の程度を与えるが，半径 1 nm の球体を 1 cm の球体と比較すると式 (1.34) の比率は 10^7 = 1000万倍にも及ぶ。これは 1 nm の球体では表面の効果が 1000 万倍になることを意味する。このとき，表面を介して働く微視的な物理・化学結合が顕在化し，摩擦力が極めて大きくなってしまう。つまりナノテクノロジーで微細構造体の作成に成功しても，摩擦がマシンの稼動を非常に困難にしてしまうのである。これは，マイクロマシン・ナノマシン市場の拡大（2010年予測市場規模1兆3千5百億円：財団法人マイクロマシンセンター予測）を推進するうえで大きな障害となる。したがってナノ，マイクロサイズに微細化した素子を安定に稼動させるため「低摩擦条件の探索」という産業上の要請が発生する。またナノスケールで働く摩擦力を評価することは，ナノ加工，ナノマシンの実現を支える基礎であり，ナノスケールの材料設計においても不可欠なプロセスである。たとえば分子デバイスを一時的に作れたとしても，そのデバイス構造が機械的に安定でなければ，構造の維持すらできない。加工する際に再現性良く原子・分子を移動したり，その機械的安定性を評価することはナノテクノロジーの出発点でもある。

これらが摩擦現象のナノメートルレベルでの振る舞いの計測や制御につい

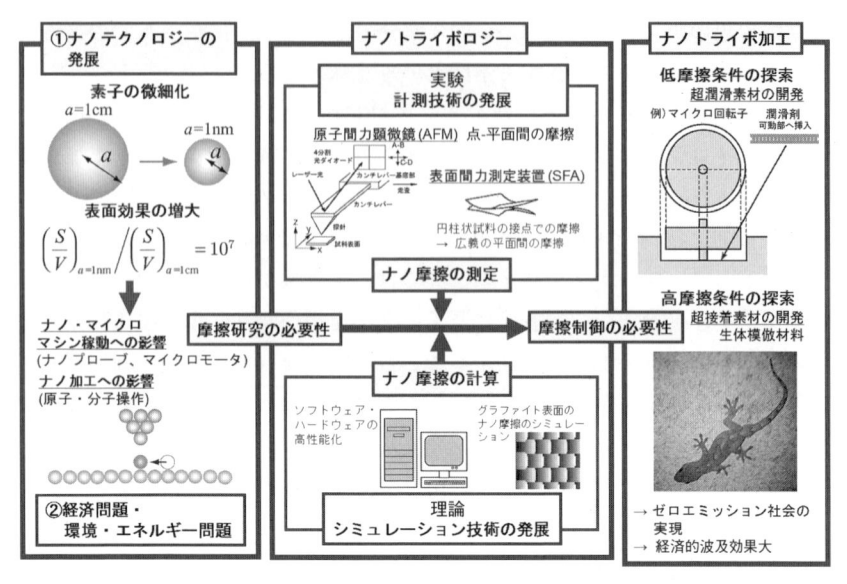

図 1.10 ナノテクノロジーの発展とエネルギー問題からナノトライボロジー研究が要請される。理論・実験の両面でその発展がサポートされ，次世代ナノトライボロジー制御につながる。

て研究する学問，ナノトライボロジーが必要とされる理由である。具体的にはマイクロマシンやナノマシンを稼動させたり，原子・分子を操作する際に発生する摩擦の影響（図 1.10 左）を抑えるため，摩擦面を構成する材料の組み合わせを工夫して，低摩擦条件を達成する超潤滑剤の開発が進められている（図 1.10 右上）。逆に，接着剤の開発のような高摩擦条件の探索も進められている（図 1.10 右下）。このように摩擦の制御を目指して多様な研究開発が進められている。

　ナノトライボロジーの発展を促した実験的要因として，走査型プローブ顕微鏡 (scanning probe microscopy, SPM) や表面間力測定装置 (surface force apparatus, SFA) など，ナノスケールの力計測技術の発展が挙げられる（図 1.10 中央上）が，ここでは SPM の一つ，原子間力顕微鏡 (atomic force microscopy, AFM)[12] に注目しよう。AFM は微小な探針と試料表面との間に働く力を測定する実験方法である。1987 年，IBM Almaden 研究所の Mate 達は，先端を曲げたタングステンの針でグラファイト（黒鉛）のへき開面をこすって（図 1.11(a)），摩擦力がグラファイトの格子周期で変動すること

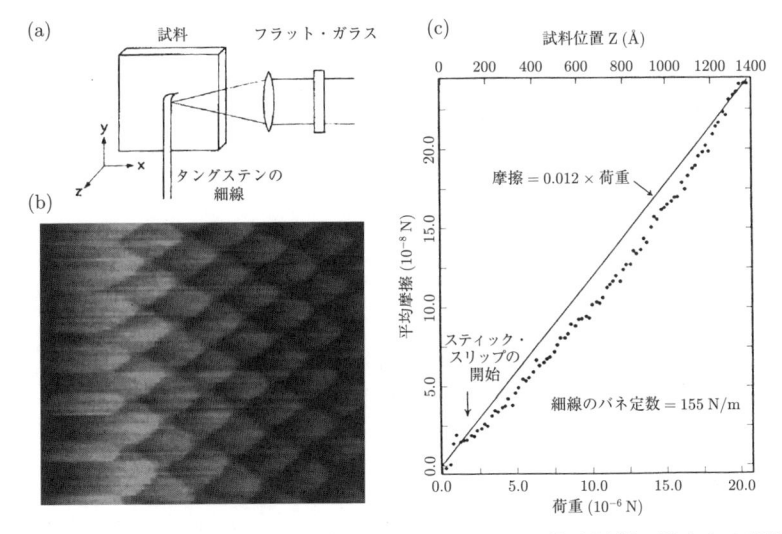

図 1.11 (a) 摩擦力顕微鏡の測定系，(b) グラファイトの格子周期に対応する摩擦力像，(c) 摩擦力の荷重依存性[13]。

を見い出した（図 1.11(b)）[13]。しかも 1〜10 μN 程度の微小荷重領域でも，摩擦力は荷重に比例するという摩擦の基本法則（アモントン–クーロンの法則）が成り立っているように見える（図 1.11(c)）。摩擦を原子スケールで測定したこの画期的な実験を契機に，ナノ・原子スケール摩擦の研究が実験・理論の両面で急速に進んだ。Mate らの実験以降，特に摩擦力測定に用いられる AFM は摩擦力顕微鏡 (frictional force microscopy, FFM) と呼ばれている。この実験は，その後，急速に発展する走査型プローブ顕微鏡 (SPM) の測定手法のバリエーションの一つとなる。一方，ナノトライボロジーの発展を促した理論的要因は，ソフトウェア，ハードウェア技術の急速な発展である（図 1.10 中央下）。最近の CPU の高性能化に裏打ちされた理論シミュレーションは，いわば「計算機実験」として，実験室で行われる実験とともにナノトライボロジー研究を支える車の両輪である。

以上述べてきたように，ナノトライボロジー研究には，まず原子間力顕微鏡で原子スケール摩擦を測定し，その実験結果を理論的に解釈・予言するというステージがあった。具体的にはグラファイトや二硫化モリブデンのような層状物質や，フッ化ナトリウムのようなイオン結晶の表面上の原子スケール摩擦を2次元的に画像化してそれを解釈するという基礎的な研究である。

しかし最近はナノ・原子スケール摩擦の「測定」から「制御」に興味が移ってきており，たとえば超潤滑現象を積極的に潤滑剤に利用しようとする試みが盛んに行われている．磁気ディスク上に塗布する潤滑剤や，機械的，電気的に有用な自己組織化単分子膜（self-assembled monolayer，SAM膜）の潤滑制御はその一例である．

1.2.2　ナノスケールの摩擦へのアプローチ

ナノスケール摩擦のメカニズムを考えることは，摩擦を要素還元的に理解しようとする態度であるが，この微視的素過程は巨視的な世界で摩擦が示す性質からは予想もつかない離散的な振る舞いを示す．それは量子力学が導く確率論的世界が，古典力学の決定論的世界からは予想がつかないのと似ている．このように時間，空間のサイズによって支配する物理法則が大きく変化する階層性が摩擦には大きく現れる．ナノスケールの摩擦をモデル化するため，乱れのない清浄表面を考える．そもそも摩擦力は，マクロスケールで接触した2平面がある相対速度で運動するときに，マイクロスケールの真実接触部を介して運動方向と逆方向に働く水平力である（図1.12）．したがって真実接触部をどのような幾何学的形状で捉えるかによってアプローチの方法が決まる．

接触部がナノスケールで理想的に点接触の極限とみなせる場合，実験的には摩擦力顕微鏡の測定に対応する．摩擦力顕微鏡の半径数～数十ナノメートルの探針と試料表面との間に働く摩擦は，我々が日常世界で体験する摩擦の微視的な素過程といえる．最も単純化したモデルは，基板表面の原子を固定した理想的な周期的ポテンシャル場の中を運動する孤立バネに結ばれた質点である（図1.12左下）．これをTomlinsonモデル[14]，あるいは独立振動子モデル（independent oscillatorモデル）[15]と呼ぶ．

一方，接触部がナノスケールで面接触とみなせる場合，実験的には表面間力測定装置の測定に対応する．この場合，周期的ポテンシャル場の中を運動する孤立バネの集合体もしくは連成バネでモデル化を行う（図1.12中央，右下）．前者は本質的にTomlinsonモデルであるが，後者はFrenkel-Kontrova (FK) モデル[16]と呼ばれる．このモデルの原子，分子を粗視化して連続体の極限になった2平面を考えると，従来の巨視的摩擦の話に帰着する．

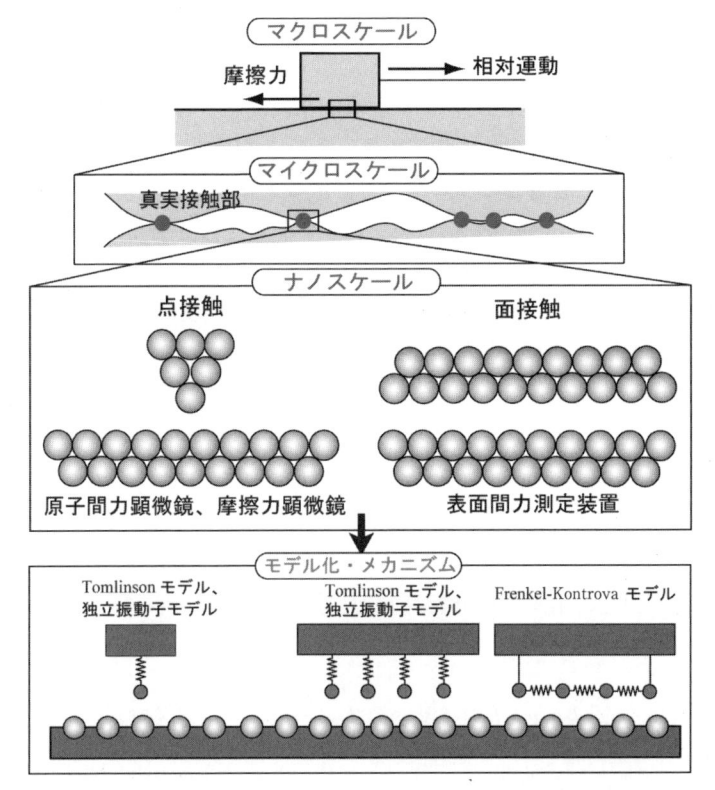

図 1.12 ナノスケール摩擦へのアプローチ。マクロスケールの接触からマイクロスケールの真実接触を介して，ナノスケールの点接触，面接触に到達する。それぞれを Tomlinson モデル，Frenkel-Kontrova モデルの 2 種類によってモデル化する。

　Tomlinson モデルにおける単一のバネモデルは探針と表面の弾性効果が繰り込まれた有効バネとみなせるため，実際には点接触と面接触の両方を記述できる。したがって系の重心の弾性，もしくは特徴的な集団モードを表すことができる。一方，面接触領域内部の弾性変形を明確に表現したい場合，バネの集合体で記述される Tomlinson モデルを用いる。これは多自由度系のモードを表現できるが，原子間がバネで結ばれていないため，格子変形を的確に記述できない。そこで Tomlinson モデルを Frenkel-Kontrova モデルと組み合わせた Frenkel-Kontrova-Tomlinson モデル[17] を使って面接触領域の摩擦を議論することも可能である。

1.2.3　1次元 Tomlinson モデル

原子スケール摩擦のメカニズムを Tomlinson モデルで説明する[14,15,18]。このモデルは原子間結合の破断・生成による原子の非断熱的運動が摩擦の起源であるという考え方に基づいており，摩擦力顕微鏡 (FFM) の多くの測定結果を説明することができる。そこでまず1次元のモデルで接触点すなわち FFM 探針原子の力学を理解しよう。図 1.13 に示すように FFM 探針原子の位置を x，探針支持部の位置を x_S とすると，FFM 探針原子が受ける x 方向の全エネルギー V_{total} は，

$$V_{\text{total}}(x) = \frac{1}{2}k_{\text{eff}}(x-x_S)^2 + V_{\text{TS}}(x) \tag{1.35}$$

のように書ける。ここで k_{eff} は，FFM のカンチレバーだけでなく，探針，試料表面，探針-試料表面間の接触部の弾性をすべて含んだ実効的な水平バネ定数である。したがって第1項，第2項はそれぞれ実効水平バネ定数で定義される弾性エネルギーと探針-表面間相互作用エネルギーである。ここで相互作用エネルギー V_{TS} を

$$V_{\text{TS}} = -\frac{E_0}{2}\cos\left(\frac{2\pi}{a}x\right) = -\left(\frac{a}{2\pi}\right)^2 k_{\text{TS}}\cos\left(\frac{2\pi}{a}x\right) \tag{1.36}$$

でモデル化する。式 (1.36) は原子の周期的な配列を反映しており，a は試料表面の原子（格子）間隔，E_0 は隣接極小点間のエネルギー障壁に対応す

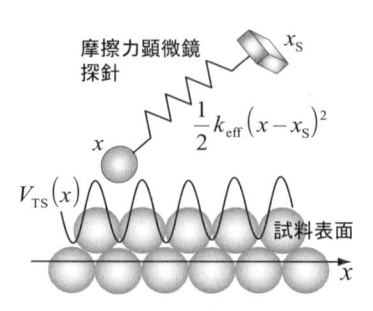

図 1.13　1次元 Tomlinson モデル。試料表面上の波形は相互作用エネルギー V_{TS} の変化の一例で，試料表面の格子配列の周期性を反映している。

る。V_{TS} は第一原理的電子状態計算や種々の（半）古典的計算を用いて定量的，定性的に評価されるもので，厳密な正弦波形を取るわけではないが，周期的な格子間隔を記述するのに必要最低限の情報を有している。エネルギー障壁 E_0 が，V_{TS} の 2 次微分 $k_{TS} = (\partial^2 V_{TS}/\partial x^2)_{x=0}$ を用いて

$$E_0 = \frac{a^2}{2\pi^2} k_{TS} \tag{1.37}$$

と書けるのは明らかである。k_{TS} は探針-表面間相互作用エネルギーの実効的なバネ定数に対応しており，後述するように実効水平バネ定数 k_{eff} との大小関係で摩擦の出現・消失が決まる。

探針支持部 x_S を速度ゼロの極限で準静的に移動させる場合を考えると，探針原子の安定平衡位置 x は，次式 (1.38)，(1.39) で示されるような安定平衡条件から求まる。

$$\frac{dV_{total}}{dx} = k_{eff}(x - x_S) + \frac{\pi E_0}{a} \sin\left(\frac{2\pi}{a} x\right) = 0 \tag{1.38}$$

$$\frac{d^2 V_{total}}{dx^2} = k_{eff} + \frac{2\pi^2 E_0}{a^2} \cos\left(\frac{2\pi}{a} x\right) \geq 0 \tag{1.39}$$

式 (1.38) を

$$x_S = x + \frac{\pi E_0}{k_{eff} a} \sin\left(\frac{2\pi}{a} x\right) \tag{1.40}$$

と書き換えると，式 (1.40) は探針原子の平衡位置 x から探針支持部 x_S への写像関係とみなすこともできる。したがって，探針支持部が受ける水平力 F_L は，式 (1.40) の解 x を用いて

$$F_L = -k_{eff}(x - x_S) = \frac{\pi E_0}{a} \sin\left(\frac{2\pi}{a} x\right) \tag{1.41}$$

と書ける。これが FFM の測定量に対応する。

図 **1.14** に示すように，全ポテンシャルエネルギー面 V_{total} の形状は，探針支持部の走査に伴って変化する。探針支持部が初期位置 ($x_S = 0$) にあるときで，探針原子が全エネルギーの極小点 ($x = 0$) に位置しているとする（図 1.14(a)）。探針支持部の走査に伴いエネルギー面の形状が変化して，隣接 2 極小点間のエネルギー障壁が低くなるが，探針原子はエネルギーの極小点にトラップされたまま連続的に移動する（図 1.14(b)）。しかし臨界走査位置 ($x_S = x_S^c$) でエネルギー障壁が消失すると，探針原子は隣接極小点

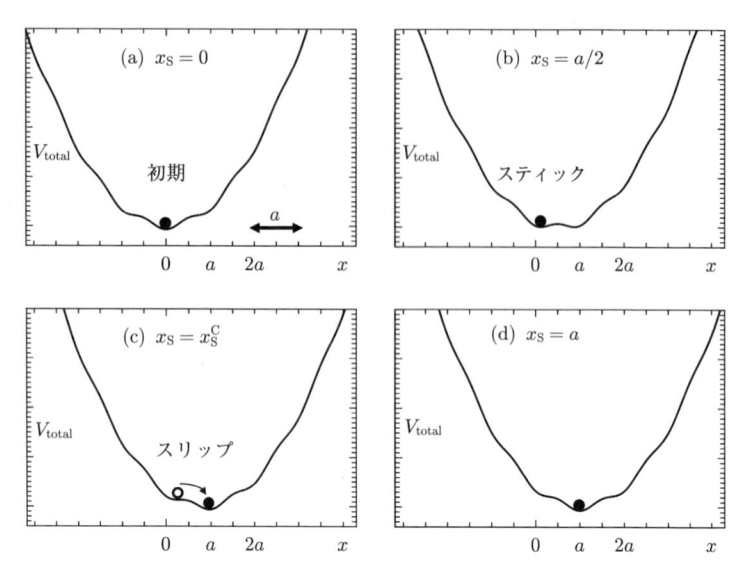

図 1.14 1 次元 Tomlinson モデルの概念図（$\eta = k_{\mathrm{TS}}/k_{\mathrm{eff}} = 3.8$ のとき）。(a)～(d) は，探針支持部の走査（x 軸方向）による全ポテンシャルエネルギー面の形状変化を示している。走査過程 (a), (b) で，探針原子はポテンシャルの極小点にトラップされているが（スティック），(c) で隣接二極小点間の障壁が消失して不連続的にスリップする．このスティック・スリップ運動が試料表面の格子周期 a で繰り返される。

に不連続的にジャンプする（図 1.14(c)）。さらに走査を続けて，探針支持部が格子一周期分だけ移動すると ($x_{\mathrm{S}} = a$)，全エネルギー面は初期の形状に戻り，探針原子は初期状態と等価な極小点 ($x = a$) にトラップされる（図 1.14(d)）。このように 1 次元 Tomlinson モデルを用いると，FFM 探針の試料表面への固着（スティック）と非断熱的な滑り（スリップ）が格子周期 a で繰り返されることがわかる。これをスティック・スリップ運動と呼ぶ。スティックの過程で系にたくわえられた弾性エネルギーは，スリップ時に探針や試料表面原子のフォノンなどになって外界に散逸するため摩擦が発生する。

1 次元 Tomlinson モデルでスティック・スリップによる摩擦が生じるのは，図 **1.15**(a) のように探針-表面間相互作用ポテンシャル (V_{TS}) の 2 次微分 k_{TS} が有効水平バネ定数 k_{eff} よりも大きいとき，すなわち $\eta = k_{\mathrm{TS}}/k_{\mathrm{eff}} = 2\pi^2 E_0/k_{\mathrm{eff}} a^2 \geq 1$ のときである。このときスティック・スリップ運動が生じて力曲線にヒステリシスが現れる。したがって平均水平力（摩擦力）が

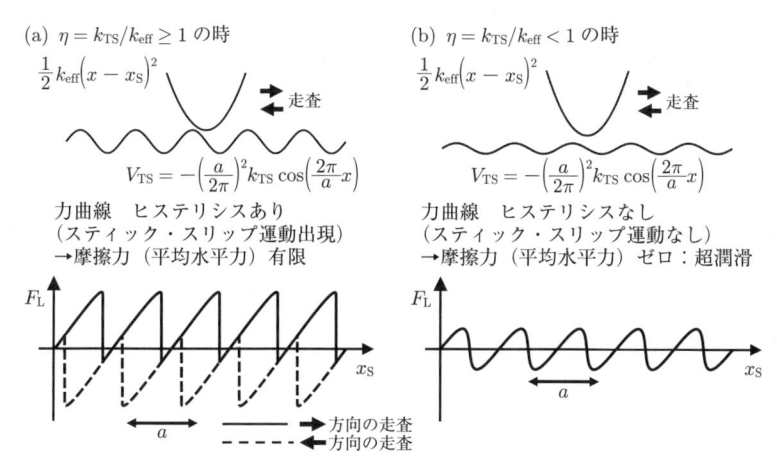

図 **1.15** 1次元 Tomlinson モデルで記述される原子スケール摩擦の出現機構。(a) $\eta = k_{\mathrm{TS}}/k_{\mathrm{eff}} \geq 1$：力曲線にヒステリシスが生じ，非断熱過程を含むスティック・スリップ運動が出現する。全エネルギーは保存しない。(b) $\eta = k_{\mathrm{TS}}/k_{\mathrm{eff}} < 1$：ヒステリシスは生じず，スティック・スリップ運動は出現しない。全エネルギーは保存される。

有限となり，摩擦が発生する。k_{TS} の増加が探針‐表面間相互作用の増加に対応することを考慮すると，実際の実験では k_{TS} の増加は探針の試料表面への押し込み，つまり荷重の増加に対応する。荷重を一定にして（k_{TS} を一定にして），有効バネ定数 k_{eff} を小さくする場合にも同様に $\eta \geq 1$ が成立してヒステリシスが現れるが，この手順はカンチレバーのバネ定数を系統的に変えることに対応するため，実験的に制御するのは難しい。

一方，図 1.15(b) のように k_{TS} が k_{eff} より小さいとき，すなわち $\eta = k_{\mathrm{TS}}/k_{\mathrm{eff}} < 1$ のとき，スティック・スリップ運動もヒステリシスも現れない。このとき，平均水平力（摩擦力）はゼロとなり，超低摩擦状態（一種の超潤滑状態）が出現する。この状態は荷重が十分に小さい場合（k_{TS} が十分に小さい場合），あるいは FFM のカンチレバーが十分硬い場合（k_{eff} が十分に大きい場合）にしか現れないため，熱雑音の影響で極微の水平力測定が困難な領域である。

以上述べた，有限摩擦のスティック・スリップ状態（図 1.15(a)：$\eta = k_{\mathrm{TS}}/k_{\mathrm{eff}} \geq 1$）とゼロ摩擦状態（図 1.15(b)：$\eta = k_{\mathrm{TS}}/k_{\mathrm{eff}} < 1$）間の遷移は理論シミュレーションで予測されると同時に実験測定でも観測されている。Colchero ら[19] は1次元モデルを用いてエネルギーが保存しない条件を

導き，水平力曲線を計算した．佐々木ら[20]はカンチレバーのバネ定数の減少に伴い，グラファイト表面の2次元水平力マップが保存力状態から非保存力（摩擦力）状態に遷移する様子をシミュレートした．Socoliucら[21]はNaCl(001)試料表面におけるスティック・スリップ状態と保存力状態間の遷移を測定し，測定結果を1次元Tomlinsonモデルで解釈することによって本モデルの妥当性をも実証した．

1.2.4　2次元Tomlinsonモデル

前項の1次元モデルは容易に2次元モデルに拡張できる．図1.16(a)のような表面系では全エネルギーは一般に，

$$\left.\begin{array}{l} V_{\text{total}} = \frac{1}{2}{}^t(\boldsymbol{r}-\boldsymbol{r}_\text{S})\boldsymbol{k}_{\text{eff}}(\boldsymbol{r}-\boldsymbol{r}_\text{S}) + V_{\text{TS}}(\boldsymbol{r}) \\ \boldsymbol{r} = \begin{pmatrix} x \\ y \end{pmatrix}, \quad \boldsymbol{r}_\text{S} = \begin{pmatrix} x_\text{S} \\ y_\text{S} \end{pmatrix}, \quad \boldsymbol{k}_{\text{eff}} = \begin{pmatrix} k_x & k_{xy} \\ k_{yx} & k_y \end{pmatrix} \end{array}\right\} \quad (1.42)$$

と書ける．ここで$\boldsymbol{r}, \boldsymbol{r}_\text{S}, \boldsymbol{k}_{\text{eff}}$はそれぞれ探針原子と探針支持部の位置，実効的な水平バネの弾性マトリクスである．マトリクス$\boldsymbol{k}_{\text{eff}}$の対角成分のみ考慮すると，$x, y$成分を用いて，

$$V_{\text{total}} = \frac{k_x}{2}(x-x_\text{S})^2 + \frac{k_y}{2}(y-y_\text{S})^2 + V_{\text{TS}}(x,y) \quad (1.43)$$

と書ける．探針が感じる相互作用ポテンシャルエネルギー$V_{\text{TS}}(x,y)$は試料表面の周期性をもち，一般にフーリエ級数

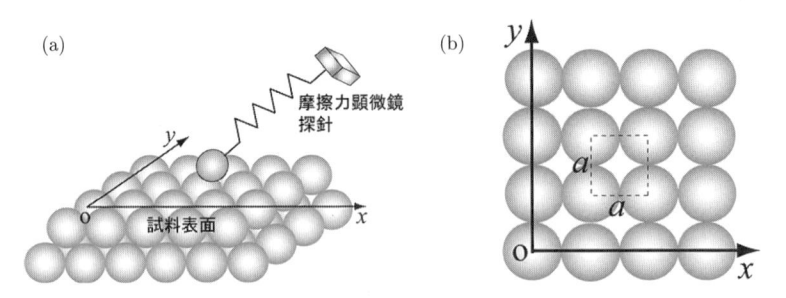

図1.16　(a) 2次元Tomlinsonモデル，(b) 格子定数aの立方格子は相互作用ポテンシャルV_{TS}の周期性を決定する．

$$V_{\text{TS}}(x,y) = \sum_{\boldsymbol{G}} a_{\boldsymbol{G}} \cdot \exp(i\boldsymbol{G} \cdot \boldsymbol{r}) \tag{1.44}$$

で与えられる。$\boldsymbol{G}$ は逆格子ベクトルで，係数 $a_{\boldsymbol{G}}$ は試料表面の対称性で決定される。

1次元の場合と同様，安定平衡条件は以下のようになる。

$$\left.\begin{aligned}
&(1)\ \nabla_{\boldsymbol{r}} V_{\text{total}} = \boldsymbol{k}_{\text{eff}} \cdot (\boldsymbol{r} - \boldsymbol{r}_{\text{S}}) + \nabla_{\boldsymbol{r}} V_{\text{TS}}(\boldsymbol{r}) = \boldsymbol{0} \\
&(2)\ \text{ヘッセ行列 } H \text{ が正定値} \\
&\quad \Leftrightarrow \text{固有値 } \lambda_1,\ \lambda_2 \text{ がともに正} \\
&\quad \Leftrightarrow \det H > 0 \text{ かつ } \frac{\partial^2 V_{\text{total}}}{\partial x^2} > 0 \\
&H = \frac{\partial^2 V_{\text{total}}}{\partial x \partial y} = \begin{pmatrix} k_x + \dfrac{\partial^2 V_{\text{TS}}}{\partial x^2} & \dfrac{\partial^2 V_{\text{TS}}}{\partial x \partial y} \\ \dfrac{\partial^2 V_{\text{TS}}}{\partial y \partial x} & k_y + \dfrac{\partial^2 V_{\text{TS}}}{\partial y^2} \end{pmatrix}
\end{aligned}\right\} \tag{1.45}$$

試料表面の周期格子の一例として，図 1.16(b) のような立方格子を考えると，相互作用ポテンシャルエネルギーは

$$\left.\begin{aligned}
&V_{\text{TS}}(x,y) = \cos(kx) + \cos(ky) + \cos(kx)\cos(ky) \\
&k = \frac{2\pi}{a},\ a：格子定数
\end{aligned}\right\} \tag{1.46}$$

のように書ける。式 (1.45) を満たす探針原子の安定平衡位置 $\boldsymbol{r}$ を描画したのが，図 **1.17**(a) である[22]。$(+,+)$ で示された領域はヘッセ行列が正定値

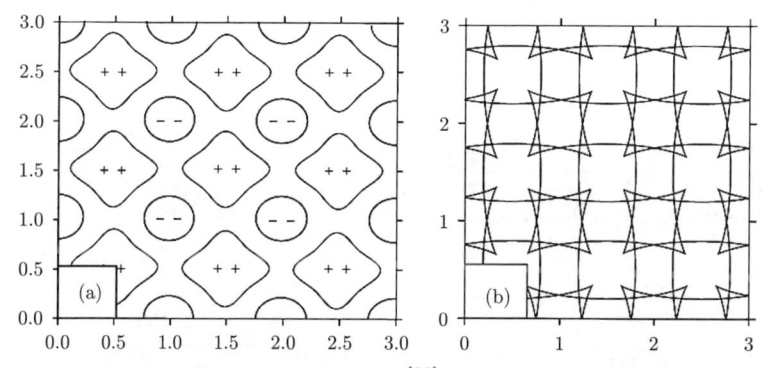

図 **1.17** (a) 探針原子の位置座標の安定領域[22]。ヘッセ行列の固有値の符号 $(+,+)$，$(-,-)$ の領域を表している。$(+,+)$ は探針原子位置の安定領域で，不連続に分布している。(b) (a) の式 (1.47) による写像。探針支持部位置の安定領域[22]。

の領域で，探針原子はここに安定して存在する．安定平衡領域の不連続分布は，探針原子が安定領域間を不連続にスリップして移動すること（2次元スティック・スリップ運動[23]）を意味している．式 (1.45) の式 (1) は

$$r_\mathrm{s} = r + k_\mathrm{eff}^{-1} \cdot \nabla_r V_\mathrm{TS}(r) \tag{1.47}$$

と書き直せるので，$r \mapsto r_\mathrm{S}$ は常に一価関数である．一方 $r_\mathrm{S} \mapsto r$ は，$|k_\mathrm{eff}|$ が十分小さくなると多価関数になる．式 (1.47) の $r \mapsto r_\mathrm{S}$ を用いて，図 1.17(a) の探針原子の安定平衡位置 r を，探針支持部の安定平衡位置 r_S に写像したのが図 1.17(b) である．r_S 領域同士の重なりが，$r_\mathrm{S} \mapsto r$ の多価性を示している．この数理モデルは，探針支持部 r_S（カンチレバー支持部と実質的に等価）という外部パラメータの変化により，探針原子の位置 r が不連続的に変化するという点で，カタストロフィー理論の応用例と捉えることができる．

1.2.5　3次元 Tomlinson モデル

摩擦力顕微鏡の実験法は，図 1.18(a) のように探針と表面との間に働く原子間力をカンチレバーの微小変位として検出しながら探針をラスタ走査して表面の原子尺度像を得る，というごく自然な発想に基づいている．FFM ではレーザー光の反射角度の変化からカンチレバーの微小変位を見積もることが多い（光てこ法）．図 1.18(a) の A-B 信号はたわみ変位（垂直力）に比例し，C-D 信号はねじれ変位（水平力）に比例する．2次元像と

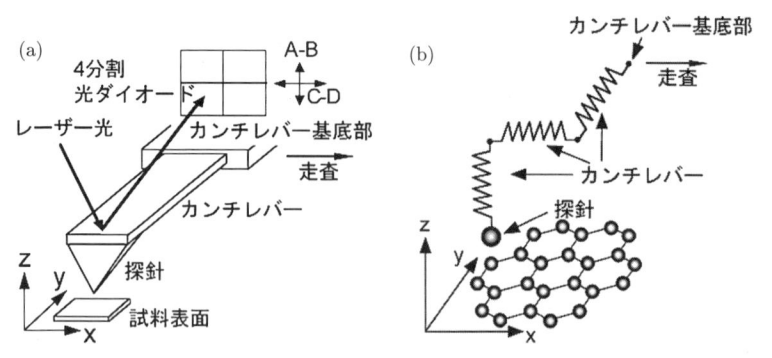

図 1.18　(a) 光てこ方式 FFM の測定系，(b) FFM の理論シミュレーションモデル．

して得られる水平力の測定結果には摩擦の素過程としての界面での原子の3次元の運動情報が含まれているため，FFM の理論解析はカンチレバーの効果を取り入れて図 1.18(b) のような 3 次元 Tomlinson モデルから出発する[20,24,25]。3 次元バネ（カンチレバー）に接続された単突起探針–表面系のモデルの全エネルギー V_total は

$$\left.\begin{array}{c}V_\text{total} = \dfrac{1}{2} {}^t(\boldsymbol{r}-\boldsymbol{r}_\text{S}+\boldsymbol{l})\boldsymbol{k}_\text{eff}(\boldsymbol{r}-\boldsymbol{r}_\text{S}+\boldsymbol{l}) + V_\text{TS}(\boldsymbol{r}) \\ \boldsymbol{r}=\begin{pmatrix}x\\y\\z\end{pmatrix}, \boldsymbol{r}_\text{S}=\begin{pmatrix}x_\text{S}\\y_\text{S}\\z_\text{S}\end{pmatrix}, \boldsymbol{l}=\begin{pmatrix}l_x\\l_y\\l_z\end{pmatrix}, \boldsymbol{k}_\text{eff}=\begin{pmatrix}k_x & k_{xy} & k_{xz}\\ k_{yx} & k_y & k_{yz}\\ k_{zx} & k_{zy} & k_z\end{pmatrix}\end{array}\right\} \quad (1.48)$$

と書ける。ここで $\boldsymbol{r}, \boldsymbol{r}_\text{S}, \boldsymbol{l}, \boldsymbol{k}_\text{eff}$ はそれぞれ探針原子とカンチレバー支持部の位置，カンチレバーの自然長，実効的な水平バネの弾性マトリクスである。

3 次元 Tomlinson モデルで，2 次元摩擦力マップを評価することを考える。グラファイトや二硫化モリブデンのように原子スケールで平坦な試料表面上では，探針原子は近似的に 2 次元的な運動を行うであろう。そこで 3 次元のポテンシャルから出発して，平面内の探針原子の運動を以下のように定式化する。まず全エネルギー V_total を z について極小化して，V_total を $\boldsymbol{r}=(x,y,z)$ の 3 変数関数から $\boldsymbol{r}=(x,y)$ の 2 変数関数に変換する。z に関する極小条件 $\partial V_\text{total}/\partial z = 0$

$$F_z = -\frac{\partial V_\text{TS}(x,y,z)}{\partial z} = k_z(z-z_\text{s}+l_z) \quad (1.49)$$

を満たす $z = z(x,y;z_\text{s})$ を V_total に代入すると，

$$\begin{aligned}V_\text{total}(x,y;x_\text{s},y_\text{s},z_\text{s}) = &\frac{1}{2}(k_x(x-x_\text{s}+l_x)^2 + k_y(y-y_\text{s}+l_y)^2)\\ &+V'(x,y;z_\text{s})\end{aligned} \quad (1.50)$$

と書き直せる。ここで

$$V'(x,y;z_\text{s}) = \frac{1}{2}k_z(z(x,y;z_\text{s})-z_\text{s}+l_z)^2 + V_\text{TS}(x,y,z(x,y;z_\text{s})) \quad (1.51)$$

である。3 次元 Tomlinson モデルはこの段階で Gyalog ら[22]による 2 次元 Tomlinson モデルと等価になり，カンチレバー支持部の安定平衡位置 $\boldsymbol{r}_\text{S} = (x_\text{s}, y_\text{s})$ に対して探針原子の安定平衡位置 $\boldsymbol{r} = (x,y)$ が決まる。安定平衡条

件は，1.2.4 項と同様に

$$(1) \quad \nabla_r V_{\text{total}} = \mathbf{0} \tag{1.52}$$

$$(2) \quad \det\left(\frac{\partial^2 V_{\text{total}}}{\partial x \partial y}\right) > 0 \quad \text{かつ} \quad \frac{\partial^2 V_{\text{total}}}{\partial x^2} > 0 \tag{1.53}$$

と書けるので，式 (1.52) は

$$(x_\text{s}, y_\text{s}) = \left(x + \frac{1}{k_x}\frac{\partial V'(x,y;z_s)}{\partial x} + l_x, \; y + \frac{1}{k_y}\frac{\partial V'(x,y;z_s)}{\partial y} + l_y\right) \tag{1.54}$$

あるいは式 (1.47) と等価な

$$\boldsymbol{r}_\text{s} = \boldsymbol{r} + \boldsymbol{k}_{\text{eff}}^{-1} \cdot \nabla_r V'(\boldsymbol{r}) \tag{1.55}$$

で書ける．こうして 2 次元の探針原子の安定平衡領域 $\boldsymbol{r}$ は，カンチレバー支持部の安定領域 $\boldsymbol{r}_\text{s}$ に写像される．以上の式 (1.53), (1.55) が摩擦力顕微鏡の画像解析の原理となる．

例として図 **1.19** に，グラファイト表面の場合，式 (1.53), (1.55) から計算した探針原子 $\boldsymbol{r}$ およびカンチレバー支持部 $\boldsymbol{r}_\text{s}$ の安定領域を示した[24,25]．図 1.19 の斜線部の領域 A, A′, A″, …, B, B′, B″, … は，探針原子が $\boldsymbol{r} = (x, y)$ 平面内で安定に存在できる領域を，蜂の巣型の実線部はグラファイト格子の炭素-炭素結合を示している．安定領域はグラファイト格子の 6 員環の重心（ホローサイト）を中心として $\boldsymbol{r}$ 平面内で不連続的に分布している．これは探針原子がホローサイトに存在するポテンシャルの井戸に束縛されやすいことを意味している．

探針原子は安定領域内で連続に動き（スティック），安定領域間を不連続に動く（スリップ）．たとえば B_S と C_S とが重なっている領域では $\boldsymbol{r}$ が $\boldsymbol{r}_\text{s}$ の多価関数になっている．つまりカンチレバー支持部が B_S と C_S との重なり上にあるとき，探針原子は B か C のいずれかに存在する．そして探針原子が B か C の境界でスリップする瞬間，カンチレバー支持部は B_S と C_S の境界にある．このように FFM とは，探針原子 $\boldsymbol{r}$ のスティック・スリップ運動をカンチレバー支持部 $\boldsymbol{r}_\text{s}$ に写像した安定領域境界（の一部）をプロットする実験手法であるともいえる．

また，B は B_S に拡大変換されている．式 (1.54) や式 (1.55) を見ると，

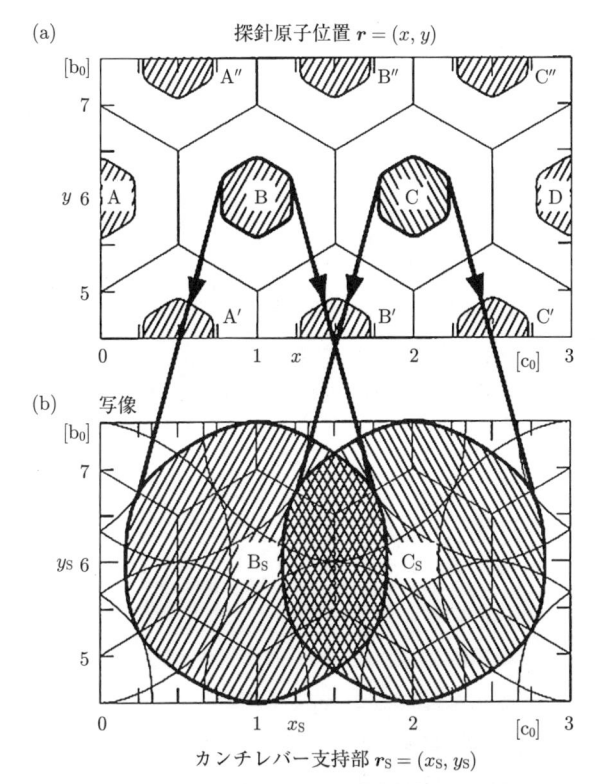

図 1.19 (a), (b) の斜線部はそれぞれ, $r = (x, y)$ 平面内の探針原子の安定領域および $r_S = (x_S, y_S)$ 平面内のカンチレバー支持部の安定領域を表している[24,25]。 $x(x_S)$ 軸の単位は $c_0 = 2.46$ Å, $y(y_S)$ 軸の単位は $b_0 = 1.42$ Å である。蜂の巣型の実線部はグラファイト格子の炭素-炭素結合を表している。

探針-表面間相互作用力の大きさ $|\nabla_r V'(r)|$ が増加するほど (荷重が大きいほど), もしくは水平有効バネ定数 k_{eff} の成分が小さいほど拡大率が大きくなることがわかる。したがって荷重を大きくすると探針原子は表面に強くスティックして安定領域の面積は小さくなるが, カンチレバー支持部の安定領域の面積は大きくなる。

1.2.6 実験との比較

図 1.20 は, グラファイト (0001) へき開面上で探針を x 方向にラスタ走査したときの実験とシミュレーションの 2 次元摩擦力マップの x 成分と y 成分を異なる荷重に対して示したものである。いずれも水平力をカンチレ

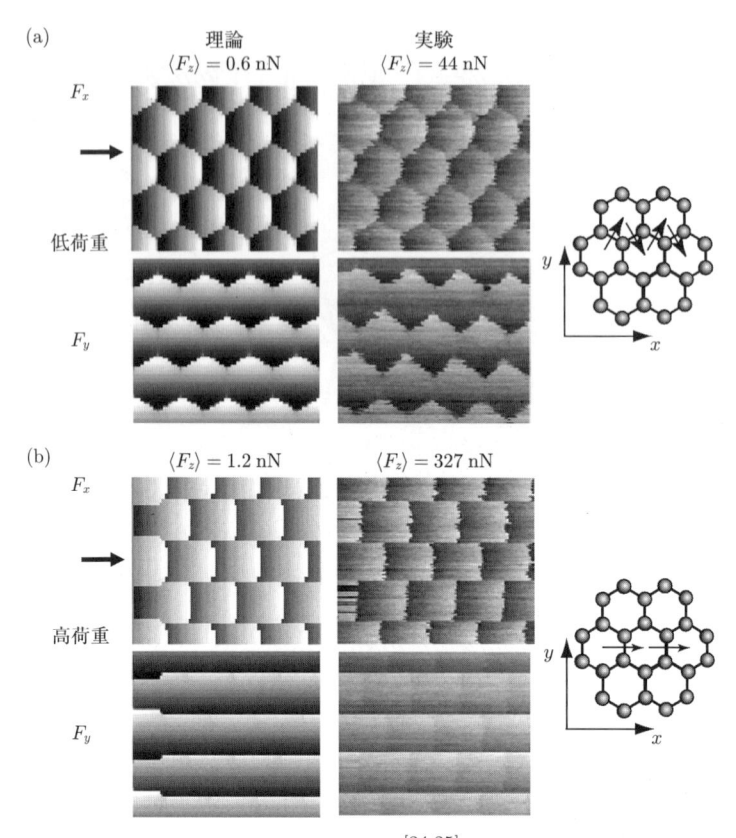

図 1.20 グラファイトの 2 次元摩擦力マップ[24,25]。シミュレーションと実験との比較。(a) 低荷重, (b) 高荷重の場合に対応する。

バー支持部 $r_\mathrm{s} = (x_\mathrm{s}, y_\mathrm{s})$ の関数として 2 次元プロットした結果である。2 次元パターンの理論シミュレーションは実験の特徴を極めてよく再現している。低荷重では, F_x はグラファイト格子の炭素 6 員環に対応する蜂の巣格子型のセルからなるパターン, F_y は 6 員環の一部に相当するジグザグパターンを示している (図 1.20(a))。しかし荷重が増加すると, F_x の蜂の巣格子型のパターンは矩形型のセルからなるパターンに, F_y のジグザグパターンは走査方向へ流れるような縞状のパターンに変化する (図 1.20(b))。このように摩擦力マップのパターンは荷重に依存して顕著な変化を見せるが, これはスティック・スリップ運動の変化を反映している。像パターンの矢印部分のライン走査に対応する探針原子の運動の模式図を図 1.20 右に示

1.2 摩擦のナノ力学

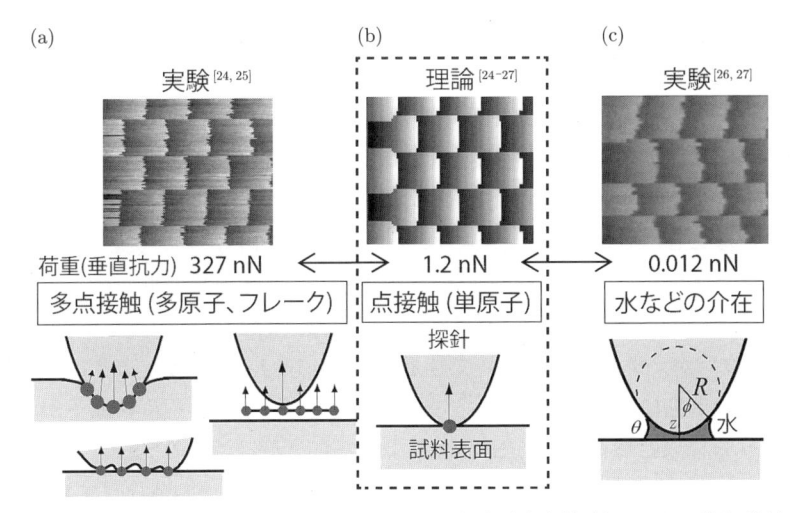

図 1.21 (a) 実験[24, 25] 荷重(垂直抗力) 327 nN — 多点接触(多原子、フレーク)
(b) 理論[24-27] 1.2 nN — 点接触(単原子) 探針／試料表面
(c) 実験[26, 27] 0.012 nN — 水などの介在

図 1.21 シミュレーションと実験における，荷重（垂直抗力）の不一致と接触状態[24-27]。

した。低荷重では走査方向と平行に運動する経路の他に，隣接炭素 6 員環の中心間を走査方向と $\pm 60°$ の角度でジグザグに運動する経路がある。しかし高荷重では走査方向と平行に運動する経路しか残らない。これは高荷重では相互作用の増加により $\pm 60°$ のジグザグ方向のポテンシャル障壁が高くなり，走査方向の運動しか許されなくなるためである。

このように Tomlinson モデルに基づく理論シミュレーションで実験の 2 次元摩擦力マップを説明できるが，シミュレーションで得られた荷重（垂直抗力）のオーダーが実験に比べて 2 桁ほど大きい場合がある[26,27]（図 1.21 (b) と (c) の比較）。これは摩擦力顕微鏡測定が約 50% の湿度条件で行われたことを考慮すると，グラファイト試料表面上に存在する水が探針-表面間にブリッジを形成し，毛管力

$$F_{\mathrm{cap}} = -\frac{4\pi\gamma R\cos\theta}{1 + z/R(1-\cos\phi)} \tag{1.56}$$

が働いたためと考えられる。ここで z は探針-表面間距離，R は摩擦力顕微鏡探針の曲率半径，θ と ϕ はそれぞれ接触角とメニスカス角，$\gamma = 0.07\,\mathrm{N/m}$ は水の表面張力である。例としてパラメータ値 $R = 20\,\mathrm{nm}, \theta = 0°, \phi = 10°$ を用いると，探針高さ $z = 0.2\,\mathrm{nm}$ に対する毛管力は $F_{\mathrm{cap}} \cong -11\,\mathrm{nN}$ となり，実験の引きはがし力 $F_{\mathrm{pull\text{-}off}} \simeq -8\,\mathrm{nN}$ のオーダーをよく説明できる。

逆に，シミュレーションで得られた荷重（垂直抗力）のオーダーが実験に比べて2桁ほど小さい場合がある[24,25]（図 1.21(b) と (a) の比較）。この不一致は，シミュレーションでは単突起探針でモデル化を行っているのに対し，現実にはグラファイト薄膜がFFM探針に付着してフレーク探針になっていたり，探針表面が有する長周期の凹凸や弾性変形による多突起接触になっていることがその理由と考えられる。1.2.1 項の Mate らの実験[13] をもう一度考えてみよう。AFM，FFM は理想的には探針先端の単一原子が受ける摩擦力を測る装置であるが，Mate らの実験では総荷重の大きさ（1〜10 μN 程度）が，単一原子が保持できる荷重（0.1〜1 nN 程度）よりはるかに大きい。単純に考えると，最大，$10\,\mu\text{N}/0.1\,\text{nN} = 10^5$ 個程度の原子が接触に関与しないと総荷重 10 μN に達しない。したがってこの実験は，表面からはがれてタングステンの針先に付着したグラファイトの薄片（フレーク）とグラファイト試料表面との界面における，多原子を介する摩擦を測ったものであると考えるのが妥当であろう。このようにグラファイトや二硫化モリブデンのような層状物質ではフレークができて多原子摩擦になる傾向が強いが，層状物質でないイオン結晶表面では単原子摩擦にかなり近いと思われる実験結果が得られている[28]。このように摩擦力マップの解釈の際，前述の水によるメニスカス力やファンデルワールス力の効果を慎重に検討する必要がある。

1.2.7　超潤滑

1.2.6 項で述べたように層状物質表面の摩擦測定ではへき開したフレークが探針に付着して実効的な探針として働く。フレーク探針は格子不整合による超低摩擦である超潤滑の起源である。平野らは「接触する2平面の格子間隔の比が無理数であれば，摩擦がゼロになる」という超潤滑説[29] を提唱して，格子不整合による超潤滑を雲母表面上の雲母薄膜（フレーク）[30] に対して測定し，最も不整合な接触方向で摩擦力が最小となることを示した（図 **1.22**）。，さらに平野らは走査トンネル顕微鏡のタングステン探針の (011) 面とシリコン (001) 試料表面との間で不整合摩擦を測定し，測定精度以下の摩擦力しか検出できないことも示した[31]。Martin ら[32] が観察した二硫化モリブデン表面上のアイランドの配向依存性や三浦ら[33] による二硫化モリブデンフレークの摩擦も，格子不整合由来の超潤滑メカニズムを示し

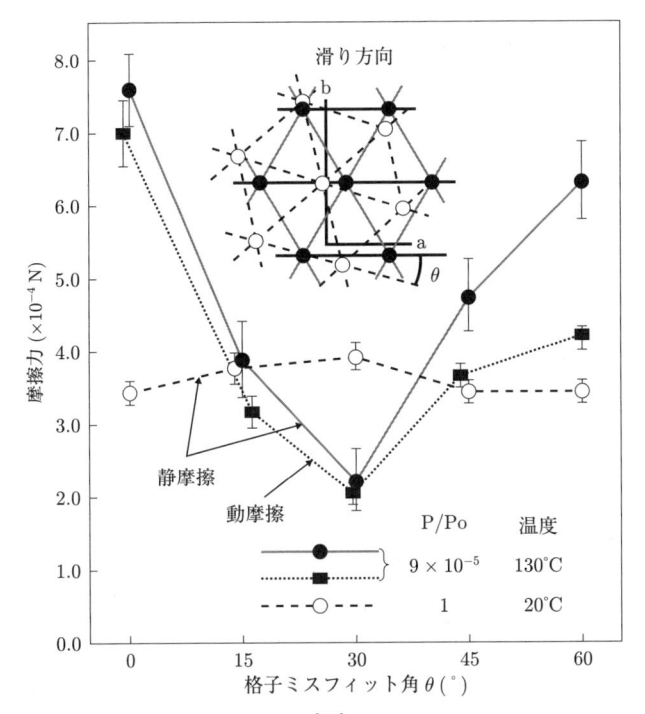

図 1.22 雲母薄膜摩擦の走査方向依存性[30]。薄膜のミスフィット角度を変えて雲母表面上で雲母薄膜を滑らせたとき、ミスフィット（不整合性）が最も大きい $30°$ で摩擦力が最小になる。$0°$ が整合接触している場合に対応。

ている。

フレーク摩擦も Tomlinson モデル[14] もしくは Frenkel-Kontrova モデル[16] でモデル化可能である。1 次元 Frenkel-Kontrava モデルではフレークを構成する原子間の相互作用を

$$V_{fl}(x) = \frac{k_{fl}}{4} \sum_n (x_{fl,n} - x_{fl,n-1} - b)^2 \tag{1.57}$$

で表現する[15]。ここで $x_{fl,n}$, k_{fl}, b はそれぞれフレークを構成する n 番目の原子の位置、原子同士を結ぶバネ定数、格子定数を表す。1 次元 Tomlinson モデルのときと同様、フレーク探針と表面の相互作用が弱いとき、すなわち k_{TS}/k_{fl} がある臨界値 $(k_{TS}/k_{fl})_c$ 以下にならないと超潤滑状態は現れない。ここで Tomlinson モデルの実効的な水平バネ定数 k_{eff} がフレーク原子間の

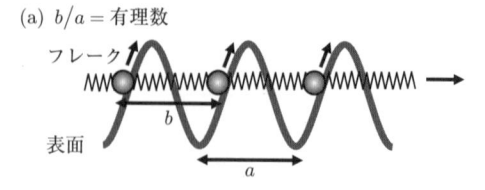

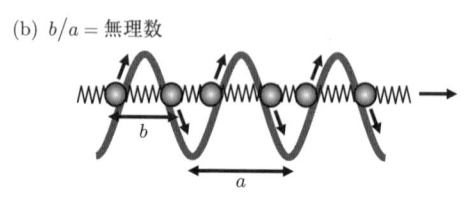

図 1.23 面接触の場合の Frenkel-Kontrova モデル。(a) 格子整合（$b/a = $ 有理数）のとき，フレークの原子は一様にエネルギーを得たり失ったりするため摩擦力は有限となる。(b) 格子不整合（$b/a = $ 無理数）のとき，フレークの原子はエネルギーを得るものと失うものとが相殺して超潤滑状態となる。

バネ定数 k_{fl} に置き換えられており，Tomlinson モデルの超潤滑と定性的には類似した振る舞いを示す。つまり相互作用が弱くなると摩擦ゼロの状態が現れる。

一方，FK モデルには格子の不整合に由来して現れる超潤滑メカニズムがあり，フレークと表面系の格子定数の比率 b/a に強く依存する。図 **1.23**(a) に示すように b/a が有理数，つまりフレークが基板上に格子整合（コメンシュレート）で配列する場合，フレークを引きずると，フレーク原子が受ける相互作用エネルギーは原子の動きに同調して一様に増減するため，全エネルギーもそれに応じて増減し，摩擦力は有限となる。一方，b/a が無理数のとき，接触面の結晶配列は不整合（インコメンシュレート）となる。したがって図 1.23(b) に示すように，フレークを引きずると，エネルギーを得する原子と損する原子がフレーク中に平均して同数現れるため，フレークサイズが無限の場合，引きずりに対して原理的に全エネルギーは不変，つまり摩擦力はゼロとなる。これが平野ら[29]によって提案された超潤滑機構のエッセンスである。現実には接触界面での格子変形や各種欠陥の存在などの影響により，理論通りに現実の材料において完全な超潤滑すなわち摩擦ゼロが実現するのは困難であると考えられるが，少なくとも接触界面のマクロ・ミクロスケールの形状や化学的性質を制御することにより摩擦力をゼロの極限まで近づけることが期待できる。前述した Socoliuc ら[21]のように，弱い相互作

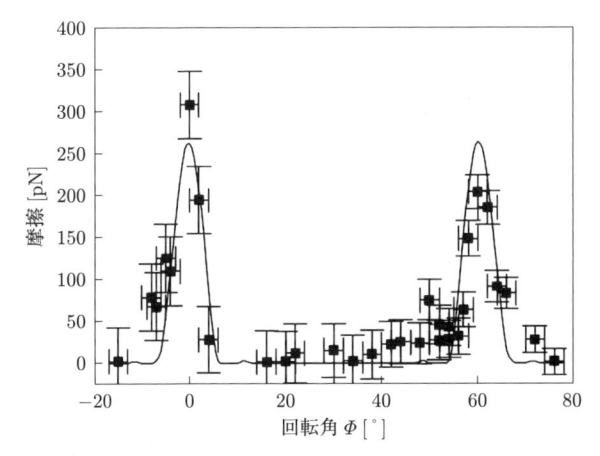

図 1.24　グラファイト薄膜がグラファイト基板上で格子整合で配置するとき ($\Phi = 0°, 60°$)，摩擦力は 200 pN 以上の極大値をもつ．不整合のとき ($\Phi \neq 0°, 60°$)，摩擦力は数ピコニュートンの超低摩擦力を示し，超潤滑状態となる[34]．

用由来の「超低摩擦」という用語を，格子不整合由来の「超潤滑」と区別して使っているグループもある．定義の問題であるが，本章ではいずれも超潤滑機構の一つと考えることにする．

最近，Dienwiebel ら[34] によってグラファイト基板表面上のグラファイト薄膜に対してピコニュートンオーダーの摩擦力が測定され，超潤滑メカニズムの研究は精密測定の領域に突入している．図 1.24 に示すようにグラファイト薄膜をグラファイト基板上で格子整合な方向に走査すると ($\Phi = 0°, 60°$)，摩擦力は 200 pN 以上の極大値をもつが，不整合な方向に走査すると ($\Phi \neq 0°, 60°$)，摩擦力は数ピコニュートンの超低摩擦力を示し，明らかに超潤滑状態が実現している．グラファイト層間に C_{60} 分子を挿入させた系でも同様の傾向が理論的に予想されている．このように超潤滑はフレーク摩擦が生じやすい系で多く観察されてきたが，フレークを介在して超潤滑が発現することが直接証明されているわけではなかった．この問題は，三浦，佐々木ら[26] によってグラファイト薄膜を FFM 探針に付着させた摩擦測定とその解釈が行われて初めて決着がついた．直接フレークを付けた探針で多様な 2 次元摩擦力マップが測定されたが，そのうちのいくつかは図 1.25 に示すように A，B，C の 3 種類の 2 次元パターンを示しており，Mate らの摩擦力マップ[13] の D パターンと極めて類似している．パターン

34　第 1 章　力学物性

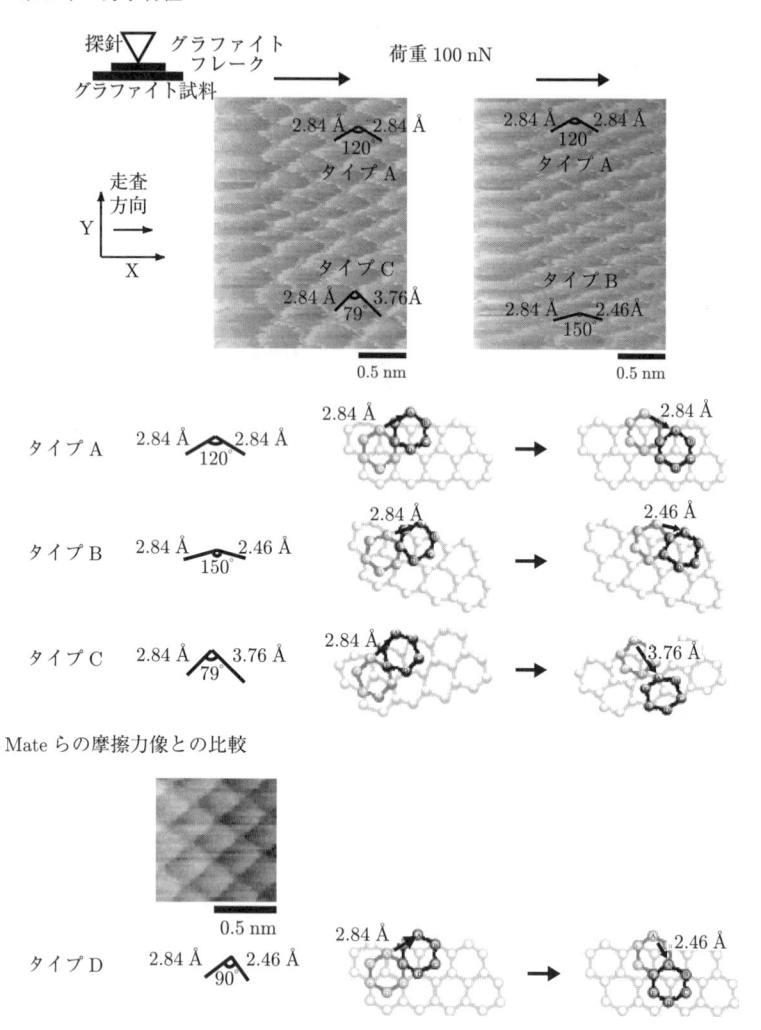

図 1.25　フレーク探針による観察で得られた 2 次元摩擦力マップは，Mate ら[13] の観察で得られたものと類似している[26]．これはフレーク摩擦が画像化に寄与していることの証明である．

の角度の違いは，フレークを構成する 6 員環のスリップ方向の違いで理解できる．

1.2.8　超潤滑 C_{60} 分子ベアリング（実験）

最近，超潤滑を利用してナノスケール摩擦を制御する試みに注目が集まっ

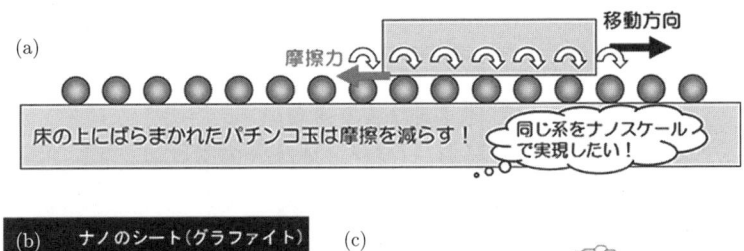

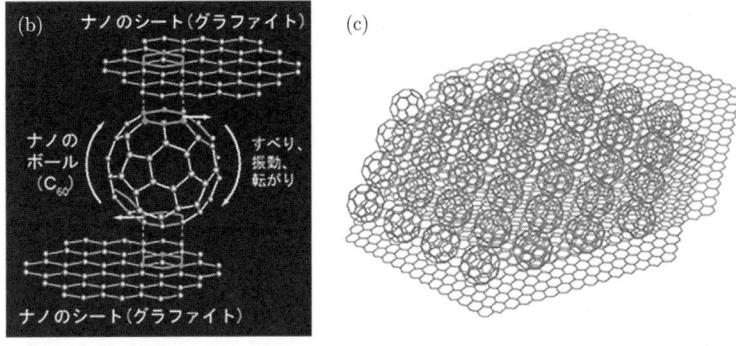

図 1.26 (a) パチンコ玉のような剛体球の上を滑る物体,(b) 単分子ベアリング描像[27,37],(c) C_{60} 分子サンドウイッチ構造。

ている。特にフラーレンやナノチューブなどカーボンナノ構造体の動力学の解明は超潤滑制御のカギとなる[35,36]。床の上に直接板を置いて滑らせるのと,パチンコ玉を床にばらまいてその上から板を置いて滑らせるのとでは,当然後者の方が滑りやすい(図 1.26(a))。これは床と板との間に働く摩擦が,パチンコ玉の転がりによって軽減されるためである。このときパチンコ玉は機械工学でいうボールベアリングとして働くが,これと同じ構造をナノサイズの世界で作ってみたら摩擦は小さくなるのではないか?

(1) C_{60} 単分子層サンドウイッチ系

三浦,佐々木らは,ナノサイズの「板」としてグラファイト(黒鉛)という炭素の 2 次元シート,ナノサイズの「球」として世界最小のサッカーボールであるフラーレン C_{60} を用いることを考えた[27,37]。これらの組み合わせは高圧下でなければ強い化学結合を形成しないので,グラファイト薄膜を滑らせると,C_{60} 分子がスムーズに動くことが期待される(図 1.26(b))。実際,グラファイト基板上に蒸着させたフラーレン C_{60} 単層膜(図 1.27(a) の領域 S_B)の上にグラファイト薄膜(実験では面積 $1\,\mathrm{mm}^2$,厚さ数 $\mu\mathrm{m}$)を重ねたサンドウイッチ構造(図 1.26(c))に対して摩擦力顕微鏡測定を行

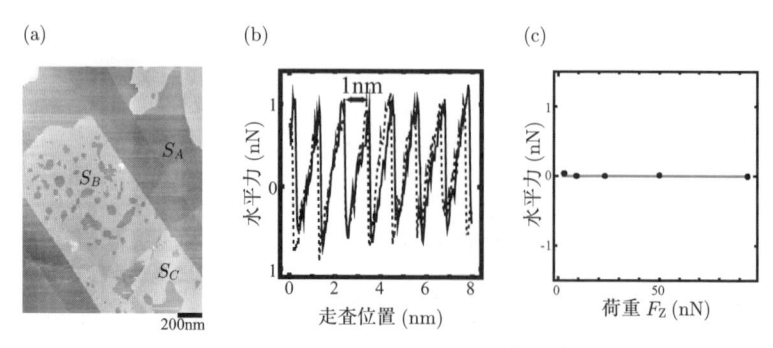

図 1.27 C$_{60}$ 単分子層サンドウイッチ系の超潤滑測定[27,37]。(a) グラファイト表面 (S$_A$), C$_{60}$/グラファイト表面 (S$_B$), C$_{60}$/C$_{60}$/グラファイト表面 (S$_C$) の原子間力顕微鏡像。(b) 荷重 9 nN の場合の C$_{60}$ 分子サンドウィッチ構造の往復走査に対する水平力曲線。往路,復路はそれぞれ実線,点線に対応。(c) 摩擦力の荷重依存性。

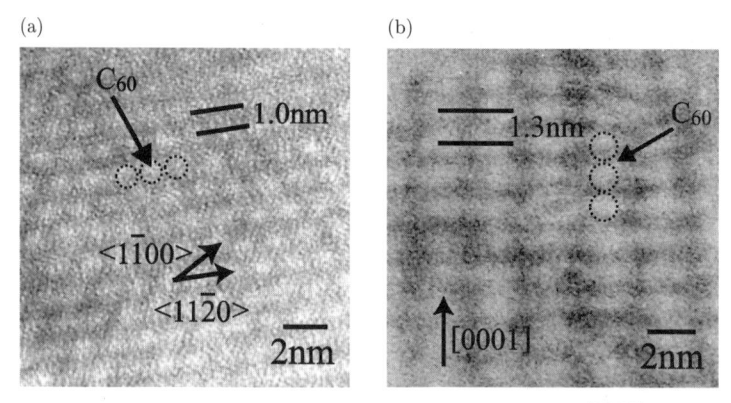

図 1.28 C$_{60}$ 封入グラファイトフィルムの透過型電子顕微鏡像[38,39]。(0001) 面に (a) 平行,(b) 垂直方向。

うと,測定機器の分解能 (0.1 nN) 以下で動摩擦力がゼロとなることが示された。水平力曲線(図 1.27(b))は 1 nN オーダーの振幅でスティック・スリップに近いのこぎり波形を示しているが,ヒステリシス面積が極めて小さく平均水平力(走査速度ゼロの極限の動摩擦力)が測定機器の分解能 (0.1 nN) 以下でゼロに近づき,極めて小さなエネルギー散逸しか起きない。荷重 100 nN 以下ではこの傾向が維持され,動摩擦力は荷重に依存せずほぼゼロとなる(図 1.27(c))。

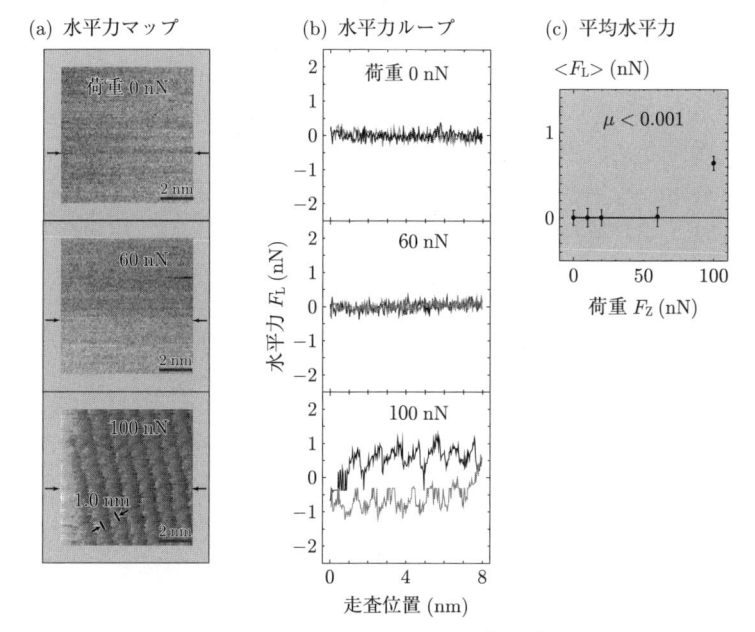

図 1.29 C_{60} 封入グラファイトフィルムの超潤滑測定[38,39]。(a) 2 次元水平力マップと (b) 水平力ループの荷重依存性。(c) 水平力の荷重依存性から,摩擦係数が 0.001 未満であることがわかる。100 nN 以下では,測定精度以下で動摩擦力も最大静止摩擦力もゼロに近い状況が成立している。

(2) C_{60} 封入グラファイトフィルム

さらに実用性を鑑みた新しいプロセスで試料作成が試みられている[38,39]。グラファイトを硝酸と硫酸の混酸中で撹拌した後水洗いし,1000℃以上に保って C_{60} 粉末とともに 2 週間ほど保つと,図 1.28 の透過型電子顕微鏡像に示されるような,C_{60} が封入されたグラファイト(C_{60} インターカレートグラファイト)フィルムが作製される。C_{60} 分子は,グラファイトの (0001) 平面内で最密充塡構造を取り(図 1.28(a)),[0001] 軸方向に単分子層が約 1.3 nm の間隔で充塡して積層する構造を取る(図 1.28(b))。

摩擦力顕微鏡による測定の結果,2 次元水平力マップと水平力ループの荷重依存性が得られた[38,39](図 1.29(a), (b))。また荷重 100 nN 以下の領域で摩擦係数は 0.001 未満を示す(図 1.29(c))。100 nN 以下では水平力マップには明確な格子周期パターンは現れず,ノイズのようなイメージを示している。また測定機器の分解能 (0.1 nN) 以下で最大静止摩擦力も動摩擦

力（平均水平力）もゼロを示す。この超潤滑の特徴は試料のすべての走査方向に対して得られた。このように本フィルム材料は前項 (1) のサンドウィッチ構造をはるかにしのぐ超潤滑性を示す。しかし荷重が 100 nN 以上になると，摩擦力は有限の値を取り，1 nm の周期が現れることがわかった。このときの圧力は，探針と試料の有効接触半径が 1 nm 程度と仮定すると 100 GPa 以上となり極めて大きい。

1.2.9　超潤滑 C_{60} 分子ベアリング（理論）

(1) 超潤滑の異方性

図 1.30(a) のように C_{60} 単層薄膜を上下層二枚のグラファイト単層膜（グラフェン）で挟んだモデルを C_{60} 分子内部の結合ポテンシャル，および C_{60} 分子-グラファイト間，C_{60} 分子-C_{60} 分子間の非結合相互作用ポテンシャルで記述する。全系を分子力学法で構造最適化すると，グラフェン層間距離が 1.31 nm のときに全エネルギーが極小となって準安定となり，透過型電子顕微鏡測定で得られた層間距離が説明できる[39-41]。さらにグラフェンシートの走査角度 θ を変えて摩擦力を計算すると，1.2.7 項の図 1.24 に示したグラファイトの超潤滑の異方性[34]に類似した特徴が得られた[42]。図 1.30(b) は，平均荷重 $\langle F_z \rangle = 0.27$ nN の条件下で，平均水平力 $\langle F_L \rangle$ をグラフェンシートの走査角度 θ の関数としてプロットしたものを C_{60} ベアリング系とグラファイト系の両方に対して示している。平均水平力 $\langle F_L \rangle$ は 6 員環の回転角の 60° 周期で変化している。ここで $\theta = -30°, 30°, 90°$ は，C_{60} 分子と上下層グラフェンシートの 6 員環積層の整合性の良い結晶軸 $\langle 1\bar{1}00 \rangle$ 方向に対応している。同様に $\theta = 0°, 60°$ も整合性の良い $\langle 11\bar{2}0 \rangle$ 方向である。$\langle F_L \rangle$ は，$\theta = 0°, 60°$ でほぼゼロの極小値，$\theta = -30°, 30°, 90°$ で極大値を取り，極めて狭い角度領域（たとえば $\theta \simeq 30° \pm 0.5°$）を除いて 1 pN 以下の値を示す。$C_{60}$ ベアリング系のピークの最大値 6.4 pN は，グラファイト系のピーク値 15 pN の約 40% であるが，このピーク値の違いは C_{60}/グラフェン界面での C_{60} 分子の傾きと弾性接触の効果で説明できる[43]。$\langle F_L \rangle$ は $\theta \simeq 30° \pm 0.1°$ の範囲内で走査角度 θ に極めて敏感で，C_{60} ベアリング系（グラファイト系）では，摩擦力のピークが約 60%（30%）まで急激に減少する（図 1.30(b) の挿入図）。このように整合性の良い領域では明らかにグラファイト系に対する C_{60} ベアリング系の超潤滑特性の

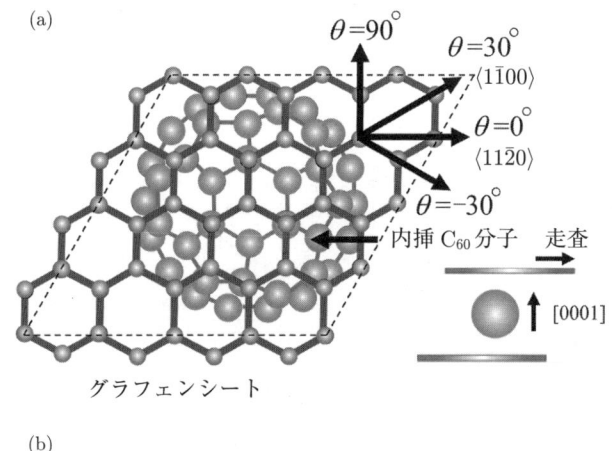

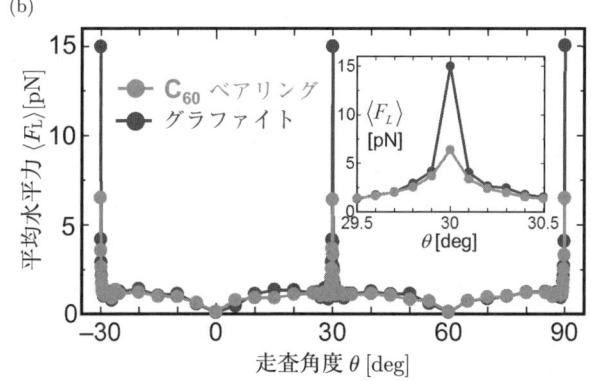

図 1.30 超潤滑 C_{60} 分子ベアリング系の異方性のシミュレーション[42]。(a) シミュレーションモデル,(b) C_{60} ベアリング系とグラファイト系に対して,走査角度 θ の関数としてプロットした平均水平力 $\langle F_L \rangle$。

優位性を示すことができる。以下,極大値を取る $\theta = 30°$,極小値を取る $\theta = 0°$ の走査方向で出現する超潤滑の機構に着目しよう。

(2) $\theta = 30° (\langle 1\bar{1}00 \rangle)$ 方向の超潤滑機構

$\theta = 30°$ 方向の走査では,図 1.31(a) に示すように,C_{60} 分子はグラフェンシートの走査方向に微小角度 ϕ だけ傾く,あるいは微小回転する。この傾き角度 ϕ はほぼ荷重 $\langle F_z \rangle$ に比例して増加する。そこで超潤滑に対する傾きの効果を調べるため,C_{60} ベアリング系,グラファイト系の実効的な水平バネ定数 $k_{C_{60}}, k_G$ を計算して荷重の関数としてプロットしたものが図 1.31(b) である[43]。表示されている荷重領域では明らかに $k_G > k_{C_{60}}$ が成

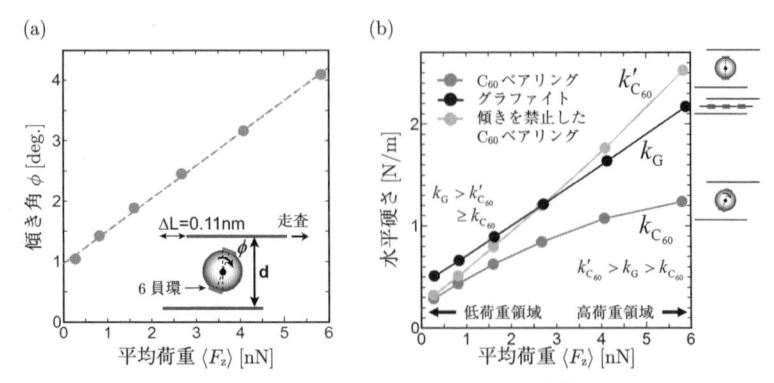

図 1.31 $\theta = 30°$ ($\langle 1\bar{1}00 \rangle$) 方向の超潤滑シミュレーション[43]。平均荷重 $\langle F_z \rangle$ の関数としてプロットした (a) C_{60} 分子の傾き（微小回転）角度 ϕ，および (b) 実効的な水平硬さ $k_{C_{60}}$, k_G, $k'_{C_{60}}$。ただし $k'_{C_{60}}$ は C_{60} 分子が傾かない場合の硬さ。(a) の傾き角度 ϕ は，同じグラフェンの走査距離 $\Delta L = 0.11$ nm に対して評価した。

立しており，整合性の良い $\theta = 30°$ の走査方向ではグラファイト系に対する C_{60} ベアリング系の超潤滑特性の優位性が示される。ここでグラフェンシートのスライドに伴う C_{60} 分子の傾き（微小回転）を禁止した場合の水平バネ定数 $k'_{C_{60}}$ を計算して $k_{C_{60}}$ と比較したところ，超潤滑に対する C_{60} 分子の傾きの効果が明らかになった。荷重が低い領域では $k_G > k'_{C_{60}} \geq k_{C_{60}}$ が成立しており，C_{60} 分子の傾き効果は比較的小さいが，荷重が増加すると $k'_{C_{60}}$ が $k_{C_{60}}$ よりも急激に増加して $k'_{C_{60}} > k_G > k_{C_{60}}$ となり，傾き効果が顕著に現れる。このように荷重の高い領域では C_{60} 分子の傾きの自由度が水平バネ定数の低下に寄与していることがわかる。一方 $k'_{C_{60}}$ と k_G の違いは，C_{60}/グラフェン，グラフェン/グラフェン界面の原子レベルの弾性の違いを考慮することで理解できる[43]。

(3) $\theta = 0°$ ($\langle 11\bar{2}0 \rangle$) 方向の超潤滑機構

図 1.30(b) の $\theta = 0°, 60°$ では $\langle F_L \rangle$ はほぼゼロの極小値を取る。特に低荷重領域ではこの傾向が顕著であることがわかった。これは C_{60} 分子が傾く（微小回転する）ことなく，その 6 員環を上下グラフェンシートにほぼ平行に向けて，炭素結合に沿って並進移動するためである。このときグラフェンシートの往復走査に対して C_{60} 分子は同じ軌道上を動くため，水平力曲線にヒステリシスは現れず，平均水平力はほぼゼロ $\langle F_L \rangle \simeq 0$ になる[44]。この C_{60} 分子の保存的運動のメカニズムは C_{60} 分子が感じる全ポテンシャル

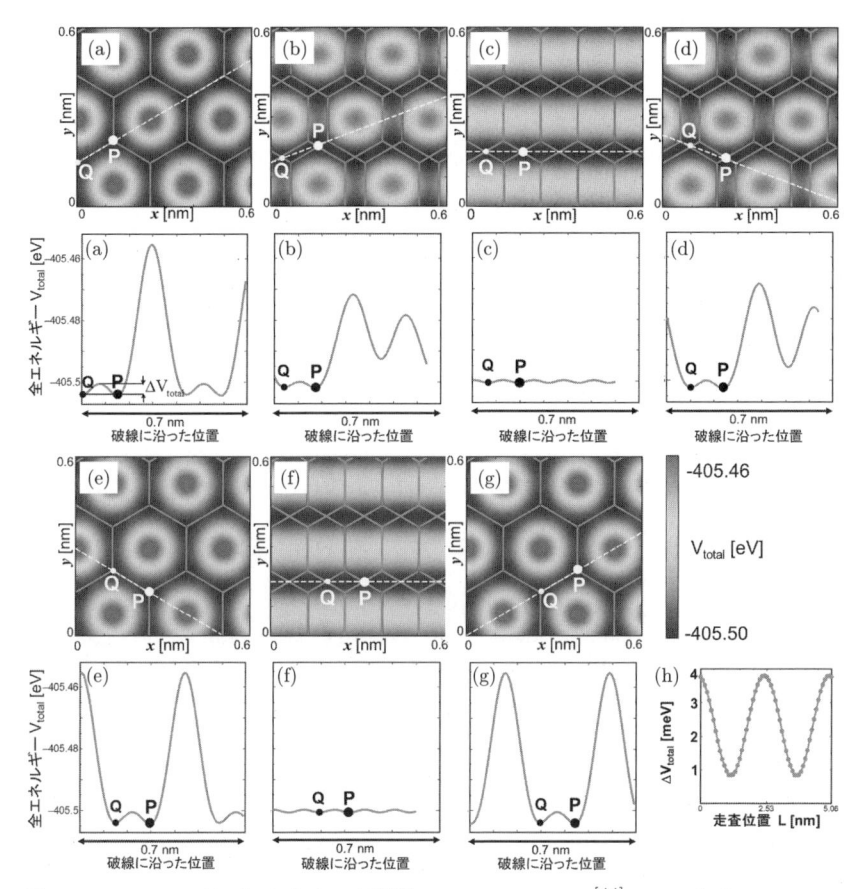

図 1.32 $\theta = 0°$ ($\langle 11\bar{2}0 \rangle$) 方向の超潤滑シミュレーション[44]。$C_{60}$ 分子ベアリング系のグラフェンシートの各走査位置 L = (a) 0, (b) 0.067, (c) 0.127, (d) 0.186, (e) 0.253, (f) 0.380, (g) 0.506 nm に対する全ポテンシャルエネルギー面 V_{total}（上段）と隣接二極小点 P, Q を結ぶ直線に沿った断面図（下段）。C_{60} 分子は極小点 P に位置している。(h) P, Q 間のエネルギー障壁を走査位置に対してプロットしたもの。

エネルギー V_{total}（図 1.32 上段の図）の解析で明らかとなる。グラフェンの走査過程で全ポテンシャルエネルギー面の 2 次元パターンは顕著に変化するが（図 1.32(a)-(e)），一点変化しない特徴がある。それは C_{60} 分子が現在位置している極小点 P と隣接極小点 Q の間に，常にエネルギー障壁が存在するということである（図 1.32 下段の図）。そのため絶対零度近傍では，C_{60} 分子はスティック・スリップ運動などを行うことができず，極小点にト

ラップされたまま連続的に動くことになる。

1.2.9 項で述べた内容は，絶対零度の極限での最適化計算の結果であるが，最近の NMR 測定の解釈から常温では C_{60} 分子の回転運動が予測されている[45]。今後は界面束縛された分子の運動自由度が超潤滑に与える効果を定量的に評価していくことが重要となろう。

引用・参考文献

[1] A. Zangwill: "Physics at Surface" (Cambridge University Press, 1988).
[2] 小野周："表面張力"（共立出版，1980）．
[3] L. D. Marks, V. Heine and D. J. Smith: Phys. Rev. Lett. **52**, 656 (1984).
[4] J. N. Israelachvili: "Intermolecular and Surface Forces" 2nd Ed. (Academic Press, 1992).
[5] 金原粲（監修），吉田貞史・近藤高志（編）："薄膜工学" 第 2 版（丸善，2011）．
[6] G. Wulff: Z. Kristallog. **34**, 449 (1901).
[7] C. Herring: Phys. Rev. **82**, 87 (1951).
[8] J. C. Heyraud and J. J. Metois: Surf. Sci. **128**, 334 (1983).
[9] J. D. Weeks: The Roughening Transition in "Ordering in Strongly Fluctuating Condensed Matter Systems", ed. by T. Riste, (Plenum Pub., 1980) p.293.
[10] F. P. Bowden and D. Tabor: "The friction and lubrication of solids" (Oxford Univ. Press, 1950).
[11] 佐々木成朗，三浦浩治："ナノテクのための物理入門"（共立出版，2007）p.37.
[12] G. Binnig, C. F. Quate and Ch. Gerber: Phys. Rev. Lett. **56**, 930 (1986).
[13] C. M. Mate, G. McClelland, R. Erlandsson and S. Chiang: Phys. Rev. Lett. **59**, 1942 (1987).
[14] G. A. Tomlinson: Phil. Mag. **7**, 905 (1929).
[15] G. M. McClelland: "Adhesion and Friction", eds. by M. Grunze and H. J. Kreuzer, (Springer-Verlag, 1990) p.1.
[16] T. A. Kontrova and Y. I. Frenkel: Zh. Eksp. Teor. Fiz. **8**, 1340 (1938).
[17] T. Gyalog and H. Thomas: Europhys. Lett. **37**, 195 (1997).
[18] E. Meyer, T. Gyalog, R. M. Overney and K. Dransfeld: "Nanoscience: Friction and Rheology on the Nanometer Scale" (World Scientific, 1998).
[19] J. Colchero, O. Marti and J. Mlynek: "Forces in Scanning Probe Methods", ed. by B. Bhushan (Kluwer Academic Publishers, 1997) p.345.
[20] N. Sasaki, K. Kobayashi and M. Tsukada: Phys. Rev. B**54**, 2138 (1996).
[21] A. Socoliuc, R. Bennewitz, E. Gnecco and E. Meyer: Phys. Rev. Lett. **92**, 134301 (2004).
[22] T. Gyalog, M. Bammerlin, R. Luthi, E. Meyer and H. Thomas: Europhys. Lett. **31**, 269 (1995).
[23] S. Fujisawa, E. Kishi, Y. Sugawara and S. Morita: Phys. Rev. B**51**, 7849

(1995).
[24] N. Sasaki, M. Tsukada, S. Fujisawa, Y. Sugawara, S. Morita and K. Kobayashi: J. Vac. Sci. Technol. B**15**, 1479 (1997).
[25] N. Sasaki, M. Tsukada, S. Fujisawa, Y. Sugawara, S. Morita and K. Kobayashi: Phys. Rev. B**57**, 3785 (1998).
[26] K. Miura, N. Sasaki and S. Kamiya: Phys. Rev. B**69**, 075420 (2004).
[27] N. Sasaki and K. Miura: Jpn. J. Appl. Phys. **43**, 4486 (2004).
[28] S. Fujisawa, E. Kishi, Y. Sugawara and S. Morita: Nanotechnology **5**, 8 (1995).
[29] M. Hirano and K. Shinjo: Phys. Rev. B**41**, 11837 (1990).
[30] M. Hirano, K. Shinjo, R. Kaneko and Y. Murata: Phys. Rev. Lett. **67**, 2642 (1991).
[31] M. Hirano, K. Shinjo, R. Kaneko and Y. Murata: Phys. Rev. Lett. **78**, 1448 (1997).
[32] J. M. Martin, C. Donnet, Th. Le Mogne and T. Epicier: Phys. Rev. B**48**, 10583 (1993).
[33] K. Miura and S. Kamiya: Europhys. Lett. **58**, 610 (2002).
[34] M. Dienwiebel, G. S. Verhoeven, N. Pradeep, J. W. M. Frenken, J. A. Heimberg and H. W. Zandbergen: Phys. Rev. Lett. **92**, 126101 (2004).
[35] 三浦浩治，佐々木成朗："ナノカーボンハンドブック"（エヌ・ティー・エス，2007）p.680.
[36] 佐々木成朗，三浦浩治："現代界面コロイド科学の事典"（丸善，2010）p.63.
[37] K. Miura, S. Kamiya and N. Sasaki: Phys. Rev. Lett. **90**, 055509 (2003).
[38] K. Miura, D. Tsuda and N. Sasaki: e-J. Surf. Sci. Nanotech. **3**, 21 (2005).
[39] K. Miura, D. Tsuda, N. Itamura and N. Sasaki: Jpn. J. Appl. Phys. **46**, 5269 (2007).
[40] N. Sasaki, N. Itamura and K. Miura: J. Phys.: Conf. Ser. **89**, 012001 (2007).
[41] N. Sasaki, N. Itamura and K. Miura: Jpn. J. Appl. Phys. **46**, L1237 (2007).
[42] N. Itamura, K. Miura and N. Sasaki: Jpn. J. Appl. Phys. **48**, 060207 (2009).
[43] N. Itamura, K. Miura and N. Sasaki: Jpn. J. Appl. Phys. **48**, 030214 (2009).
[44] N. Itamura, H. Asawa, K. Miura and N. Sasaki: J. Phys.: Conf. Ser. **258**, 012013 (2010).
[45] M. Ishikawa, S. Kamiya, S. Yoshimoto, M. Suzuki, D. Kuwahara, N. Sasaki and K. Miura: J. Nanomat. **2010**, 891514 (2010).

第 2 章

低次元物性

2.1 低次元系としての表面

　本章では，主に表面の低次元金属性に起因する興味深い物性に関して，バルクの低次元金属とは異なる表面系としての特徴に留意しつつ，そのメカニズムや具体例を概説する。

　我々の身の周りにある通常の金属においては，電気や熱の伝導を担う伝導電子は 3 次元空間のどの方向にも自由に運動することができる。これに対して，伝導電子の運動が 1 次元方向のみ，あるいは，2 次元面内のみに制限されている物質を 1 次元金属，2 次元金属と呼び，総称して低次元金属という。これら低次元金属では，電子-電子間，電子-格子間などの相互作用の影響がしばしば極端な形で現れ，通常の 3 次元金属では見られない興味深い物性，現象が観察される。物性研究の対象として，層状物質など異方性の強い結晶構造を有する 3 次元固体のなかで低次元金属性を有するものが多く研究されてきた[1,2]。

　3 次元固体の表面において，表面状態あるいは表面共鳴と呼ばれる 2 次元的な電子状態が実現することがある。これらは 2 次元的（場合によっては 1 次元的）な電子状態であり，これに起因して様々な低次元物性が発現する。表面の低次元物性には，バルクの低次元金属のそれと類似する点もあれば，

第 2 章執筆：有賀哲也

表面特有の空間対称性を反映してバルク物質とは異なった特徴が現れる場合もある。

表面に異種の元素，化合物を吸着，積層することにより新たな低次元物質を合成すれば，これが 2 次元あるいは 1 次元金属的な電子状態をもつこともある。バルク低次元物質と比較した場合，表面で生成する低次元物質は，その格子が下地結晶の周期性に強く束縛されているばかりではなく，表面電子系自体が下地の電子系や格子系と相互作用している。このために多彩な物性が発現する可能性もある。

研究手法の点から見ると，走査型プローブ顕微鏡 (scanning probe microscopy, SPM) の存在が，表面の低次元物性研究の特徴を強く規定している。3 次元固体の格子系の構造的な特徴は基本的には回折手法に頼る他には調べることができない。低次元物性では，格子欠陥などの構造不規則性が重要な役割を果たすことが多いが，構造揺らぎ，格子欠陥などの局所的・非周期的な構造について，3 次元固体では，散漫散乱などを通して，空間的に平均化された大雑把な情報を得ることしかできない。これに対し，表面の低次元物質では，様々な構造不規則性について，SPM によって，空間的に平均化されていない生の姿を捉えることができる。そればかりではなく，走査型トンネル分光 (scanning tunneling spectroscopy, STS) を使えば，価電子系についてもその空間，エネルギー分布について直接観測することができる。そのため，SPM は低次元物性の最も特徴的な姿をしばしば露わにしてくれる。その一方で，表面研究には，超高真空を必要とすること，極薄膜であることなどに由来する実験的困難もあるが，これらは試料作製，物性測定などの技術の発達により徐々に解消されつつある。

2.2 表面状態と表面共鳴

低次元物性について議論する前に，その基礎となる伝導電子の次元性について，表面電子状態を念頭におきつつ，簡単にまとめておこう。

まず，表面状態，表面共鳴についてまとめる。無限につづく 3 次元結晶中では，電子の取りうる状態はブロッホ関数 $\psi_k(r)$ で表される。

$$\psi_k(r) \propto \exp(i k \cdot r) u_k(r) \tag{2.1}$$

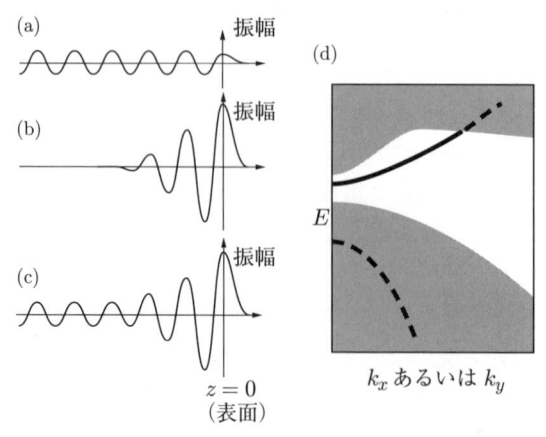

図 2.1 (a) バルク状態，(b) 表面状態，(c) 表面共鳴の波動関数，(d) 表面に射影したバルクバンド（ハッチング領域），射影ギャップ（空白領域），表面状態（実線），表面共鳴（破線）．

ただし，R を格子ベクトルとして $u_k(r+R) = u_k(r)$ を満たす．$\psi_k(r)$ は，平面波が格子の周期性を有する関数 $u_k(r)$ によって変調されたものと見ることができる．

この結晶を平面 $z=0$ で切断して，表面を作ったとしよう．表面近傍の電子の波動関数としては，次の三つの場合がありうる．

第一は，バルク中の 3 次元的な電子波が表面で反射してバルクに戻っていくのに相当するような波動関数で，固体内ではバルク状態に一致し，表面から真空側では指数関数的に減衰していくものである（図 **2.1**(a)）．このようなものは，単に「バルク状態」と呼ぶことが多い．

第二に，表面近傍にのみ波動関数の振幅があって，真空側 ($z>0$) とバルク側 ($z<0$) の両方に向かって指数関数的に減衰していくような状態もありうる．これを表面状態 (surface state) と呼ぶ（図 2.1(b)）．

バルクの電子状態 $E(k_x, k_y, k_z)$ の表面 $z=0$ への射影を図 2.1(d) に模式的に表す．バルクバンドの射影に含まれない領域（白い部分）は，バルク中の電子が絶対に取ることを許されない (k_x, k_y) の領域，すなわち射影ギャップを表している．表面状態は射影ギャップ中に生じる 2 次元電子状態であって，$\psi_{k_\parallel}(x,y,z)$（ただし，$k_\parallel = (k_x, k_y)$ とする）と表され，表面に平行な (k_x, k_y) 面内にのみ分散する．

表面状態の物理的起因としては，いろいろなケースがある[3]．典型的に

は，半導体表面に見られるダングリング結合状態など，局所的な化学結合が表面で切断されたり強い影響を受けたりして生成する機構（タム状態），バルク状態に近い波動関数を有しながら，表面のポテンシャルの影響を受けて射影ギャップ中に「押し出され」てしまう機構（ショックレー状態）などが考えられる．吸着表面では，吸着子の電子状態に由来する表面状態が生成することもある．また，最近，トポロジカル絶縁体という物質群が存在し，その表面にはこれまで知られていたのと異なる成因による表面状態が存在することが明らかになった．これについては，2.5.2 項で述べる．

第三のタイプとして，射影ギャップ中ではなくて，射影されたバルクバンドの内部において，表面に大きな振幅を有する電子状態が生成することがある（図 2.1(c)）．このような状態はバルク状態と混成するので，バルク深くまで行っても振幅がゼロにならない．これを「表面共鳴（surface resonance）」という．表面共鳴も，表面状態と同様に表面平行方向に分散関係を有する．

表面状態や表面共鳴は 2 次元バンドを形成して表面平行方向に分散を有するが，$k_\parallel$ 平面のすべての領域にわたって明確に存在しうるわけではない．射影ギャップ中の表面状態バンドは，射影バルクバンドに入って表面共鳴バンドに変化する．表面共鳴バンドも，あるところでは表面に大きな振幅をもったとしても，別のところではバルク状態との混成が強まって表面付近の振幅が小さくなってしまうこともありうる．このことは，バルクの 3 次元電子系との関わりが無視できないという表面バンドの一つの特徴を表している．

表面バンドがフェルミ準位を横切ればフェルミ面（正確にはフェルミ「線」というべきだが，日本語ではフェルミ面ということが多い．英語では Fermi contour という）を形成する．フェルミ面をもつことは，すなわち金属的であるということである．フェルミ面のトポロジーによって，その表面の次元性が決まる．2 次元自由電子的な表面バンドであれば，フェルミ面は円状であるので 2 次元といえる．表面の構造や結合の異方性が増すにしたがって，フェルミ面の形状も異方的になり，ついには 1 次元に変化する（図 **2.2**）．フェルミ面の次元性は，表面の低次元物性に深く関係している．

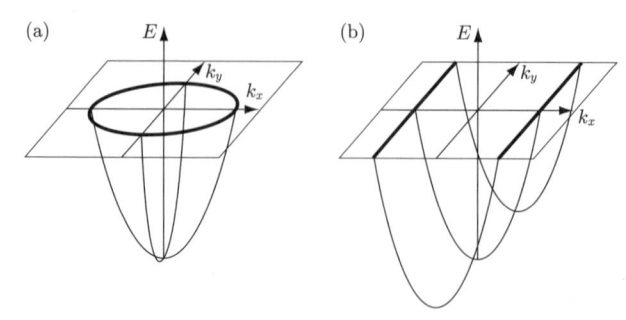

図 2.2　(a) 2 次元自由電子のフェルミ面，(b) 表面に束縛された 1 次元自由電子系のフェルミ面．

2.3　パイエルス不安定性とパイエルス転移

　近年，半導体表面への金属原子吸着，走査型トンネル顕微鏡（STM）による原子操作など様々な方法で，1 次元原子鎖とみなしうる構造が作られ，物性研究が行われている．1955 年に発行された教科書 "Quantum Theory of Solids"[4] において R. E. Peierls は，ある種の 3 次元金属における歪んだ構造の起因を説明するためのモデルとして，1 原子あたり 1 個の原子軌道をもつ 1 次元原子鎖を考え，このような原子鎖は低温において必ず格子歪みにより絶縁体になってしまうことを示した．

　図 2.3(a) に示すような，s 軌道のみをもつ理想的な 1 次元原子鎖をつくることができたとしよう．これは図 2.3(c) に細線で示すような 1 次元バンドをもつ．原子 1 個あたり 1 個の価電子をもつとすると，フェル波数はちょうど $k_F = \pi/(2a)$ となり，この原子鎖は金属的なはずである．

　ここで，周期的な格子変形を考える．原子変位が鎖方向に沿った縦波的変形でも，鎖に垂直な横波的変形でもかまわない．格子変形に対しては復元力が働き，原子変位の振幅を δ とすると，格子変形に伴ってエネルギーは δ^2 に比例して上昇する．つまり，一般論としては，このような 1 次元金属原子鎖は周期的格子変形に対して安定である．

　ところが，特定の格子変形に対しては，この 1 次元原子鎖は不安定である．それは格子変形の周期がちょうど $\lambda = 2a$ の場合である．このとき，フェルミ波数 $k_F = \pi/(2a)$ において新たなゾーン境界が生じるので，ここでエネルギーギャップが生じる．すると，すべての被占有状態のエネルギーが

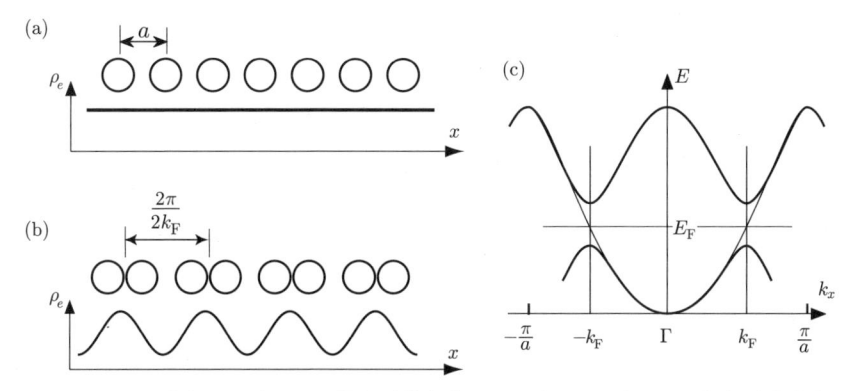

図 **2.3** (a) 理想的な 1 次元原子鎖と電荷密度，(b) 歪んだ 1 次元原子鎖と電荷密度，(c) 1 次元原子鎖のバンド構造。細線が金属状態 (a)，太線が CDW 状態 (b) に対応する。

低下することになる。バンド全体でのエネルギー低下は，有限の原子変位において，格子変形に伴うエネルギー上昇 δ^2 を上回り，その結果，歪んだ構造が安定化する[2]。すなわち，理想的な 1 次元金属原子鎖は，必ず周期的格子歪みを生じ，絶縁体になる。このとき，電子密度には格子歪みと同じ周期の濃淡が生じる。これを電荷密度波 (charge density wave, CDW) と呼ぶ。このとき，CDW の周期 λ はフェルミ波数 k_F と，$2k_F = 2\pi/\lambda$ の関係にある。このような構造不安定性を $2k_F$ 不安定性あるいはパイエルス不安定性という。以上の議論は価電子数が原子あたり 1 個の場合であるが，1 個でなくても，周期 $\lambda = 2\pi/(2k_F)$ の格子変形により同様の不安定性が起こる。

さて，理想的な 1 次元金属を作ることは現実には難しい。しかし，半導体表面上で金属原子が 1 次元鎖状に並んだ構造は実現可能である。その表面が図 2.2(d) に示すようなフェルミ面をもっていれば，ここで述べたパイエルス不安定性に近い現象が起こりうるし，実際に観測されている（詳しくは後で述べる）。また，パイエルス不安定性は，必ずしも 1 次元系に限ることではないことに注意しよう。フェルミ面の次元性が上がれば，$2k_F$ のベクトル移動による重なり（ネスティング）が小さくなるので，一般には不安定性に対して安定になる。しかし，2 次元あるいは 3 次元であっても，電子格子相互作用が強くて，$2k_F$ の格子変形による電子系の安定化が十分に大きければ，不安定性は起こりうる。このような例も表面で観測されている。

以上のパイエルス不安定性についての議論は，$T = 0$ において成り立つ

ものである．パイエルス不安定性を起こす低次元系物質は，温度を上げていくと様々な相転移を起こし，十分に高温では金属相が安定になると考えられる．これらの相転移はパイエルス転移あるいは CDW 転移と呼ばれ，低次元系における興味深い現象の一つである．これについて以下で述べよう．

一般に，パイエルス転移とは，金属バンドを有する高温相と，$2k_F$ 不安定性により高温相のフェルミ準位においてエネルギーギャップが開いて，これに伴うエネルギー利得によって安定化した低温 CDW 相（基底状態）との間の相転移であると定義することができる．

このように定義した上で，様々な系についてパイエルス転移の機構，ダイナミクスを比較すると，いくつかの類型に分類することができる．バルク物質におけるパイエルス転移の研究がさかんに行われるようになった 1970 年代から，電子–格子結合の強さをパラメータとして弱結合型と強結合型に分類する考えが提案されてきた．さらに，表面系で見つかった CDW 相転移の特徴を理解するために，CDW の相関長をもう一つのパラメータにとって長コヒーレンス型，短コヒーレンス型に分類することが提案されている．以下では，これらのパラメータの大小によって相転移の機構，ダイナミクスがどのように異なるのか概説する．

まず，パラメータを定義する．実測可能な物理量としては，エネルギーギャップの大きさ 2Δ が電子–格子結合の強さに比例するので，Δ を電子–格子結合の強さを示すパラメータとする（図 2.4）．また，図 2.4 のバンド構造において，ギャップが生じている領域 δk の範囲の状態の波動関数を重ね合わせると，およそ $2\pi/\delta k$ の大きさの波束が得られる．これが CDW の相関長 ξ_{CDW} である．定量的には，$\xi_{\mathrm{CDW}} = 2\hbar v_F/\Delta$ と表される（v_F はフェルミ速度）．

仮に v_F が一定であるとすると，Δ と ξ_{CDW} は反比例するので，弱結合すなわち長コヒーレンス，強結合すなわち短コヒーレンスという対応関係になる．従来から CDW 物質として知られていた遷移金属化合物や，W(001) 表面などは，いずれも，原子に強く束縛されてバンド幅が狭い d バンドがフェルミ面を形成しているので，どの物質でも v_F は小さく，あまり物質によらない．このため，単に「弱結合–強結合」に分類することができる．ところが，v_F の大きな sp 金属では，Δ も ξ_{CDW} も大きい場合すなわち強結合かつ長コヒーレンスという場合がありえて，違った振る舞いの相転移が見ら

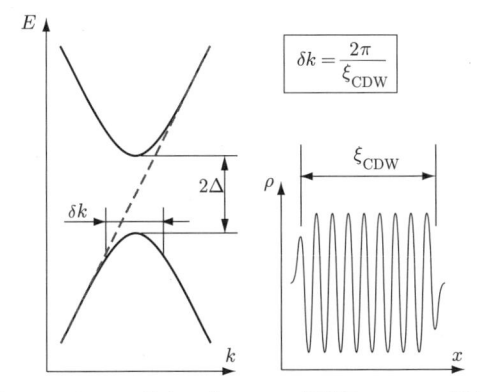

図 2.4 ギャップ幅 δk と CDW 相関長 ξ_{CDW} の関係。

れる。以下では，各々のケースにおける相転移の特徴を簡単に述べる。

(i) 弱結合-長コヒーレンスの場合

Δ が十分に小さく（およそ 10 meV 以下），ξ_{CDW} が格子定数に比べて非常に大きければ，格子揺らぎの効果が無視できると考えられる。この場合，低温の基底状態から徐々に温度を上げていくと，被占有バンドから空バンドへの電子の熱励起が起こる。これは，ギャップによる CDW 安定化エネルギーを低下させるとともに，電子系のエントロピーを増大させることになる。このため，周期的格子歪みは減少し，ギャップも小さくなっていく。平均場近似のもとで定式化すると，CDW ギャップ Δ の温度依存性は，超伝導ギャップの場合と同じ BCS の式で表される。そして，Δ がゼロになる温度で，CDW 状態から金属状態へと相転移する（図 2.5）。1 次元の場合，転移温度は $T_c^{\text{MF}} = 2\Delta/(3.52 k_{\text{B}})$ となる。この相転移は，温度とともに原子変位が連続的に変化することから「変位型」の転移であるという。また，この転移は金属-絶縁体転移であるので，電気伝導性の大きな変化を伴う。

バルク物質でも表面でも揺らぎの効果は無視できず，平均場近似で完全に記述できるような弱結合-長コヒーレンス型電荷密度波転移は知られていない。特に表面の場合，片側が真空になっているために原子変位の自由度が大きく，電子-格子結合の結果として大振幅の格子歪みが起きてしまうと考えられる。

(ii) 強結合-短コヒーレンスの場合

Δ が大きく（およそ 100 meV 以上），CDW 相関長が短い（ξ_{CDW} が格子

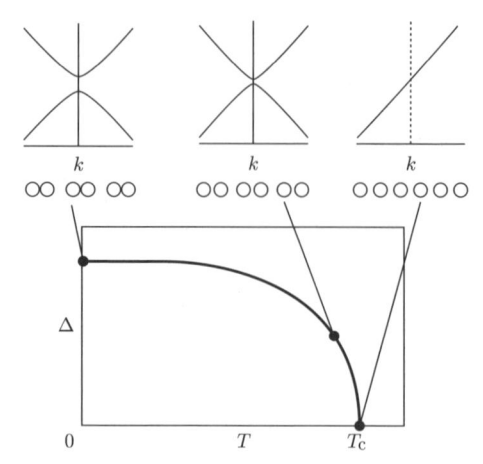

図 2.5 弱結合–長コヒーレンスの場合の相転移機構。格子歪みの振幅は強調してある。実際は原子間隔に比べて非常に小さいはずである。

定数程度）場合には，揺らぎの効果が極めて大きくなる。この場合，平均場近似で予想される相転移温度は非常に高くなる（数百 K 以上）。しかし，これよりはるかに低温で，格子に位相欠陥（反位相境界）が生じ，秩序–無秩序転移が起こる（図 2.6(a)）。転移温度において完全に無秩序化するわけではなく，転移温度より高温でも短距離相関は残っている。温度上昇とともに位相欠陥の密度が増大し，反比例して格子相関長が短くなっていく。このため，CDW 相関長が格子定数程度であれば，T_c^{MF} 近傍までは局所的な CDW は残っている（つまりバンドギャップが維持される）ことに留意する必要がある。そして，$T \approx T_c^{\mathrm{MF}}$ において，局所的な CDW 自体が安定ではなくなり，金属相に転移する。

このように，強結合–短コヒーレンスの場合は，パイエルス転移は一般に 2 段階で進行すると考えられる。高温側の絶縁体–金属転移は，実験的に観測可能な温度より高温になってしまうことも多いので，実質的には，低温の秩序–無秩序転移（これは，絶縁体–絶縁体転移である）だけが観測されることも多い。

このような例は，表面でもバルク物質でもしばしば観測されている。たとえば，表面科学の世界で最初にパイエルス転移ではないかと考えられたのは，W(001) 表面で 220 K において見られる低温 c(2×2) 相と高温 (1×1) 相の間の相転移[5]である。この相転移については，1990 年代頃まで理論，

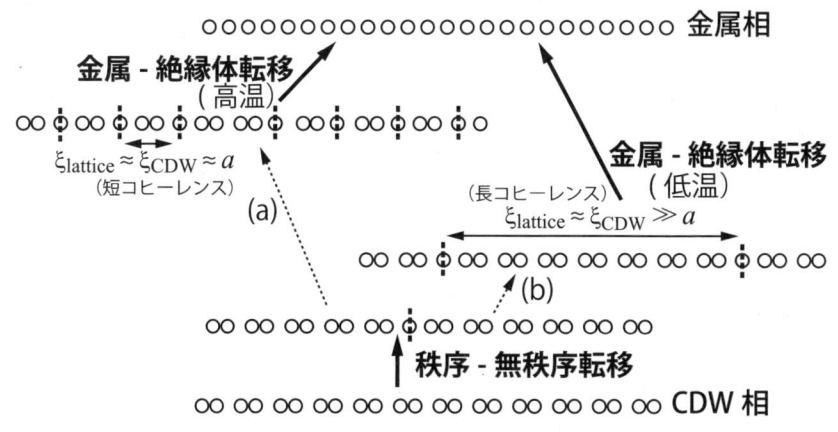

図 2.6 1 次元の強結合パイエルス転移の機構。(a) 短コヒーレンス，(b) 長コヒーレンスの場合。位相欠陥（破線）の平均間隔が格子相関長に相当する。

実験の両面から膨大な研究がなされた。$c(2 \times 2)$ 相から (1×1) への転移温度より高温において，$c(2 \times 2)$ 長距離秩序が消失しても，2 倍周期の短距離相関は残っていることが様々な手法により明らかとなり，強結合-短コヒーレンス型と考えられるようになった。W(001) の (1×1) 構造では，射影ギャップ内に金属的表面状態バンドが存在する。これがパイエルス歪みによりギャップを形成して $c(2 \times 2)$ 構造が安定化すると考えられる。ギャップは表面ブリユアンゾーンの大半に及び，CDW 相関長は格子定数程度である。このギャップを挟む上下のバンド対については，化学結合的な描像がよく成り立ち，下の被占有バンドは最近接 W 原子間の結合性軌道，上の空バンドは反結合性軌道に対応する。一方，さらに高温では金属的 (1×1) 相に転移すると予想されるが，その転移温度は数千 K と予測され，実際には観測されていない。

また，Ge(111) 表面上に 1/3 単原子層の Pb あるいは Sn が吸着した α-$(\sqrt{3} \times \sqrt{3})$R30° 相が 200 K 付近で (3×3) に転移する相転移が 1996 年に発見され[7]，集中的に研究されたが，室温付近でも (3×3) の短距離相関が明白に残っており，W(001) と同様な強結合-短コヒーレンス型であると考えられる。バルク物質でも $2H$-TaSe$_2$ などにおける転移は強結合-短コヒーレンスの典型例と考えられている。

(iii) 強結合-長コヒーレンスの場合

一方，強結合であっても，CDW 相関長が格子定数と比べて非常に大きい場合には，上記とは異なる振る舞いが観測される（図 2.6(b)）。まず強結合-短コヒーレンスの場合と同様に第一段階の秩序-無秩序転移が起こる。ところが，CDW 相関長が格子定数に比べて非常に長い場合，位相欠陥密度が比較的小さい段階で CDW が壊れ始める。というのは，格子相関長が CDW 相関長より短くなるとエネルギーギャップを形成することができないからである。その結果，$T = T_c^{\mathrm{MF}}$ よりもずっと低温で，金属相に転移してしまう。このタイプのパイエルス転移は，強結合であっても比較的低温で絶縁体-金属転移が起こるところが最大の特徴である。

このタイプは In/Cu(001)[6,8,9]，Sn/Cu(001)[10,11] などの表面吸着系で観測されている。これらの表面では In, Sn などの吸着により，Cu 4sp に由来するショックレー的な金属的表面バンドが形成される[9]。このバンドは非常に急峻な分散を有しており，v_F が大きいため，大きなバンドギャップ（$2\Delta > 1\,\mathrm{eV}$）が形成されるにもかかわらず，60 Å 程度の比較的大きな CDW 相関長を有する。そのため，350 K 付近で秩序-無秩序転移を起こすが，その直上の 400 K 付近で，かなり長い短距離相関が残っているにもかかわらず，絶縁体-金属転移を起こしてしまう（図 2.7）。バルク物質でも同様のタイプが存在すると考えられる。

以上の他に，フェルミ速度の非常に小さなバンドが関与する場合に，弱結合-短コヒーレンス型というものもありうるが，いまのところ知られていない。いずれにしても，CDW 相関長が大きな系では室温付近の比較的低温で金属-絶縁体転移が起こるので，将来的には，ナノスケールのスイッチング・デバイスへの応用など，展開が期待される。

なお，注意してほしいのは，これらは理想化された類型を表しているのであって，現実の物質においては別の要素が入り込んでくることがあるということである。たとえば，バルク物質の構造相転移では，パイエルス転移と並んで誘電体の相転移がよく研究されている。パイエルス転移がフェルミ準位におけるバンドの変化（ギャップ形成）によるものであるのに対し，誘電体の相転移は，フェルミ準位よりも深い被占有バンドのエネルギー変化によるものであると理解できる。誘電体の相転移においても，パイエルス転移

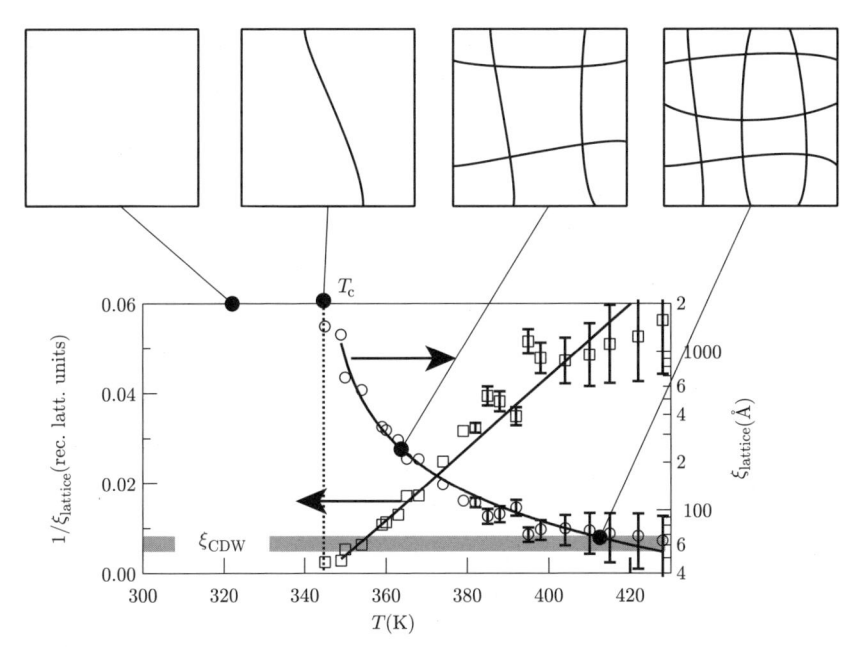

図 2.7 In/Cu(001) 表面で表面 X 線回折によって求められた格子相関長 ξ_{lattice} の温度変化（下）と表面の模式図（上）．模式図中の曲線は 2 次元格子中に生成した反位相境界を表す．秩序–無秩序転移温度 T_c より高温側で $1/(T-T_c)$ に比例して格子相関長が減少する．$\xi_{\text{lattice}} \approx \xi_{\text{CDW}}$ に達すると金属絶縁体転移が起こり，ARPES で観測される CDW ギャップが消失する．

と同様に，バンドの連続的変化を伴う変位型と短距離相関によってバンドが保存される秩序–無秩序型があると考えられている．注意すべき点は，パイエルス型と誘電体型が全く独立な機構であるとは限らないということである．パイエルス型であっても，構造変位によって変化するのは金属的バンドだけではなく，フェルミ準位よりも深い非金属的バンドも必ず変化する（つまり，誘電体型の性質も含んでいる）．重要なのは，基底状態の安定化エネルギーが「主に」フェルミ準位におけるギャップに由来するのか，あるいは「主に」被占有バンドのエネルギー変化によるのかという点にある．

　パイエルス型の転移と考えられているが，機構が十分には解明されていない例も多い．その代表的なものについて見ておこう．

　In/Si(111)-(4×1) 表面における相転移[12] は，表面の相転移のうち近年最も詳細に研究されているものの一つである．この (4 × 1) 表面では，2 本のインジウム・ジグザグ原子鎖と 1 本の Si ジグザグ鎖が平行に配列して，異

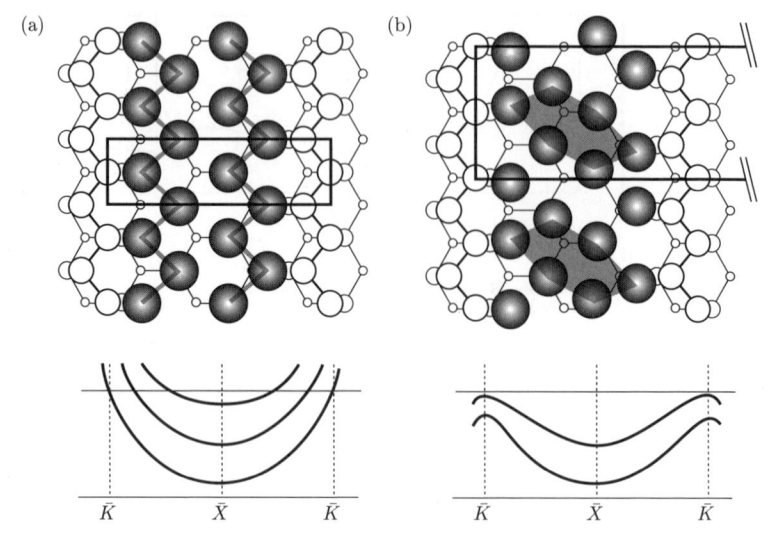

図 2.8　In/Si(111) 表面の (a) 高温（4×1）相と (b) 低温 (8 × "2") 相の構造モデルとバンド構造の模式図。

方性の強い構造を形成している（図 2.8）。これを 120 K まで冷却すると，In 原子が「六量体」を形成して，(8 × "2") 構造に転移する（"2" は，隣接する六量体鎖間で 2 倍の周期性の位相が揃っていないことを示している）。角度分解光電子分光 (angle resolved photoelectron spectroscopy, ARPES) によると高温相は三つの金属的な表面状態バンドを有し，そのうち一つのバンドの $2k_F$ がちょうど 2 倍周期に相当する。120 K 以下の低温では，三つの表面状態バンドのうち一つが消失し，残りの二つは 2 倍周期に対応する位置でギャップを生じる。これらの結果から，基本的には，この相転移はパイエルス不安定性に由来していて，弱結合転移的な特徴が現れているものと考えられる[13]。

ところが，詳細な ARPES の温度変化の実験によると，この相転移過程においては，パイエルス転移で予測されるようにエネルギーギャップが連続的に変化するのではなく，転移点近傍の 10 K 程度の狭い温度範囲で 1 次転移的に絶縁体から金属に転移するように見える[14]。この表面での相転移が単純な弱結合パイエルス型と異なる原因として，動的な構造揺らぎが関係しているというモデルが提案されている[15]。別の重要な因子として，温度変化に伴ってエントロピー項だけでなくエネルギー項も変化することが挙げら

れる。というのは，三つの表面状態バンドのうち一つが，低温相においてギャップ形成せずにフェルミ準位より上にシフトしてしまうからである。相転移の全体像を明らかにするには，自由エネルギー $F(T) = E(T) - TS(T)$ の各項についてきちんと考える必要があり，この表面相転移は複数の要素が絡み合ったモデルケースとして興味深い[59,60]。

この他にも，Si(553)，Si(557) などの微斜面にステップに沿って吸着したAu 原子が 1 次元鎖構造を形成し，これが低温で 2 倍の周期に転移することが知られている。しかもこの転移は金属-絶縁体転移でもある。これについてもパイエルス不安定性の関与が考えられている。詳細な機構について，ARPES，STM，電子状態計算などによる研究が行われているが，いまのところ明確な結論は出ていないようである[13]。

2.4 電子相関の関係する物性現象

前節で述べたパイエルス不安定性やパイエルス相転移は，電子系と格子系との間の相互作用によってもたらされる現象である。一方，低次元金属におけるもう一つの重要な相互作用は電子-電子相互作用である。バンド理論において，各電子の位置には相関がないものとして（ハートリー-フォック近似），独立に運動する電子間の平均的な相互作用だけを考慮しても，通常の金属の性質はある程度正確に説明される。しかし，場合によっては電子間の位置相関（電子相関）による効果が顕著になり，これに由来する特異な物性現象をもたらすことがある。

2.4.1 モット絶縁体

強い電子相関の典型的な例として，モット絶縁体と呼ばれる物質がある[16]。伝導帯がちょうど半分充塡されている物質を考えよう（図 2.9(a)）。この場合，通常であれば金属的な電気伝導が起こる。ところが，電子-電子間の反発相互作用が強い場合には事情が異なる。各原子への電子の束縛が比較的強い場合を考えると，電気伝導は，図 2.9(a) に示すように各原子サイトから隣のサイトへのホッピングによって起こるとみなせる。ちょうど半充塡の場合，電気伝導が起こるためには，必ずどこかのサイトを電子 2 個が占めなくてはならない。同じサイトを占める電子間に働くオンサ

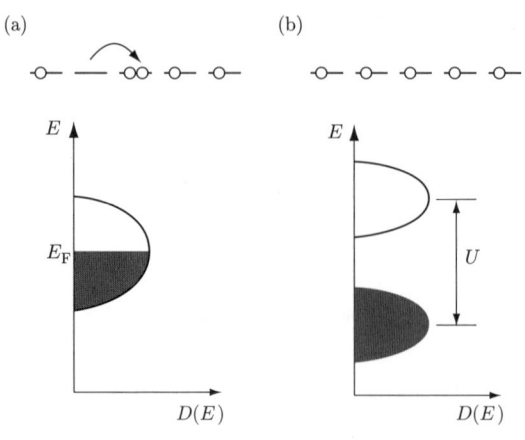

図 2.9 (a) 金属的バンドの状態密度とその実空間での伝導の模式図，(b) モット絶縁体の状態密度と電子局在化の模式図。

イトクーロン反発エネルギー U が大きいと，電子の移動が起こらなくなる。すなわち，バンドが半充填であるにもかかわらず電子は各サイトに局在化し，物質は絶縁体になってしまう。この状況は，U を考慮して，図 2.9(b) のようなバンドのエネルギー図で表される。この場合のエネルギーギャップをモット–ハバードギャップという。通常のバンド理論におけるエネルギーギャップは結晶内での電子の回折効果に由来するが，モット–ハバードギャップは近接電子間のクーロン反発による電子の局在化（強い電子相関）の結果生じるものである。電子の局在が起こるか否かは，U とバンド幅 W の大小関係によって決まる。おおよそ $U/W = 1$ 付近を境に，金属 ($U/W < 1$) になるか絶縁体 ($U/W > 1$) になるかが別れると考えられる。

モット絶縁体において，なんらかの方法でバンド幅を増大させたり，電子または正孔を注入して半充填からずらすことができれば，金属相に転移させることができる。このような金属–絶縁体転移のことをモット転移という。

たとえば，銅酸化物高温超伝導体の構成要素である CuO_2 層は，Cu サイトあたり 1 個の伝導電子を有するが，強いオンサイトクーロン反発によりすべての伝導電子が各 Cu サイトに局在していると考えられている。これはすなわち典型的なモット絶縁体である。この CuO_2 層に正孔が注入されると電気伝導性が生まれ，金属相（さらには超伝導相）に転移する。この金属–絶縁体転移はモット転移である。

表面においては，絶縁体（半導体）の表面に金属原子を少しずつ吸着させていく場合にモット転移が起こるのではないかという考え方が 1980 年頃に提案され，実験的研究が行われている[17]．この考え方についてまとめてみよう．被覆率が 1 より非常に小さくて，かつ，吸着金属原子がほぼ等間隔に分散して吸着している場合は，原子間の波動関数の重なりはほとんどないので，当然のことながら，吸着層は金属的性質をもたない．被覆率を徐々に増して，原子間隔が次第に小さくなってくると，波動関数の重なりが大きくなり，バンドが形成される．しかし，原子間隔が十分に小さくなければバンド幅 W は小さく，電子のホッピングは容易ではないので，吸着層は絶縁体のままであろう．一方，被覆率の大きい極限では吸着層は金属的になるはずだから，中間のどこかの被覆率において絶縁体から金属への変化が起こることになる．これはモット転移とみなせるのではないか，ということである．

実際には，たとえば絶縁体の表面への遷移金属の吸着過程では，吸着初期から 3 次元的なクラスターを形成してしまうことが多く，その場合には上述のシナリオのように連続的に原子密度を変化させることはできない．もちろんクラスターを形成した場合も，被覆率（あるいは膜厚）を増せばやがてはクラスター同士が凝結して金属層に変化するので，一種の金属–絶縁体転移が起こるといえる[18]．しかし，これは電子相関によるものではなく，モット転移とはいえない．

これに対し，Si，GaAs などの半導体表面上への K，Cs などのアルカリ金属原子の吸着において，明確なモット絶縁体が観測されている[19-21]．Si(111)，GaAs(110) などの表面上へのアルカリ金属吸着では，低被覆率から局所的被覆率がほぼ均一であり，単原子層完成時の最近接原子間距離はバルクのアルカリ金属とほぼ同程度である．アルカリ金属の s 軌道は下地の最表面原子のダングリング結合と相互作用する．主にアルカリ金属の s 軌道からなる反結合性状態バンドと，主にダングリング結合の性質を有する結合性状態バンドが形成される．一電子描像に基づけばこの表面バンドの少なくとも一方は金属的であり，表面は金属的伝導を示すはずである．ところが，様々な実験結果によれば，多くの表面において，表面状態バンドはフェルミ準位にエネルギーギャップを有する．すなわち，モット絶縁体である．そして，単原子層を越えて 2 層目が吸着すると初めて金属化が起こり，膜厚とともにバルクのアルカリ金属に近づいていく．これらの半導体表面上のアル

カリ金属単原子層において強い電子相関の効果が重要であることは，理論的にも支持されている[22-25]。

例として，Si(111)-($\sqrt{3} \times \sqrt{3}$)R30°-B 表面に K,Cs を飽和吸着させた表面の PES および IPES のスペクトルを図 2.10 に示す[21]。Si(111)-($\sqrt{3} \times \sqrt{3}$)R30°-B 表面では，B 原子が表面第3層の Si 原子を置換しており，表面のダングリング結合がほぼ完全な空状態になっている。図 2.10 で，被覆率0における Σ ピークが，空のダングリング結合状態である。この表面にアルカリ金属原子を吸着させると，ダングリング結合からなる表面状態バンドにアルカリ金属から電子が移行し，被覆率 1/3 において半充填になると考えられている。図 2.10(a) に示す K 被覆率 1/3 のスペクトルを見ると，PES では S_1，IPES では S_2 状態が，各々，フェルミ準位の直下と直上に観測される。しかし，フェルミ準位における強度はゼロで，エネルギーギャップがあることがわかる。つまり，この表面はモット絶縁体になっている。これに対して，Cs 吸着（図 2.10(b)）ではフェルミ準位においてわずかに状態密度があり，金属的であることがわかる。Cs 吸着層でもクーロン反発はほとんど変わらないが，K の場合よりもバンド幅 W が若干大きいためにモット絶縁体にならないと考えられている。

2.4.2 近藤効果

次に，表面で電子相関が重要な役割を果たすもう一つの例として，近藤効果について述べる[26]。

純金属の電気抵抗は普通は温度を下げると単調に減少する。格子の熱振動による散乱が減少するからである。十分に低温では不純物や欠陥による散乱に起因する残留抵抗のみが残り，温度によらない一定値に収束する。ところが，微量の磁性不純物を含む貴金属においては，電気抵抗がある温度で極小値を取り低温側でふたたび上昇することが古くから知られていた。この現象の機構は長く不明であったが，1964年に近藤淳によって解明された[27]。局在磁気モーメントをもつ不純物原子による散乱において，不純物原子と伝導電子のスピン反転が起こるが，その断面積が低温で増大するために，電気抵抗の発散的な増大が起こるのである。しかし，さらに温度を下げると，ある温度（近藤温度 T_K と呼ばれる）より低温で電気伝導度はほぼ一定値に収束する。これは，不純物のスピンと伝導電子のスピンが反強磁性的に結合した

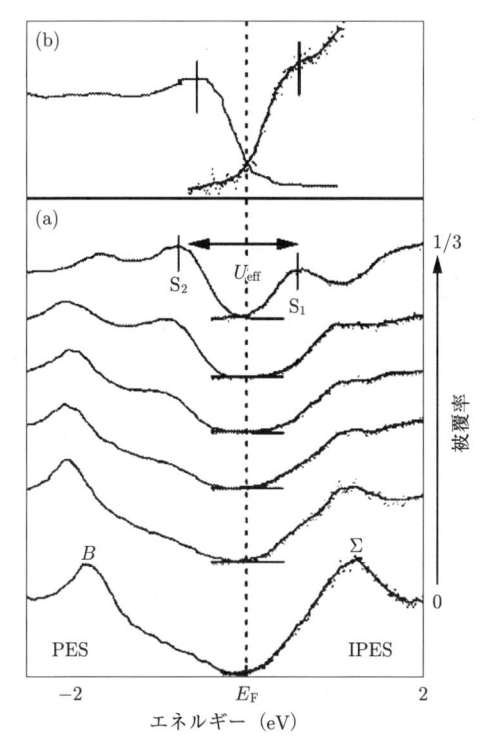

図 2.10 (a) K 被覆率変化に伴う Si(111)-($\sqrt{3} \times \sqrt{3}$)R30°-B 表面の PES, IPES スペクトルの変化.(b) Cs 被覆率 1/3 における Si(111)-($\sqrt{3} \times \sqrt{3}$)R30°-B 表面の PES, IPES スペクトル.いずれも $k_\parallel = 0$ において測定.Σ はダングリング結合に由来する空状態,B はバルク状態.許諾を得て引用[21].

一重項状態(芳田–近藤一重項)を形成し,周囲の電子に対して不純物のスピンが完全に遮蔽されてしまうからである.

スピン反転の過程について,図 2.11 に示すようなモデルで考える.まず,不純物原子において一つの原子準位 a を 1 電子が占有しているものとする.この a^1 状態はフェルミ準位を基準にエネルギー E_1 にある.2 電子占有状態 a^2 はクーロン反発 U のためにエネルギー $E_1 + U$ にあるが,これはフェルミ準位より上であるとする(言い換えると,この不純物原子は,U が大きいために基底状態で不対電子,すなわち磁気モーメントをもつことができる).

a^1 状態の電子をフェルミ準位に励起するにはエネルギー $|E_1|$ が必要だが,このエネルギーを外から加えなくても,時間とエネルギーの不確定関係

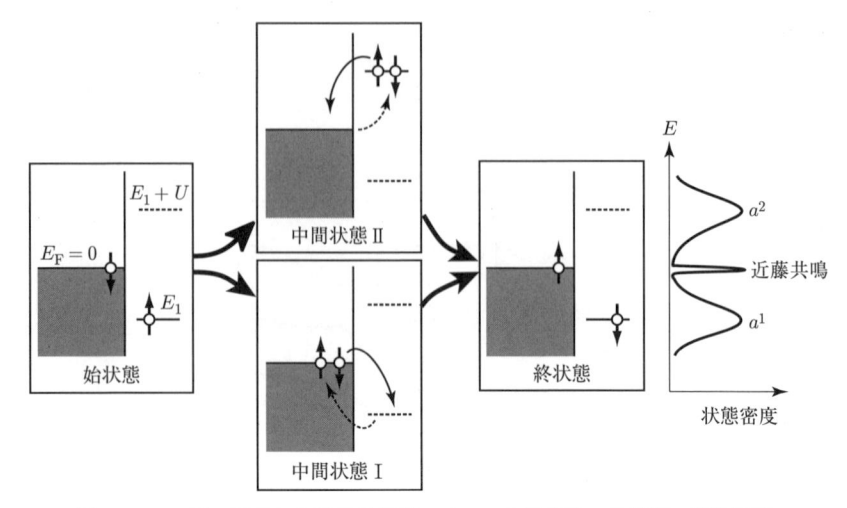

図 **2.11** スピン反転における始状態，二つの中間状態，終状態，状態密度．

から決まる $h/|E_1|$（フェムト秒程度）の時間だけであれば，電子はフェルミ準位にトンネルし，中間状態 I を取ることができる．この時間の間に逆向きのスピンをもつ伝導電子が不純物原子にトンネルすれば，スピン反転が起こることになる．逆に，まず伝導電子から不純物に電子がトンネルし a^2 の中間状態 II（その寿命は $h/|E_1+U|$ 程度）を形成し，反対スピンの電子が伝導帯にトンネルしてスピン反転が起こるという過程も可能である．多数の電子が関与してこのようなスピン交換過程が起こる結果，系の状態密度には，ちょうどフェルミ準位のエネルギーに鋭い共鳴状態が現れる[26]．これを近藤共鳴という．$T=0$ において近藤共鳴の幅は $k_B T_K$ となる．

　近藤効果についてはすでに膨大な研究がなされてきたにもかかわらず，近年，表面においてこれが注目されるようになった．というのは，バルクでの研究では電気伝導度や磁化率などのマクロな物理量を通してしか現象に迫ることができないのに対し，表面では，STM/STS の発明により，1 個の磁性不純物原子を特定したうえで，近藤共鳴を直接観測することができるようになったからである．これによって，2 個の磁性不純物原子の間の相互作用を距離の関数として調べるなどの，STM ならではの研究が行われている[28]．

　なお，STS による近藤共鳴の観測では，STM 探針から近藤共鳴を通って基板の連続状態へ遷移する過程と，STM 探針から基板の連続状態へ直接遷移する過程との干渉効果（ファノ効果）のために，スペクトル線形はいわゆ

るファノ関数

$$\rho(E) \propto \frac{(q+\epsilon)^2}{1+\epsilon^2} + \rho_0 \tag{2.2}$$

$$\epsilon = \frac{E - E_\mathrm{K}}{\Gamma} \tag{2.3}$$

で表される。ここで，E_K は近藤共鳴のピークエネルギー，Γ は半値半幅である。q は，$E = E_\mathrm{K}$ において，探針から近藤共鳴を経由して基板へトンネルする確率と，直接基板へトンネルする確率の比である。Au などの sp 金属の上に Ce,Co などの磁性原子が吸着した系では，$q = 0$ に近く，このため，近藤共鳴はピークではなく，ローレンツ関数型のディップとして観測される。基板金属上に薄い絶縁膜を成長させ，その上に磁性金属原子を吸着させるなどの方法で，q を変化させることもできる。また，磁性金属原子が平面状の環状分子に「埋め込まれた」構造のコバルトフタロシアニン分子などを Au などの表面に吸着させると，探針から基板への直接トンネル過程のみがフタロシアニン環によって抑えられるために，q が大きくなり，対称に近いピークが観測される[29]。以上のように，原子スケールで磁性不純物原子と非磁性金属との相互作用の研究が可能になり，さらに磁性原子同士の相互作用の研究へと発展している。

2.4.3　朝永-ラッティンジャー液体

1 次元強相関電子系の話題として，朝永-ラッティンジャー液体の問題がある。2 次元，3 次元の金属電子系はフェルミ液体理論でよく説明される。電子は互いに強く相互作用するが，相互作用のもとでの個別の電子の運動を考えるのは難しいので，個々の電子を，相互作用をすべてまとった「準粒子」というものに置き換えて，その運動を考えるのである。準粒子は，電子と同様にスピンと電荷を同時に担う。ところが，相互作用する電子の運動を，厳密に 1 次元に制限すると，フェルミ液体はクーロン力のために不安定化し，代わって朝永-ラッティンジャー液体が得られる[30]。朝永-ラッティンジャー液体では，外場に対する応答は電荷密度の集団励起あるいはスピン密度の集団励起であり，これらが互いに独立に伝搬する。すなわち，電荷の自由度とスピンの自由度が分離していることになる。朝永-ラッティンジャー液体では，フェルミ準位より上では励起エネルギーよりも幅の狭いピー

クは現れず，相互作用の強さに依存する指数のべき乗則が観測される．現実の物質としては，カーボンナノチューブの光電子分光実験により，朝永-ラッティンジャー液体に特有のべき乗則が観測されている[31]．表面の吸着系においても，実験的探索が続けられているが[32,33]，表面では常に下地との相互作用があるために，厳密な1次元電子系を作るのは相当に難しく，現在までのところでは確実なものは見つかっていないようである．

2.5 スピン軌道相互作用がもたらす物性

2.5.1 ラシュバ効果

結晶内部とその表面との最も本質的な違いの一つとして，空間対称性の破れがある．結晶自体が対称心をもつ場合であっても表面では空間反転対称性が破れている．このことに由来する物性として，ラシュバ効果がある．これは，スピン軌道相互作用の一つであるが，ある種の表面の電子状態において非常に大きなスピン分裂を生じることがあり，スピン流などのスピントロニクスへの応用にも繋がる可能性がある．本節では，表面におけるラシュバ効果について概説する[34-37]．

結晶中の電子状態においては，時間反転対称性から $E(\boldsymbol{k},\uparrow) = E(-\boldsymbol{k},\downarrow)$ が成立する．空間反転対称性がある場合には，さらに，$E(\boldsymbol{k},\uparrow) = E(-\boldsymbol{k},\uparrow)$ が要請されるので，$E(\boldsymbol{k},\uparrow) = E(\boldsymbol{k},\downarrow)$，すなわち，上向きスピンと下向きスピンは縮退する．ところが，空間反転対称性が破れている系ではスピン縮退は起こらない ($E(\boldsymbol{k},\uparrow) \neq E(\boldsymbol{k},\downarrow)$)．対称心を有する3次元結晶であっても，表面では必ず空間反転対称性が破れるので，表面状態や表面共鳴では一般にスピン縮退が解ける（ただし，後述のとおり，実験的に検出可能な大きさのスピン分裂が起こるかどうかは物質による）．

空間反転対称性の破れは，具体的にはスピン軌道相互作用として考えることができる．ポテンシャル勾配（電場）$\boldsymbol{\nabla} V$ 中を，電子が運動量 $\boldsymbol{p} = \hbar \boldsymbol{k}$ で運動しているとしよう．ローレンツ変換して電子に固定された座標系から見れば，これは，電子に対して磁場が印加されているのと同じことである．電子スピンはこの磁場の方向に量子化される．これがスピン軌道相互作用である．

スピン軌道相互作用は本来はディラック方程式によって記述されるが，非相対論極限を取って，以下のようなハミルトニアンの補正項で表すことができる．

$$\hat{H}_{SO} = \frac{\hbar}{4m^2c^2}\sigma \cdot (\boldsymbol{\nabla} V \times \boldsymbol{p}) \tag{2.4}$$

これより，$\boldsymbol{\nabla} V \times \boldsymbol{p}$ が有効的な磁場として電子スピン σ に作用するとみなすことができる．原子内の電子のような中心力場の系では，軌道角運動量 $\boldsymbol{L}$ とスピン角運動量 $\boldsymbol{S}$ の相互作用 $\hat{H}_{SO} = \zeta \boldsymbol{L} \cdot \boldsymbol{S}$ と書き直すことができる．

表面などの 2 次元電子系に対しては，ラシュバ-ハミルトニアン[38]として知られる次式の形で表すことができる．

$$\hat{H}_{\mathrm{RB}} = \alpha_{\mathrm{R}}\sigma \cdot (\hat{\boldsymbol{e}}_z \times \boldsymbol{k}_{\parallel}) \tag{2.5}$$

ここで，$\hat{\boldsymbol{e}}_z$ は表面法線方向の単位ベクトルである．α_{R} はラシュバパラメータと呼ばれ，ラシュバ型スピン軌道相互作用の強さを示す物質定数である．

2 次元自由電子に対するラシュバ型スピン軌道相互作用は，図 **2.12** に示すようなスピン分裂を引き起こす．$k_{\parallel} = 0$ ではスピン縮退し，$k_{\parallel}$ に比例したエネルギー分裂を示すのが特徴である．ここで，k_0, E_{R} は，α_{R} とともに，スピン分裂バンドの特徴を表すパラメータである．フェルミ面は二つの同心円に分裂し，スピンは各々の円の接線方向に逆向きに配向する．

ラシュバスピン分裂は以前より半導体ヘテロ接合の 2 次元電子系において研究されてきた．2 次元面に垂直方向にゲート電場を印加することにより，2 次元電子系の自由電子バンドがスピン分裂する．たとえば InGaAs/InAlAs ヘテロ構造では $\alpha_{\mathrm{R}} \approx 0.1\,\mathrm{eV\mathring{A}}^{-1}$ 程度が得られている[39]．これらの系では $k_{\mathrm{F}} \approx 10^{-2}\,\mathring{\mathrm{A}}^{-1}$ 程度なので，フェルミ準位におけるスピン分裂の絶対値はたかだか数 meV 程度である．

このようなヘテロ界面からなるチャネルにスピン偏極した電子を注入すると，電子スピンに配向方向に応じてトルクが働くので，スピンの歳差回転運動が起こる．ゲート電圧によってスピン分裂の大きさを制御すれば，回転周期を変化させることができ，それによりドレイン電流を制御することができる（図 **2.13**）．これを Datta-Das 型のスピントランジスタと呼ぶ[40]．半導体ヘテロ界面でのラシュバスピン分裂を利用したデバイスは他にも様々な構造が提案されているが，ピコ秒程度の超高速スイッチングが可能であり，し

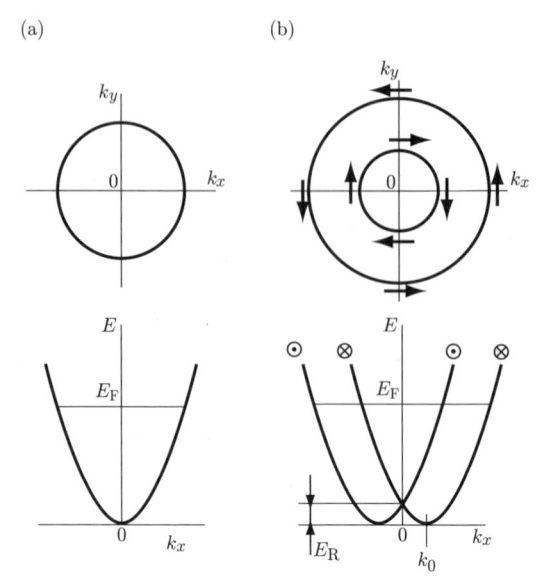

図 2.12 2次元自由電子のバンド（下）とフェルミ面（上）。(a) スピン軌道相互作用がない場合，(b) スピン軌道相互作用がある場合。矢印はスピンの向きを示す。

かも従来のトランジスタに比べて消費電力が極めて低くできるという特徴がある。このようなデバイスで鍵となるのは，チャネルにおけるスピン分裂の大きさであるが，上で述べたように通常の半導体ヘテロ構造でのスピン分裂は数 meV 程度であり，これに比べて熱エネルギー $k_B T$ が十分に小さくなる極低温でなければ実現は難しい。

これに対して，結晶表面の表面状態バンドでは，α_R が数倍，k_F が10倍程度になるため，スピン分裂の絶対値が数百 meV に達する。これは室温での熱エネルギーに比べても十分に大きく，室温動作可能なスピン素子の可能性が示唆される。以下では，結晶表面の表面状態バンドにおけるラシュバスピン分裂について述べる。

表面におけるラシュバスピン分裂は，Au,W,Bi などの重元素表面や，重元素の単原子層で覆われた表面などにおいてとりわけ大きくなる。様々な重元素表面や重元素吸着表面でのラシュバスピン分裂が ARPES により直接観測されている[34,35]。これらの表面でスピン分裂が大きくなるのは，ラシュバスピン分裂の大きさが，伝導電子が感じる原子核ポテンシャルの大きさに依存するためと考えられている。

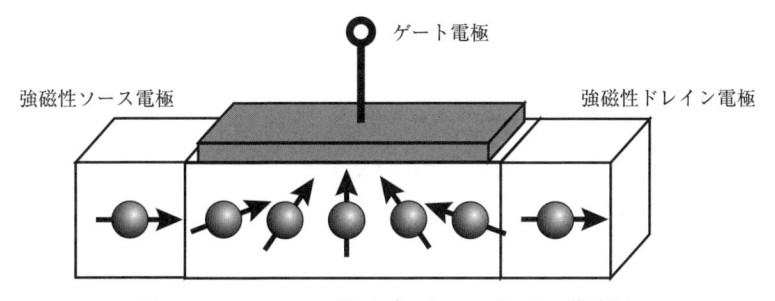

図 **2.13** Datta-Das 型スピントランジスタの模式図。

ラシュバスピン分裂の大きさは，近似的に次のように表される[41]。

$$\alpha_R \propto \int \frac{\partial V}{\partial z} |\psi|^2 d\tau \tag{2.6}$$

この式からわかることは，まず，ポテンシャル勾配の大きいところでの電子密度が重要ということである。物質中でポテンシャル勾配が最も大きいのは原子核のごく近傍であり，その大きさは原子番号に比例する。さらに，重元素の原子波動関数ではより核に近いところに電荷密度の極大を有しているので，スピン軌道相互作用が一層大きくなる。

一方，核のポテンシャル勾配は z 方向に沿って反対称であるから，電荷密度が原子核に関して対称であれば上式の積分はゼロになってしまう。よって，α_R が大きくなるためには，原子核近傍での電荷密度が，z 方向に沿って図 2.14 に示すように非対称であることが重要である。たとえば，z 方向に奇の対称性をもつ p_z 軌道と偶の対称性をもつ s 軌道との混成軌道からなる Au(111)，Bi(111) の表面状態などは電荷密度の非対称性が高くなり，大きな α_R をもつことになる。

具体例として，Ge(111)-β-$(\sqrt{3} \times \sqrt{3})R30°$-Pb 表面におけるラシュバ分裂について見よう[42]。これは Ge(111)-(1×1) 構造の上に被覆率 4/3 の Pb 原子が吸着した構造の表面である。この表面の ARPES スペクトル（図 **2.15**(a)）においては，Pb 吸着によって誘起された表面バンドがいくつか観測される。そのなかで，フェルミ準位を横切るバンドが 2 本に分裂している。分裂の大きさはフェルミ準位において 200 meV である。

図 2.15(b,c) に示す第一原理計算結果によれば，Pb $6p_z$ と Ge のダングリング軌道との結合性，反結合性状態が，各々，-0.5 eV，$+1.0$ eV 付近に形成される一方，主に Pb $6p_xp_y$ からなる 2 次元自由電子的なバンドが Pb 面

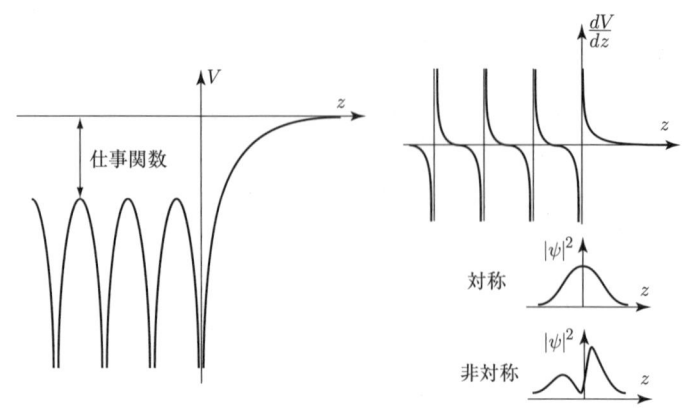

図 2.14 表面付近のポテンシャル V，ポテンシャル勾配 dV/dz，および表面状態波動関数の電荷密度 $|\psi|^2$。電荷密度が対称な場合は $\alpha_R = 0$，非対称な場合は $\alpha_R > 0$ となる。

内に形成され，これが大きなラシュバ型スピン分裂を示す．スピン分裂の大きさ，フェルミ波数などは実験とよく一致する．

図 2.15(d) は，このラシュバスピン分裂を示す金属的バンド（上）と，ほとんど示さない Pb $6s$ 由来のバンド（下）の，Pb 原子核のごく近傍における電荷密度を示している．スピン分裂を示すバンドは主に $6p_xp_y$ からなるが，$6s6p_z$ の成分も含まれており，その結果，z 方向に沿って非対称な電荷分布になっている（$+0.02$ ボーア付近にピーク，-0.02 ボーア付近にくぼみがある）．これに対し，スピン分裂を示さないバンドの電荷密度は，z 方向に沿ってほぼ対称である．このような電荷密度分布がラシュバスピン分裂の大きさを決めているのである．

2.5.2 トポロジカル絶縁体

伝導電子のスピン-軌道相互作用によって起こされる現象としては，ラシュバ効果ばかりではなく，スピンホール効果，量子スピンホール効果も重要である[43]．特に，量子スピンホール効果は当初は 2 次元電子系におけるエッジ状態に関する効果として考えられていたが，3 次元物質も含めたより広い概念である「トポロジカル絶縁体」に拡張されて，物性物理学の大きなトピックになっている．この項ではトポロジカル絶縁体について述べる．

まず，量子ホール効果について述べる（図 **2.16**(a)）．2 次元電子系に強

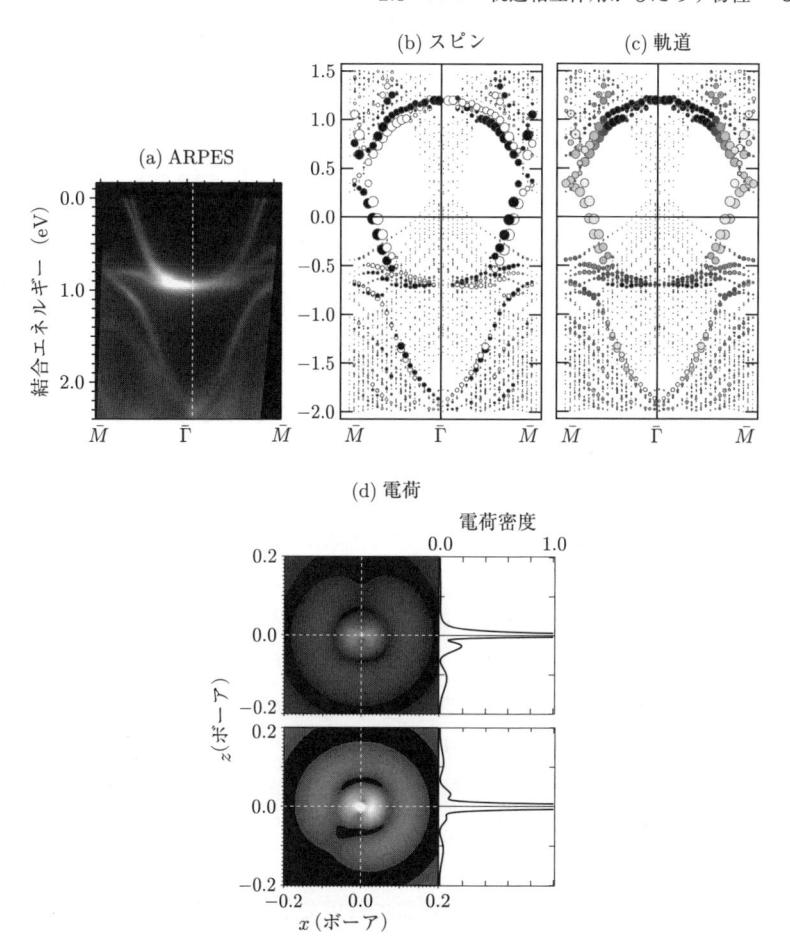

図 2.15　Pb/Ge(111)-β-($\sqrt{3} \times \sqrt{3}$)R30° 表面の電子状態。(a) ARPES によるバンド構造，(b) 第一原理計算によるバンド構造（スピン偏極の大きさ。白丸と黒丸は反対向きのスピン偏極を表す。），(c) 第一原理計算によるバンド構造（pz 性が強いほど黒，$pxpy$ 性が強いほど白），(d) Pb 原子核近傍の電荷分布（左）と z 方向の電荷密度プロファイル（右）。（上段はスピン分裂の大きなバンド，下段はスピン分裂がほとんどないバンドの電荷分布を表す。）

い垂直磁場を印加すると，電子はサイクロトロン運動を行い，そのエネルギーはランダウ準位に量子化される。量子化された状態間にはエネルギーギャップがあるにもかかわらず，量子化されたホール伝導度を示す。量子ホール状態にある 2 次元電子系はトポロジカルな性質で特徴づけることができ，その点で通常の絶縁体の電子状態とは明確に区別される[44]。量子ホール状

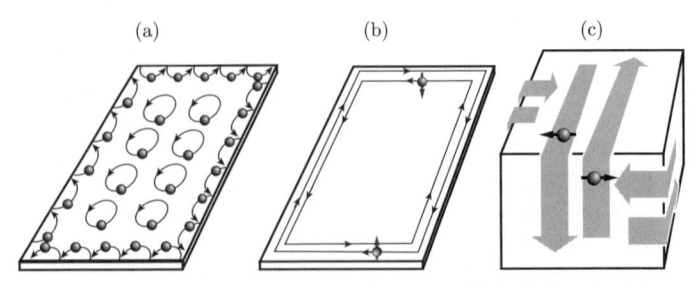

図 2.16 (a) 量子ホール効果，(b) 量子スピンホール効果（2 次元トポロジカル絶縁体），(c) 3 次元トポロジカル絶縁体。

態の 2 次元電子系では，2 次元試料の縁に沿って 1 次元的エッジ状態が形成され，一方向への電荷の流れが起こる。電荷の流れの方向は磁場の向きによって決まっており，後方散乱は許されない。

近年，この量子ホール状態によく似た現象が，外部磁場が存在しない状況下であっても起こりうることが理論的に予言された[45,46]。量子スピンホール効果と呼ばれるこの現象においては，スピン軌道相互作用によって 2 次元電子バンドにギャップが生じる一方で，2 次元系の縁に沿ってエッジ状態が生成し，アップスピンとダウンスピンが逆回りに流れる（図 2.16(b)）。この効果は，理論予測後ただちに CdTe/HgTe/CdTe 量子井戸で実証された[47]。また，この量子スピンホール状態を示す物質は，トポロジカルな性質によって通常の絶縁体と区別される新しいタイプの絶縁体（トポロジカル絶縁体）であることが明らかにされ[48]，さらに，2 次元の量子スピンホール状態だけではなく，3 次元系の物質においても同様のトポロジカル絶縁体が存在することが予言された。つまり，我々が絶縁体と考えてきた物質には実は 2 種類あって，通常の絶縁体とトポロジカル絶縁体という厳密な区別が存在するというのである。3 次元トポロジカル絶縁体においても，量子スピンホール状態におけるエッジ状態と同様な表面状態が生じ，逆向きのスピンをもつ電子が逆向きに流れている（図 2.16(c)）[49]。

トポロジカル絶縁体においては，その表面に沿ってエッジ状態（= 表面状態）があり，逆向きのスピンをもつ電子が逆回りで流れている。この表面状態は，表面の性質ではなく，バルク電子状態自体のトポロジカルな性質によって生じるものであり，外部磁場や磁性不純物によって時間反転対称性が破られない限り，表面の格子欠陥，不純物などの擾乱によって壊されるこ

とがない（トポロジカルに保護されている，という）。この表面状態はトポロジカル絶縁体そのものの物理的性質に由来するものであり，表面科学の世界でこれまで知られてきた表面状態とは全く起源を異にしている。その一方で，トポロジカル絶縁体の表面状態は，ARPES をはじめとする表面科学的手法によってこそ，その性質が明らかにされるべきものである。

トポロジカル絶縁体であることを実験的に確認するにはどのようにしたらよいであろうか。前項で述べたとおり，ラシュバ型のスピン軌道相互作用のために表面状態はスピン分裂するが，ブリユアンゾーン中の特別な点においてはスピン縮退する。一つは $\bar{\Gamma}$ 点である。この他にも，たとえば hcp(001) 表面であれば，$\bar{M}$ 点においてスピン縮退する。$\bar{M}$ 点では $\Gamma + \boldsymbol{k} = \Gamma' - \boldsymbol{k}$ が成り立つので（図 **2.17**(a)），これと時間反転対称性 $E(\boldsymbol{k},\uparrow) = E(-\boldsymbol{k},\downarrow)$ により，スピン縮退 $E(\boldsymbol{k},\uparrow) = E(\boldsymbol{k},\downarrow)$ が要請されるのである。

スピン縮退した 2 点，たとえば $\bar{\Gamma}$-$\bar{M}$ の間での表面状態の分散を考えると，両端の $\bar{\Gamma}$ と $\bar{M}$ ではスピン縮退しているが，中間の領域ではスピン分裂することになる。このとき，表面状態の分散の様子は，図 2.17(b,c) のいずれかのようになる。(b) の場合，表面状態がフェルミ準位を何回横切るかはフェルミ準位の位置によって異なるが，必ず 0 回か 2 回のいずれかである。一方，(c) の場合には，1 回あるいは 3 回である。トポロジカル絶縁体の理論によれば，偶数回であれば通常の絶縁体，奇数回であればトポロジカル絶縁体であり，これはバルクの電子状態の性質だけで決まるという[49]。Hsieh らは，ARPES により $Bi_{1-x}Sb_x (x = 0.1)$ 合金の表面状態バンドを調べ，これらが $\bar{\Gamma}$-$\bar{M}$ でフェルミ準位を 5 回横切ることを確認し，この物質がトポロジカル絶縁体であることを示した[50]。

トポロジカル絶縁体の表面状態においては，スピン縮退点（クラマース点あるいはディラック点と呼ばれる）の周囲で直線的な分散を示し，いわゆる質量ゼロのディラックフェルミオン的に振る舞うと期待される（図 2.17(d)）[49]。しかし，$Bi_{1-x}Sb_x$ では，スピン縮退点がバルクバンドの射影の中にあるため，これが観測されなかった。$Bi_{1-x}Sb_x$ の発見の後，新しいトポロジカル絶縁体として，二元系の定比層状化合物である Bi_2Se_3，Bi_2Te_3，Sb_2Te_3 が 2009 年に相次いで発見され[51-54]，さらには三元系の $TlBiSe_2$ が見出された[55]。これらの化合物では，表面状態が $Bi_{1-x}Sb_x$ と

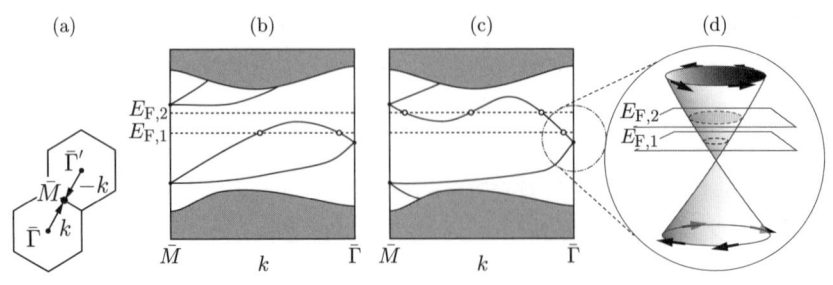

図 2.17 (a) hcp(001) の表面ブリユアンゾーン，(b) 通常の表面状態，(c) トポロジカル絶縁体の表面状態，(d) スピン縮退点付近のディラックコーンと電子スピン．

同様なトポロジカルな特徴を示すことの他に，$\bar{\Gamma}$ における表面状態のスピン縮退点が射影ギャップ中に現れ，その周囲でディラックフェルミオンに特徴的なディラックコーン形状が観測された．質量ゼロのディラックフェルミオンはグラフェンでも観測されているが[56]，これとの大きな違いは，グラフェンでは電子状態がスピン縮退しているのに対して，トポロジカル絶縁体では（ラシュバ系のフェルミ面と同様に）k と $-k$ ではスピンが逆に向いていることである．このため，k から $-k$ への後方散乱が許されないという性質がある．これに関連して，表面状態間の散乱についてのSTMによる研究も進んでいる[57,58]．

以上のように，トポロジカル絶縁体の研究は理論家の予測以来わずか数年の間に急激な発展を見せている．物性的観点から見ると表面状態の振る舞いが最大の焦点であり，これについては未開拓の問題が沢山ある．今後，スピン輸送などに関連して全く新しい表面物理現象が期待されている．

引用・参考文献

[1] 鹿児島誠一（編著）: "低次元導体"（裳華房，1982）.
[2] G. Grüner: "Density Waves in Solids"(Addison-Wesley, 1994) ;（邦訳）G. グリュナー（村田，鹿児島 訳）: "低次元物性と密度波"（丸善，1999）.
[3] M.-C. Desjonquères and D. Spanjaard: "Concepts in Surface Physics, 2nd Ed." (Springer, 1996).
[4] R. E. Peierls: "Quantum Theory of Solids" (Clarendon, 1955).
[5] K. Yonehara and L. D. Schmidt: Surf. Sci. **25**, 238 (1971).
[6] 有賀哲也，八田振一郎: 日本物理学会誌 **63**, 178 (2008).
[7] J. M. Carpinelli et al.: Nature **381**, 398 (1996); J. M. Carpinelli, et al.: Phys.

Rev. Lett. **79**, 2859 (1997).
[8] T. Nakagawa et al.: Phys. Rev. Lett. **86**, 854 (2001).
[9] T. Aruga: Surf. Sci. Rep. **61**, 283 (2006).
[10] J. Martinez-Blanco et al.: Phys. Rev. B **72**, 041401 (2005).
[11] J. Martinez-Blanco et al.: Phys. Rev. B **77**, 195418 (2008).
[12] H. W. Yeom et al.: Phys. Rev. Lett. **82**, 4898 (1999).
[13] P. C. Snijders and H. H. Weitering: Rev. Mod. Phys. **82**, 307 (2010).
[14] Y. J. Sun et al.: Phys. Rev. B **77**, 125115 (2008).
[15] C. González et al.: Phys. Rev. Lett. **102**, 115502 (2009).
[16] N. F. Mott: Rev. Mod. Phys. **40**, 677 (1968).
[17] H. Tochihara: Surf. Sci. **126**, 523 (1983).
[18] P. A. Dowben: Surf. Sci. Rep. **40**, 151 (2000).
[19] N. J. DiNardo, T. M. Wong and E. W. Plummer: Phys. Rev. Lett. **65**, 2177 (1990).
[20] D. Jeon et al.: Phys. Rev. Lett. **69**, 1419 (1992).
[21] H. H. Weitering et al.: Phys. Rev. Lett. **78**, 1331 (1997).
[22] O. Pankratov and M. Scheffler: Phys. Rev. Lett. **70**, 351 (1993).
[23] O. Pankratov and M. Scheffler: Phys. Rev. Lett. **71**, 2797 (1993).
[24] F. Flores and J. Ortega: Europhys. Lett. **17**, 619 (1992).
[25] Z. Gedik, S. Ciraci and I. P. Batra: Phys. Rev. B **47**, 16391 (1993).
[26] L. Kouenhoven and L. Glazman: Phys. World **14**, 33 (2001).
[27] J. Kondo: Prog. Theor. Phys. **32**, 37 (1964).
[28] M. Ternes, A. J. Heinrich, and W.-D. Schneider: J. Phys.: Condens. Matter
[29] A. Zhao et al.: Science **309**, 1542 (2005).
[30] J. Voit: Rep. Prog. Phys. **58**, 977 (1995).
[31] H. Ishii et al.: Nature **426**, 540 (2003).
[32] P. Segovia et al.: Nature **402**, 504 (1999).
[33] R. Losio et al.: Phys. Rev. Lett. **86**, 4632 (2001).
[34] 有賀哲也，八田振一郎：J. Vac. Soc. Jpn. **52**, 577 (2009).
[35] 八田振一郎，有賀哲也：表面科学 **30**, 16 (2009).
[36] 小口多美夫，獅子堂達也：固体物理 **44**, 79 (2009).
[37] J. H. Dil: J. Phys.: Condens. Matter **21**, 403001 (2009).
[38] É. I. Rashba: Sov. Phys.-Solid State **2**, 1109 (1960); Yu A. Bychkov and É. I. Rashba: J. Phys. C: Solid State Phys. **17**, 6039 (1984).
[39] J. Nitta, T. Akazaki, H. Takayanagi and T. Enoki: Phys. Rev. Lett. **78**, 1335 (1997).
[40] S. Datta and B. Das: Appl. Phys. Lett. **56**, 665 (1990).
[41] M. Nagano et al.: J. Phys.: Condens. Matter **21**, 064239 (2009).
[42] K. Yaji et al.: Nature Commun. **1**, 17 (2010).
[43] 村上修一：日本物理学会誌 **62**, 2 (2007).
[44] J. E. Avron, D. Osadchy and R. Seiler: Phys. Today **56**, 38 (2003).
[45] S. Murakami, N. Nagaosa and S.-C. Zhang: Phys. Rev. Lett. **93**, 156804 (2004).
[46] C. L. Kane and E. J. Mele: Phys. Rev. Lett. **95**, 226801 (2005).

[47] M. König et al.: Science **318**, 766 (2007).
[48] C. L. Kane and E. J. Mele: Phys. Rev. Lett. **95**, 146802 (2005).
[49] L. Fu, C. L. Kane and E. J. Mele: Phys. Rev. Lett. **98**, 106803 (2007).
[50] D. Hsieh et al.: Nature **452**, 970 (2008).
[51] Y. Xia et al.: Nature Phys. **5**, 398 (2009).
[52] H. Zhang et al.: Nature Phys. **5**, 438 (2009).
[53] Y. L. Chen et al.: Science **325**, 178 (2009).
[54] D. Hsieh et al.: Phys. Rev. Lett. **103**, 145401 (2009).
[55] K. Kuroda et al.: Phys. Rev. Lett. **105**, 146801 (2010).
[56] K. S. Novoselov et al.: Nature **438**, 197 (2005).
[57] P. Roushan et al.: Nature **460**, 1106 (2009).
[58] L. Fu: Phys. Rev. Lett. **103**, 266801 (2009).
[59] S. Wippermann and W. G. Schmidt: Phys. Rev. Lett. **105**, 126102 (2010).
[60] S. Hatta et al.: Phys. Rev. B **84**, 245321 (2011).

第 3 章

電子的・電気的特性

　この章では，結晶表面に特有な電子状態とそれによる電気伝導について述べる。3.1 節では様々な種類の表面電子状態とバンド分散について紹介する。3.2 節では仕事関数の基礎について述べる。3.3 節では半導体表面直下でのバンド湾曲とそれによって形成される表面空間電荷層を概説する。このような表面近傍での特殊な電子状態に関する知識を基礎にして，次の節からは結晶表面近傍での電気伝導について述べる。3.4 節では表面平行方向の電気伝導を述べ，特に表面空間電荷層での伝導と表面状態伝導とに分けて解説する。また，それら電気伝導度の測定法として 4 探針法を紹介する。3.5 節では，金属が半導体表面に接触したときの表面垂直方向の電気伝導について概説する。

3.1　表面電子状態

3.1.1　4 種の表面状態

　結晶表面には，表面近傍に局在した特徴的な電子状態（表面状態，surface states）が形成される。それは結晶内部の電子状態とは全く異なり，様々な表面物性を支配している。図 **3.1** に模式的に示したように，その表

第 3 章執筆：長谷川修司

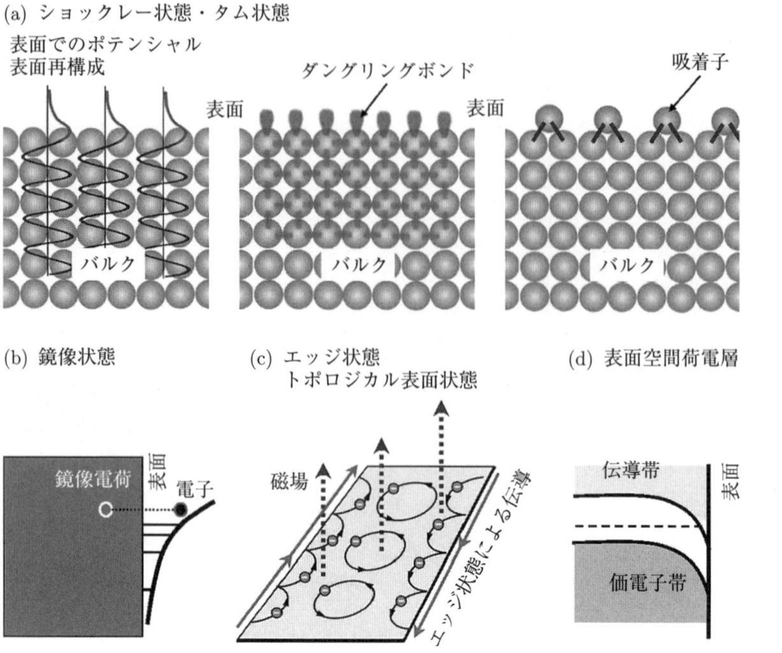

図 3.1 様々な表面状態。(d) だけはバルク電子状態によって形成される。(c) はトポロジカル表面状態のアナロジーとして，2次元電子系での量子ホール効果状態でのエッジ状態を示す。

面状態の生成起源によって，(1) ショックレー (Schockley) 状態，(2) タム (Tamm) 状態，(3) 鏡像状態 (image states) と伝統的に分類されているが，最近ではこれに加えて，(4) トポロジカル表面状態という新しい表面状態が発見されている。これらは，下地バルク結晶の電子バンドのエネルギーギャップ中に形成されることが多いので，下地から電気的に分離されている。つまり，表面だけに局在する電子状態である。しかし，面内方向には拡がっている2次元的な状態である。そのため，表面状態のなかのキャリアはバルク状態には散乱されずに表面平行方向に流れ，その結果「表面状態伝導」が観測される[1-5]。新しい低次元電子輸送物理の舞台となっている。また，表面上で異方的な原子配列構造をとる場合には擬1次元的な電子状態にもなり，多彩な現象を生む。

(1) ショックレー状態：結晶内部でバンドギャップを形成していた要因が表面で消失し（結晶構造の周期性の切断や対称性の破れ，原子結合の

切断など），そのためにバンドギャップ中に形成された電子状態。半導体結晶表面のダングリングボンド状態や貴金属結晶の表面状態など。

(2) タム状態：結晶内部と異なるポテンシャルによって表面近傍に形成された電子状態。バルクバンドギャップ内に形成されるとは限らず，バルクバンド内に形成されることも多い。理論的モデルの違いによって歴史的にショックレー状態と区別されるが，実際の物質の表面状態では，(1)(2) の両方の性格をもつ場合が多い。

(3) 鏡像状態：金属表面の外側に電子が鏡像力によって束縛された表面状態。非占有状態の場合が多い。

(4) トポロジカル表面状態：表面やヘテロ界面では空間反転対称性が破れているので，パリティが保存しない。そのため，ある種の物質では，強いスピン軌道相互作用によって，スピン分裂した表面状態が，パリティの異なるバンド間のギャップ中に形成される。表面原子配列や汚れなどの詳細によらない頑強な表面状態。

図 3.2 に示すように，表面状態には様々な分散関係や特徴をもつ例が知られている。表面平行方向には分散をもつので，面内に拡がった電子状態であるが，表面垂直方向には表面近傍のみに局在していて，結晶内部にはしみ込んでいない。分散関係として，放物線的な分散をもつ表面状態 (a)，あるいは，それがスピン分裂した電子状態 (b)，また，ディラック電子と呼ばれ

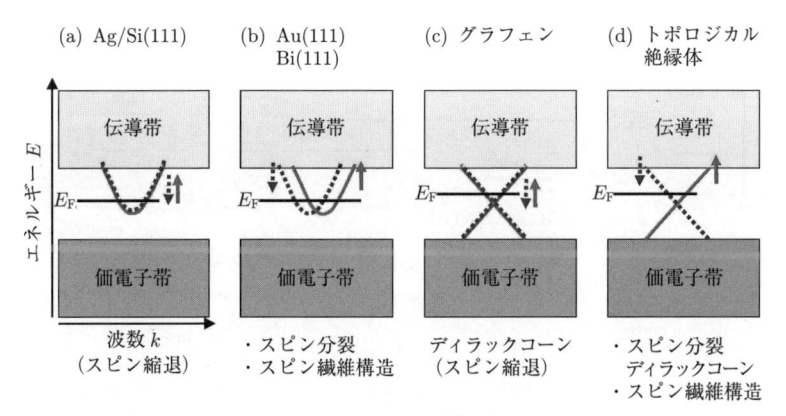

図 3.2 様々な分散をもつ表面状態[6]。E_F：フェルミ準位。

る直線的な分散をもつ電子状態 (c)，または，それがスピン分裂した電子状態 (d) などが知られている．以下に，これらの代表例をいくつか紹介する．

半導体表面直下では，図 3.1(d) に示すように，バルク状態のバンドが湾曲して表面空間電荷層が形成され，そこでキャリアが過剰になったり欠乏したりする．その結果，3.3 節で述べるように，表面直下での表面平行方向の電気伝導度がバルク内部と異なることがある．従来からの 2 次元電子ガス系は，このようにしてできた表面空間電荷層を指す．

3.1.2 ショックレー状態とバンド分散

図 3.3 を使い，Si 結晶を例にとって表面状態，あるいは表面状態からできる表面状態バンドを説明する．Si 原子は，3 次元結晶の内部ではダイヤモンド格子を作っており，一つの原子が四つの隣り合う Si 原子と結合している．つまり，Si 原子の四つの価電子 $(3s)^2(3p)^2$ が sp^3 混成軌道を作り，隣接する原子と共有結合する．そうすると，そのエネルギー準位は，図 3.3 に示すように，結合状態 (bonding state) と反結合状態 (anti-bonding state) に分裂する．電子は結合状態のみに入るので反結合状態は空になる．結晶の中では多数の Si 原子が結合して規則的に並んでいるので，これらのエネ

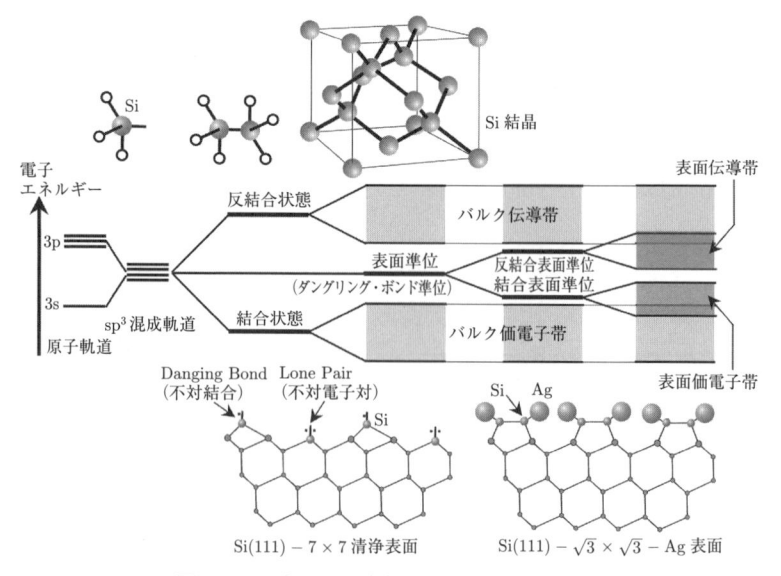

図 **3.3** エネルギー準位からバンドの形成へ．

ルギー準位は拡がって，それぞれ価電子帯（または価電子バンド，valence band）と伝導帯（または伝導バンド，conduction band）になり，その間にバンドギャップ（band gap，禁制帯）が形成される。これが Si 結晶内部のバルク状態である。しかし，結晶表面の最上層の原子には結合していない混成軌道（ダングリングボンド，dangling bond，未結合手）が存在する。そのエネルギー準位は孤立原子の混成軌道に相当するので（非結合状態，non-bonding state），結合状態と反結合状態の中間，つまり，エネルギーギャップの中に位置することが多い。実際，たとえば Si(111)-7×7 清浄表面のアドアトムのダングリングボンド準位は，バルク状態のバンドギャップの中ほどに位置している。これが上に述べたショックレー状態の一例である。

　しかし，表面に異種原子が吸着して最上層の Si 原子と結合すると，このダングリングボンド状態も結合・反結合準位に分裂する。さらに，吸着子および表面層の Si 原子が規則的に並んで，いわゆる表面再構成構造を作り，隣の軌道と重なりが出てくると，その結合・反結合準位も拡がってバンドになる。これが表面に固有の表面状態バンド (surface-state band) である。これは，Si 結晶内部のバルク電子バンドとは直接関係なく，全く異なる特徴をもつ。また，バルク状態のエネルギーギャップ内に表面状態バンドができると，下地の結晶基板と電気的にはつながっていないことになる。つまり，原子の結合としては下地の原子とつながっているにもかかわらず，表面状態は電気的に基板結晶から「浮いて」いることになる。このようにして表面だけに局在する 2 次元電子系となる。

　物質の電気的，磁気的，光学的特性は，物質中あるいは物質表面にいる電子の状態によって支配される。その性質は電子のエネルギー E と波数 k との関係，分散関係 $E(k)$ (dispersion relation，あるいはバンド分散，band dispersion) で記述される。真空中の自由電子は，

$$E = \frac{\hbar^2}{2m}k^2 \tag{3.1}$$

なる分散関係で記述され，この関係を図示すると放物線となる。ここで，m は電子の質量，$\hbar$ はプランク定数を 2π で割った定数である。しかし，結晶中または結晶表面での電子は，格子による周期的なポテンシャルによってブラッグ反射され，特定の波長 $\lambda (= 2\pi/k)$ の電子のエネルギーが変化する。その結果，格子定数を a とすると，$k = \pm\pi/a, \pm 2\pi/a, \ldots$ のところでエネ

ルギーギャップ（バンドギャップ）が生じる。このようなバンドおよびバンドギャップ生成の説明を自由電子近似の描像といい，図 3.3 のように原子軌道から説明する場合を強束縛近似の描像という。

フェルミ準位がバンドギャップ内のエネルギー位置にあるときには半導体（または絶縁体）となり，フェルミ準位がバンドの途中のエネルギー位置にあるときには金属となる。よって，バルクが半導体でも表面状態バンドが金属的になる場合がある。図 3.4 に代表的な半導体である Si および GaAs バルク結晶のバンド分散図を示す。両者とも 1 eV 程度のバンドギャップをもつことがわかる。伝導帯の底や価電子帯の頂上付近だけを見ると，分散曲線は放物線で近似できるので，式 (3.1) は半導体内のキャリアを記述する良い近似となる。また，GaAs の場合には，伝導帯の底と価電子帯の頂上が同じ波数（Γ 点）で一致しているが，Si の場合には，伝導帯の底と価電子帯の頂上の波数が異なることがわかる。前者を直接遷移型半導体，後者を間接遷移型半導体といい，前者は光を吸収・放射しやすい性質であることを意味する。

真空中の電子と結晶中あるいは結晶表面に束縛されている電子とのもう一つの違いは有効質量である。つまり，式 (3.1) の質量 m は，結晶内あるいは結晶表面では真空中の質量と異なる。バンド分散からわかる有用な指標は有効質量 (effective mass) m^*，フェルミ速度 (Fermi velocity) v_F，状態密度 (density of states) $D(E)$ などである。有効質量は式 (3.1) の E と m の関係から類推できるように

$$m^* = \hbar^2 \left(\frac{\partial^2 E}{\partial k^2} \right)^{-1} \tag{3.2}$$

で定義される。つまり，バンド分散図でバンドが急峻に立っているほど（$\partial^2 E/\partial k^2$ が大きいほど）m^* は小さくなる。v_F は，フェルミ準位がバンドを横切るところの波数（フェルミ波数）k_F を用いて，

$$v_\mathrm{F} = \frac{\hbar k_\mathrm{F}}{m^*} \tag{3.3}$$

と書け，フェルミ準位にある電子が動き回っている速さを表す。状態密度は，あるエネルギーの微小幅 $E \sim E + dE$ に含まれる状態の数 $N(E)$（電子を収容できるエネルギー準位の数）から

(a) Si (b) GaAs

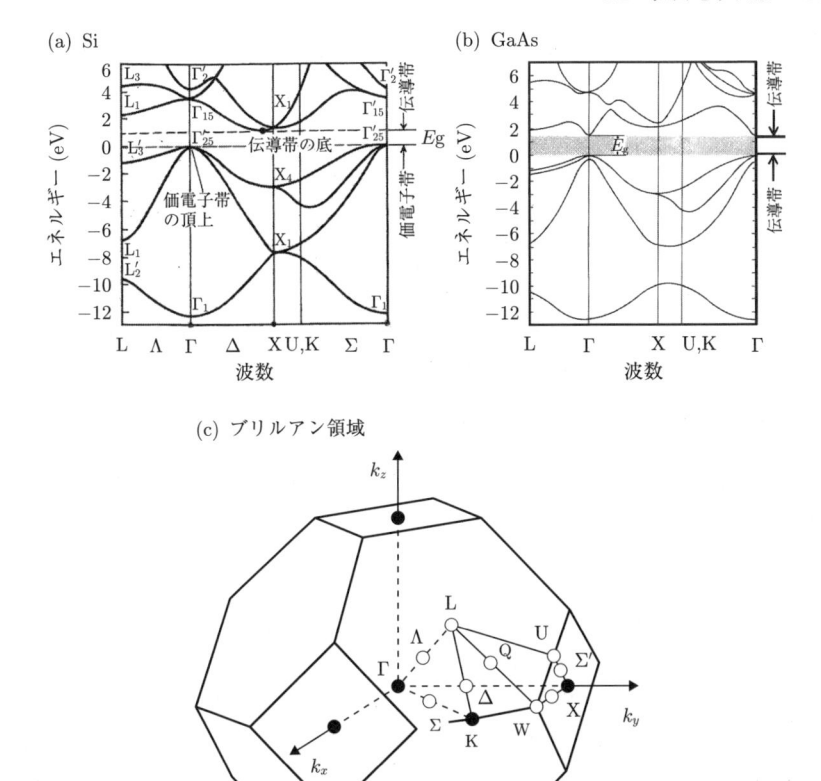

(c) ブリルアン領域

図 3.4 Si と GaAs のバルクバンド分散，およびダイヤモンド格子の第 1 ブリルアン領域。波数空間の原点は Γ 点，ブリルアン領域の境界面上にある点は，[111] 方向が L 点，[100] 方向が X 点，[110] 方向が K 点などと呼ばれている。バンド分散図は，波数空間内での対称性の高い方向に沿ったエネルギー図として描かれることが多い。E_g：バンドギャップ。

$$D(E) = \frac{dN(E)}{dE} \tag{3.4}$$

で定義される。バンドが平らな場合には $D(E)$ が大きく，バンドが急峻に立って分散が大きい場合には $D(E)$ が小さい。バンドギャップ領域では $D(E)$ がゼロとなる。

電気伝導度 σ はドルーデの式

$$\sigma = e\mu n \tag{3.5}$$

で書ける．ここで，移動度 (mobility) μ は

$$\mu = \frac{e\tau}{m^*} \tag{3.6}$$

と書ける．ここで τ は緩和時間（キャリアの散乱と散乱の間の平均時間）である．キャリア密度 (carrier concentration) n は，金属の場合，フェルミ準位の状態密度 $D(E_\mathrm{F})$ に比例するので，フェルミ準位での状態密度が高く有効質量が小さいほど電気伝導度が高いことがわかる．また，半導体の場合には，フェルミ準位がバンドギャップ中にあるので $D(E_\mathrm{F})$ はゼロであるが，熱励起によって伝導帯に伝導電子が，価電子帯にホールが生じて，それがキャリアになって伝導を生じる．一般に温度が上がるほどキャリア密度 n は高くなる．金属の場合，温度変化によって n はほとんど変わらないので μ の温度変化が支配的となる．温度が上昇すると，フォノン散乱によって μ が低下して伝導度が下がる．

バルク結晶内では，波数 k が 3 次元ベクトルであるが，表面状態バンドでの電子の波数 k は 2 次元ベクトルであるところが異なる．しかし，その他の考え方はバルク状態バンドと全く同じであるが，表面状態のバンド分散や各種パラメータはバルク状態と全く異なる．

バンド分散のうち，占有状態（フェルミ準位より下のエネルギー状態で電子がつまっている準位）は，角度分解光電子分光 (angle resolved photo electron spectroscopy, ARPES) によって直接的に測定でき，非占有状態（フェルミ準位より上のエネルギー状態で電子が入っていない準位）は逆光電子分光などの実験手法によって測定できる．

図 3.5 は，Si(111) 結晶表面上に 1 原子層の Ag を吸着させたときに形成される表面超構造 Si(111)-$\sqrt{3} \times \sqrt{3}$-Ag のバンド分散図（ARPES による測定結果）と理論計算の結果である．フェルミ準位 E_F を横切る放物線的なバンドが存在する．この S_1 と呼ばれる表面状態のフェルミ面は，ARPES で測定すると，図 3.5(c) に示すように，$\bar{\Gamma}$ 点（表面ブリルアン領域の原点）を中心とした半径 k_F（フェルミ波数）の円となっている[7]．よって，これはバルク Si のバンドギャップ内に形成された金属的で等方的な 2 次元自由電子系をなす表面状態といえる．ちなみに，式 (3.2) を図 3.5(b) のバンド分

3.1 表面電子状態 83

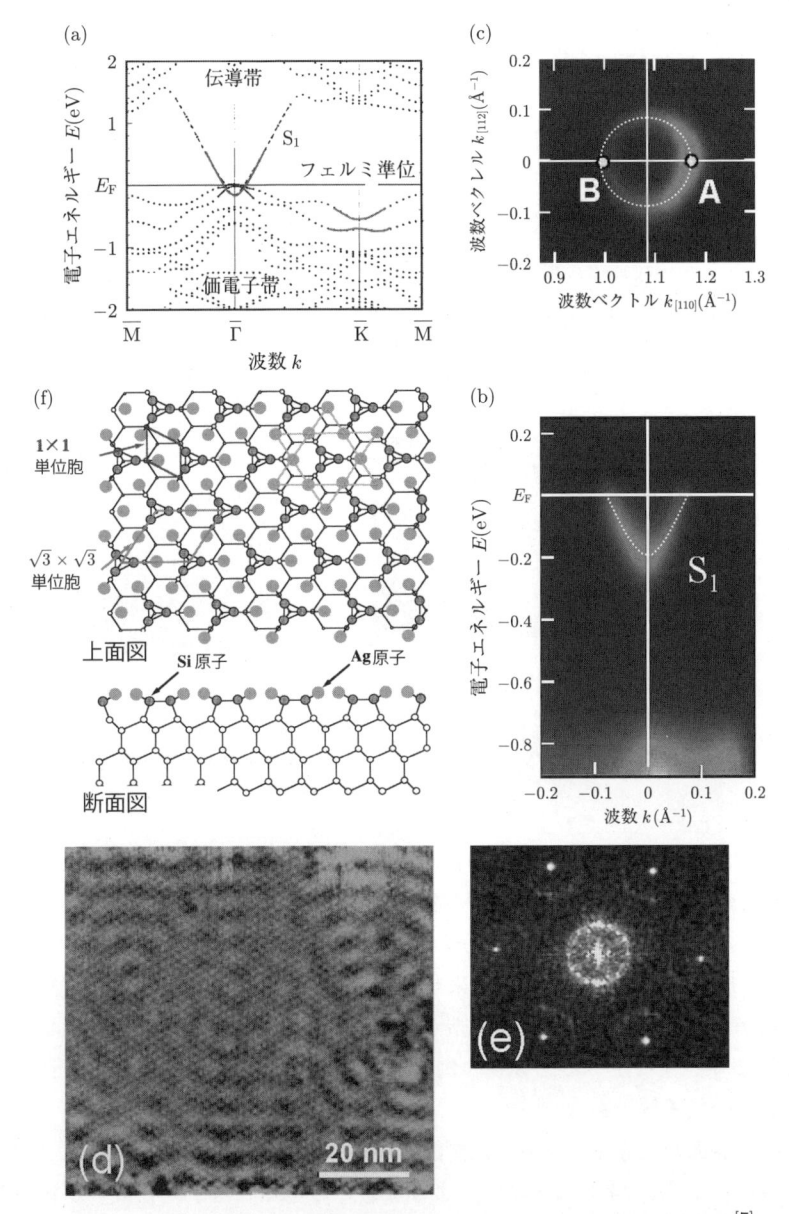

図 3.5 Si(111)-$\sqrt{3} \times \sqrt{3}$-Ag 表面超構造の表面状態。(a) 第一原理理論計算[7]，(b) ARPES によって得たバンド分散図[7]，(c) ARPES によって得たフェルミ面[7]，(d) STM によって得た電子定在波像，(e) そのフーリエ変換像[8]，(f) 原子配列の模式図。

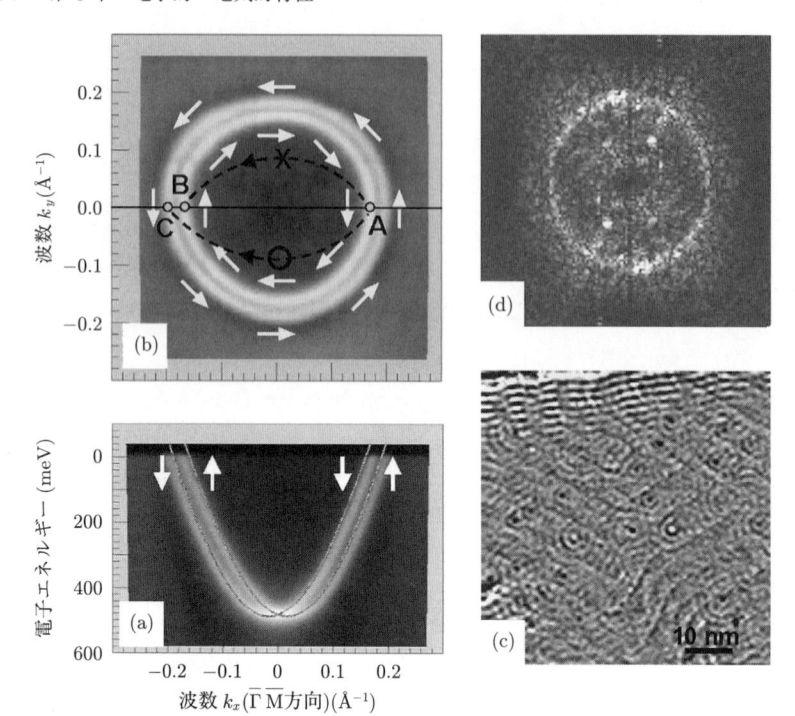

図 3.6 Au(111) 表面の表面状態。ARPES によって得た (a) バンド分散図および (b) フェルミ面[10]。STM によって得た (c) 電子定在波像および (d) そのフーリエ変換像[11]。

散図にフィッティングしてこの表面状態バンドの有効質量を求めると $m^* = 0.13 m_e$ となる (m_e は自由電子の静止質量)。また，図 3.5(b) からフェルミ波数 $k_F = 0.1\,\text{Å}^{-1}$ であることがわかる。この状態は，基板最表面の Si 原子と Ag 原子との反結合状態に由来していることがわかっている[7]。当然のことながら，表面での原子配列構造が変われば，このような電子状態は壊されてしまう。次に述べる図 3.6 の例とともにショックレー状態といわれる表面状態の代表例である。

この表面を走査型トンネル顕微鏡 (scanning tunneling microscopy, STM) で観測すると，図 3.5(d) に示すような，いわゆる「電子定在波」が観察される[8,9]。これは通常の STM 像ではなく，トンネル電流をバイアス電圧で微分したコンダクタンス (dI/dV) 像であり[8]，電子密度の濃淡の波が観測されている。波数を k とすると，この波は欠陥などの散乱体からの距離 x

の関数として $\cos(2kx)$ と書ける。そうすると，定在波の波長は π/k である。一方，波数 k は分散関係によってエネルギー E に依存するので，バイアス電圧を変えて観察すると，定在波の波長が変わる。その定在波のバイアス電圧依存性は図 3.5(a) に示した表面状態（S_1 バンド）の分散関係で説明できる[7]。電子定在波の像によって自由電子的な電子状態が存在することを実感できる。

このコンダクタンス像のフーリエ変換パターンは，図 3.5(e) に示すように原点を中心とする円となる。たとえば図 3.5(c) のフェルミ面上の点 A で示される状態の電子が後方散乱されて点 B に移ったとき，点 A の波と点 B の散乱波の状態の干渉によって電子定在波ができるのである。よって，そのときの散乱ベクトル q は $q = k_F - (-k_F) = 2k_F$ となるので，図 3.5(e) は半径 $2k_F$ の円となる（k_F はフェルミ波数）。この表面状態ではスピンが良い量子数になってないので，スピンの向きに無関係に点 A から点 B に散乱されて干渉する。

3.1.3 空間反転対称性の破れの効果

結晶表面では一方が何もない真空であり，他方が電子に満ちた物質であるので，非常に非対称な状況になっており，空間反転対称性が破れている。その結果，以下に述べるように表面状態ではスピン分裂を起こすことがある。その例を図 3.6 に示す Au(111) 清浄表面の電子状態で紹介する。ここでの表面状態は，結晶の周期性が途切れて，表面近傍の電子が感じるポテンシャルが結晶内部と異なることによって生じる表面状態であるが，図 3.5 の例と類似の放物線的なバンド分散を示す。ここで興味深いのは，このバンドを高分解能 ARPES で観測すると，図 3.6(a) に示すように，バンドが 2 本に分裂しているのである[10]。これは，空間反転対称性の破れと強いスピン軌道相互作用に起因するラシュバ効果と呼ばれる現象であり，そのためにスピン縮退が解けて，それぞれのバンドを占有している電子のスピンの向きが逆になっている。

一般に，波数ベクトル $\bm{k}$ でスピン↑の状態 $(\bm{k},\uparrow)$ は，時間反転操作によって両ベクトルとも反転した状態 $(-\bm{k},\downarrow)$ に変換される。磁場や磁性不純物がない場合には時間反転対称性が保たれるので，この二つの状態のエネルギーは等しい：

$$E(\boldsymbol{k},\uparrow) = E(-\boldsymbol{k},\downarrow) \qquad (時間反転対称性) \qquad (3.7)$$

一方,空間反転操作は,スピンの向きは変えずに波数ベクトル $\boldsymbol{k}$ だけを反転させるので,状態 $(\boldsymbol{k},\uparrow)$ は状態 $(-\boldsymbol{k},\uparrow)$ に変換される。空間反転対称性のある結晶内部では,この二つの状態のエネルギーが等しいので,

$$E(\boldsymbol{k},\uparrow) = E(-\boldsymbol{k},\uparrow) \qquad (空間反転対称性) \qquad (3.8)$$

よって,時間反転対称性と空間反転対称性が保たれる状況では式 (3.7) と式 (3.8) が同時に成り立つ。右辺同士を比較すると,波数ベクトルが同じならスピンの向きに関わらず同じエネルギーになるというスピン縮退が導かれる:

$$E(\boldsymbol{k},\uparrow) = E(\boldsymbol{k},\downarrow) \qquad (Kramers 縮退) \qquad (3.9)$$

しかし,結晶表面では上述のように一般に空間反転対称性が破れているので,式 (3.8) が成り立っていない。そのため,バルク状態が Kramers 縮退していても,表面状態はその縮退が解けている場合がある:$E(\boldsymbol{k},\uparrow) \neq E(\boldsymbol{k},\downarrow)$。しかし,反対向きのスピン状態のエネルギーがどれだけ異なるのか。それはスピン軌道相互作用の強さによって決まり,次のハミルトニアンの第 3 項 (ラシュバ項) によって記述される:

$$H = \frac{\boldsymbol{p}^2}{2m} + V(\boldsymbol{x}) + \frac{1}{4mc^2}\sigma \cdot (\operatorname{grad} V(\boldsymbol{x}) \times \boldsymbol{p}) \qquad (3.10)$$

静電ポテンシャル $V(\boldsymbol{x})$ の勾配(結晶表面では表面垂直方向に勾配をもつ場合が多い)と電子の運動量ベクトル $\boldsymbol{p}$ との外積 $\operatorname{grad} V(\boldsymbol{x}) \times \boldsymbol{p}$ と,電子のスピン σ の内積に比例する量が,スピンの向きに依存したエネルギー差となる。$\operatorname{grad} V(\boldsymbol{x}) \times \boldsymbol{p}$ は物質表面の電子だけが感じる有効磁場とみなせ,ラシュバ項は,その有効磁場によるゼーマン・エネルギーともみなせる。一般に,Au や Bi のような原子番号の大きい原子ほど $\operatorname{grad} V(\boldsymbol{x})$ が大きくなるのでスピン分裂が大きく観測される。そのため,図 3.6(a) に示すように,同じ波数をもつ状態でもスピンの向きによって異なるエネルギーをもつ。これがラシュバ効果である[12,13]。

その結果,図 3.6(b) に示すように,ARPES で観測したフェルミ面は二重の同心円となり,それぞれの状態の電子のスピンの向きは図中の矢印で示

した方向となる．これをフェルミ面の「スピン繊維 (spin texture) 構造」という．内側のフェルミ円と外側の円でスピンの向きが逆となり，しかも，スピンの向きは面内で波数ベクトルに常に直角となっている．

この Au(111) 表面を STM で観察すると，図 3.6(c) に示すような電子定在波が観測される[11]．これをフーリエ変換した結果が図 3.6(d) であり，原点を中心とする一重の円となる．この結果は，図 3.5 で述べた Si(111)-$\sqrt{3} \times \sqrt{3}$-Ag 表面でのスピン縮退した結果と同じように見える．つまり，ARPES で観測されたフェルミ面（図 3.6(b)）は二重の同心円であったにもかかわらず，電子定在波像のフーリエ変換パターンは一重の円となっており，スピン分裂した効果が一見すると現れていない．これは，実は電子定在波ができるときの電子の散乱過程でのスピンの振る舞いを考えると理解できる．つまり，電子がステップや欠陥などによって散乱されるとき，散乱体が磁性不純物でない限りスピン反転は起こらない（場合が多い）．そのため，たとえば図 3.6(b) の A 点で示される状態にいた電子が後方散乱されたときには，B 点には移れない．なぜなら，B 点でのスピンの向きが A 点での向きと逆だからである．よって，C 点にしか散乱されないのである．このようなことを考えると，二重のフェルミ面のうち，内側の円上の電子は外側の円にしか後方散乱されず，逆に外側の円上の電子は内側の円にしか後方散乱されない．その結果，散乱ベクトル q の大きさは常に内側のフェルミ円の半径 $k_{F(内)}$ と外側のフェルミ面の半径 $k_{F(外)}$ の和となるため，定在波のフーリエ変換は半径 $q = k_{F(内)} + k_{F(外)}$ の一重の円にしかならない．このように，スピン分裂したフェルミ面（spin texture 構造）の場合，スピンが保存される電子散乱しか起こらないとすると，スピン反転を必要とする散乱が消失するという現象が起こる．その証拠が電子定在波のフーリエ変換パターンに現れる．この「スピン選択的散乱」は，スピン繊維構造のフェルミ面をもつ場合に普遍的に見られる現象である．

Bi も原子番号の大きい重元素なのでスピン軌道相互作用が強く，Bi(111) 表面ではダングリングボンド由来の表面状態もスピン分裂していることが知られている[14-16]．

このように表面状態では，対称性の破れによってバルク電子状態では見られない現象が現れる．非磁性体であるにもかかわらず，スピン分裂したバンドが表面のみに形成されることは，スピントロにクス応用の観点からも興味

深い性質である。

3.1.4 ディラックコーン型表面状態

図 3.2(c) に示した直線的なバンド分散は，図 **3.7**(a) に示すように，グラフェンで観測されている[17]。図 3.5 と図 3.6 の例で示した放物線的な分散関係 $E = (\hbar k)^2/2m$ は非相対論的な自由電子状態を表していたが，相対論的な自由電子の分散関係は

$$E = \sqrt{(mc^2)^2 + (\hbar k c)^2} \tag{3.11}$$

と書ける（c は光速度，$\hbar$ はプランク定数を 2π で割った定数）。ここで，質量 m をゼロとおくと，

$$E = \pm \hbar c k \tag{3.12}$$

となり，エネルギー E が波数 k に対して線形に比例する直線的な分散関係となる。これがまさにグラフェンで観測されたわけで，「質量ゼロのディラック-フェルミ粒子」といわれる所以である。しかし，もちろん電子がグラフェンのなかを相対論的効果が効くほどの速い（群）速度で走っているわけではない。それにもかかわらず相対論的粒子の性質をもつというサプライズのために，2010 年のノーベル物理学賞がこの発見に授与されたのである。グラファイトから単離されたグラフェンだけでなく，SiC 結晶を加熱してそ

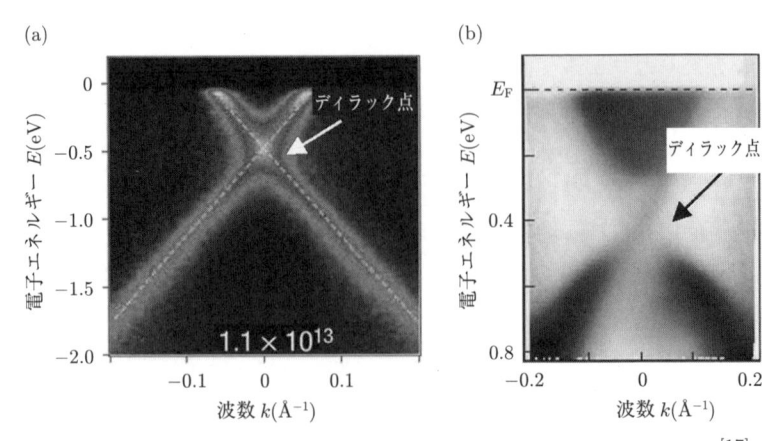

図 **3.7** 角度分解光電子分光によって得た (a) グラフェンのバンド分散[17]，(b) Bi_2Se_3(001) 薄膜のバンド分散[18]。

の表面上に形成されたグラフェンでも同じ分散が得られているので，表面状態の一種といってよい．

このバンドには，右上がりの分枝と左上がりの分枝の二つが存在して，それぞれ右向きに進む電子と左向きに進む電子を表している．それぞれのバンドにはスピン↑と↓の両方の電子が占めているので，スピン縮退したバンドである．カーボンは軽元素なので，スピン軌道相互作用が小さいためにラシュバ効果は観察されない．

図 3.7(b) に示すように，後述するトポロジカル絶縁体の一つである Bi_2Se_3(001) 結晶表面でも同様のディラック-フェルミ粒子状の表面状態バンドが，バルク・エネルギーギャップ中に存在する．しかし，その場合には，強いスピン軌道相互作用のために，図 3.2(d) に示すように，右上がりの分枝と左上がりの分枝が反対向きのスピンをもつ電子バンドとなっている．実際，スピン分解した ARPES 測定によって，二つの分枝でスピンの向きが逆になっていることが実証された[18,19]．つまり，表面上で右向きに進む電子と左向きに進む電子のスピンが反対向きなのである．この特性を利用すると，結晶表面上でスピン偏極した電流を流せるのでは，と期待される．このようなスピン偏極したディラック粒子状態は，基礎的な物性物理だけでなく，スピントロニクスデバイス応用の観点からも極めて興味深い性質である．

3.1.5　トポロジカル表面状態

トポロジカル絶縁体の厳密な定義は高度に数学的になるので[20]，ここでは量子ホール効果状態からのアナロジーとして説明してみる．図 3.1(c) に示すように，2 次元電子ガス系に強磁場を印加すると，電子はローレンツ力によってサイクロトロン運動をする．よって，試料の一方の端から他方の端に電流を流そうとしても，この円運動のために電子は流れない．いわば絶縁体状態になっている．これは，ちょうど原子核の周りをまわる核外電子が隣のサイトに移れないというバンド絶縁体と同じ状況になっている．実際，エネルギー状態は，無磁場中では連続的で金属的だった状態密度が，強磁場の印加によっていわゆるランダウ準位に離散化し，その間にエネルギーギャップを作る．フェルミ準位がそのエネルギーギャップの中に位置すると，ちょうど絶縁体（または半導体）と同じ状況となる．したがって，金属的であっ

た2次元電子ガス系が，強磁場によってその内部は絶縁体化したといえる。しかし，その両側の端を見ると，図3.1(c)に模式的に示したように，サイクロトロン周回運動をしようとする電子が端で反射され，それがまた周回運動と端での反射を繰り返して繋がった円弧状の軌道となり，結局，試料の端に沿って電子が一方から他方に流れることができる（skipping 軌道という）。つまり，内部は絶縁体的だが，端だけは電流が流れる金属状態（edge 状態）になっているのである。ただし，両側で逆向きの電流が流れるので，ネットの電流はゼロとなる。

この量子ホール効果状態を3次元物質に拡張したものがトポロジカル絶縁体であるといえる。つまり，スピン軌道相互作用の強い物質中では，外部磁場を印加しなくても，式(3.10)で述べた内部有効磁場 $\operatorname{grad} V(\boldsymbol{x}) \times \boldsymbol{p}$ が存在するため，この量子ホール効果状態と同様の状態になっているという。この内部有効磁場によって伝導電子はくるくると周回運動をするだけで電流を運ぶキャリアとはならない。よって物質内部では絶縁体となる。これがトポロジカル絶縁体である。しかし，その表面では，いわば電子の周回運動が妨げられるために，金属的な電子状態となって電気伝導を担うのである。ゆえにトポロジカル表面状態は「物質の端」というだけで生じる電子状態であり，図3.3で述べたような個々の原子結合に由来するショックレー状態やタム状態とは全く成因が異なる。また，そのフェルミ面が spin-texture 構造をもっていると，つねに波数ベクトルとスピンの向きが一対一に対応しているので，表面を反対向きに流れる電流は反対向きのスピンをもつことになる。つまりスピン偏極した電流が表面のみを流れることになる。

従来知られている絶縁体にはいくつかの種類がある。最も一般的な「バンド絶縁体」（結晶内での原子同士の結合・反結合状態に由来する（図3.3），または結晶内での電子波の反射に起因するバンドギャップをもつ），「モット絶縁体」（強い電子相関効果に起因するエネルギーギャップをもつ），構造が乱れた物質で見られる「アンダーソン絶縁体」（強い乱れによる電子波の干渉効果によって局在状態となることに起因する），低次元物質で見られる「パイエルス絶縁体」（電荷密度波の形成に起因する），などが知られていた。しかし，トポロジカル絶縁体は，強いスピン軌道相互作用に起因する絶縁体で，全く新しいタイプである。いままで隠れていて知られていなかった新しい物質の量子相であると言われている。しかも，その物質の表面状態は上述

の説明からわかるように，物質の端である，ということだけで生じる電子状態であり，表面構造の詳細によらないことが著しい特徴である．表面物理にとどまらず凝縮系物理全般の分野にわたって興味がもたれている．

以上のように，表面状態は，低次元性や空間反転対称性の破れ，スピン軌道相互作用に起因する特徴的な現象の舞台となっている．

3.2 仕事関数

上述した表面状態による複雑さを考えなくても，物質表面近傍では特徴的な現象が起きる．物質中の電子を外に取り出すのに必要なエネルギーの最小値を仕事関数 (work function) Φ という．具体的には，物質中の最高占有エネルギー準位（金属の場合，フェルミ準位 (Fermi level: E_F) にある電子を真空準位 (vacuum level: E_V)，つまり物質の表面の直上であって表面から鏡像力の影響を無視できる程度の距離（$\sim 1\,\mu\mathrm{m}$ 程度）の真空中に取り出すのに必要なエネルギーであり，分子の言葉ではイオン化ポテンシャルに相当する（図 **3.8**(a)）．

物質中，あるいは物質表面に捉えられている電子は，真空中にいる自由電子よりエネルギーが低い．それは，二つの理由による．第一が表面項，第二がバルク項といわれるエネルギーである．物質表面では，図 3.8(b) に示すように，電子が表面の急峻なポテンシャル変化に対応できず，真空側にしみ出す．そうすると，表面から少し内側では電子が不足するので，実効的に正電荷をもち，表面より少し外側では負電荷が分布する．その結果，電気二重層が形成される．これは平行平板コンデンサーと同じなので，正電荷側（物質内部）の電子は負電荷側（真空側）よりポテンシャル $\phi(z)$ が低くなる．これが仕事関数の表面項の原因である（図 3.8(a)）．

一方，物質内部は電子によって満ちているが，一つの電子の周りには電子間のクーロン反発によって他の電子を遠ざけている（相関相互作用）領域が存在する（クーロン孔，相関ホールという）．さらに，同じスピンをもつ電子同士は，パウリの排他原理による交換相互作用による反発が働き，さらに他の電子を排除している領域が存在する（フェルミ孔，交換ホールという）．つまり，各電子の周りには電子密度がやや低く実効的に正電荷をもつ球が存在しているために，その電子は安定化している．そのような交換相関相互作

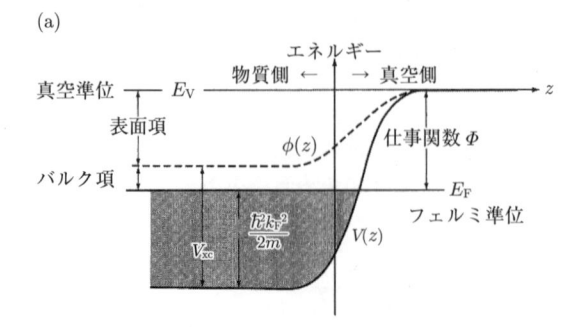

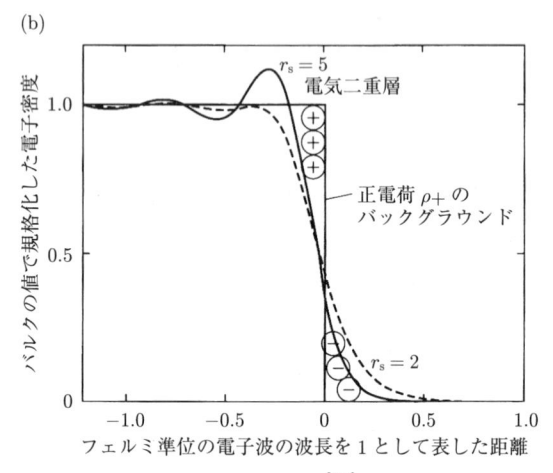

図 3.8 (a) エネルギーダイアグラムと仕事関数[21]，(b) 電子のしみ出しと表面電気二重層[21]。

用 (exchange-correlation interaction) による安定化エネルギー V_{xc} から運動エネルギー $\hbar^2 k_F^2/2m$ を差し引いた量がバルク項である（図3.8(a)）。

物質内での電子の密度 n から，電子1個あたりが球として体積を占めるとしたとき，この球の半径 r_S を Bohr 半径 $a_B (= 0.52\,\text{Å})$ を単位として，

$$r_S = \frac{(3/4\pi n)^{1/3}}{a_B} \tag{3.13}$$

と書くと，クーロン孔やフェルミ孔の大きさは r_S が大きいほど（低電子密度ほど）大きくなり，運動エネルギー $\hbar^2 k_F^2/2m$ が小さくなるのでバルク項が大きくなる。逆に r_S が小さいほど（高電子密度ほど）V_{xc} が小さくなり，さらに運動エネルギー $\hbar^2 k_F^2/2m$ が大きくなるのでバルク項が小さく

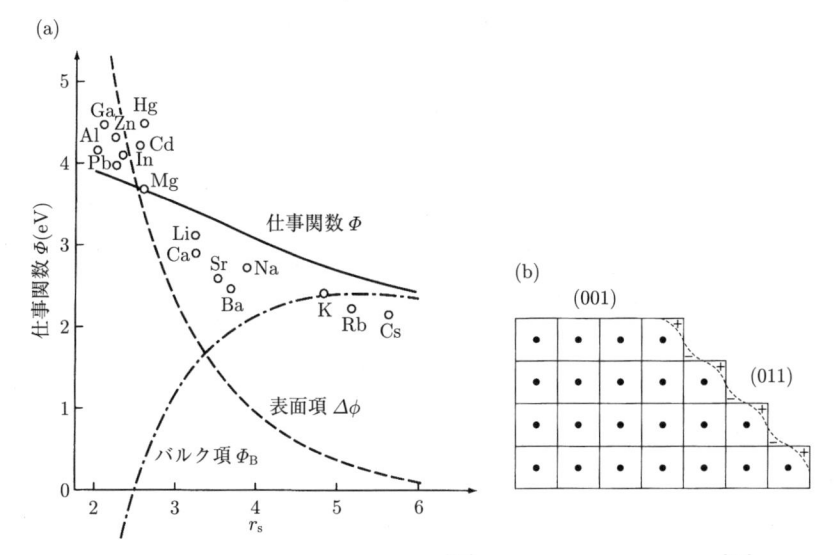

図 3.9 (a) 仕事関数の電子密度依存性[21], (b) ステップの電荷分布[21]。

表 3.1 金属単結晶の仕事関数[21]。

結晶構造	金属	面方位		
		(100)	(110)	(111)
bcc	K	1.65	1.78	1.85
	Fe	4.67	5.05	4.81
	Mo	4.53	4.95	4.55
fcc	Al	4.20	4.28	4.24
	Ni	5.22	5.04	5.35
	Cu	4.59	4.48	4.94
	Ag	4.64	4.52	4.74
	Ir	5.67	5.42	5.76
	Au	5.22	5.20	5.26

※ 単位は eV とした。

なる。一方，高電子密度物質ほど表面での電子のしみ出しによる表面電気二重層が強くなるので，表面項が大きくなる。よって，表面項とバルク項は r_S の関数として逆傾向を示す。これらの関係は，図 3.9(a) に示した様々な金属の仕事関数の違いを系統的に説明する。

仕事関数は，表 3.1 に示すように，同じ物質でも表面の面方位によって

異なる。fcc 金属であれば，(111) > (100) > (110) の順，bcc 金属では (110) > (111) > (100) というように，一般に表面での原子数の面密度が大きいほど仕事関数が大きい。これは表面項の違いに起因している。

さらに，結晶表面での原子ステップの数密度に比例して仕事関数が低下することが知られており，Smoluckowski 効果と呼ばれている。図 3.9(b) に示すように，表面からの電子のしみ出し現象によって，ステップの上端には正電荷がたまり，下端には負電荷がたまる。その結果，図 3.8(b) に示した表面電気二重層とは逆向きの電場を表面垂直方向に作って表面項を低減させているのである。よって，一般に平坦な表面より凸凹の大きい粗い表面のほうが仕事関数は小さい。

仕事関数は，物質からの熱電子放射や電界電子放射特性などを決める重要な物性値である。電界電子放射の場合，印加する電場の強さと放射電子数の関係式（Fowler-Nordheim(FN) プロット）から仕事関数を測定することができる。光電子分光やオージェ電子分光でも測定可能である。

金属の場合，仕事関数＝電子親和力＝イオン化エネルギー＝（フェルミ準位から真空準位までのエネルギー）であるが，半導体の場合には，電子親和力＝（真空準位から伝導帯の底までのエネルギー），イオン化エネルギー＝（真空準位から価電子帯頂上までのエネルギー）であり，仕事関数とは異なる。また，表面にアルカリイオン吸着などの表面処理を施して，真空準位を伝導帯の底より低い状態にすることもできる。これを負の電子親和力 (negative electron affinity, NEA) 表面といい，効率的な電子放射源として利用されつつある。

3.3 バンド湾曲と空間電荷層

半導体中ではキャリア密度が低いため，表面・界面近傍でバルクバンドがある程度の距離（デバイ長程度）にわたって湾曲する。それは，図 3.10 に示した理由によって，表面・界面近傍で局所的に電子の移動・再分布が起こるためである。逆に，そのバンド湾曲 (band bending) を人為的に制御することによって動作するのが電界効果トランジスタである。また，ダイオード特性などを左右するショットキー障壁高 (Schottky barrier height) も支配される（3.5 節参照）。金属ではキャリア密度が桁違いに高く，遮蔽効果が

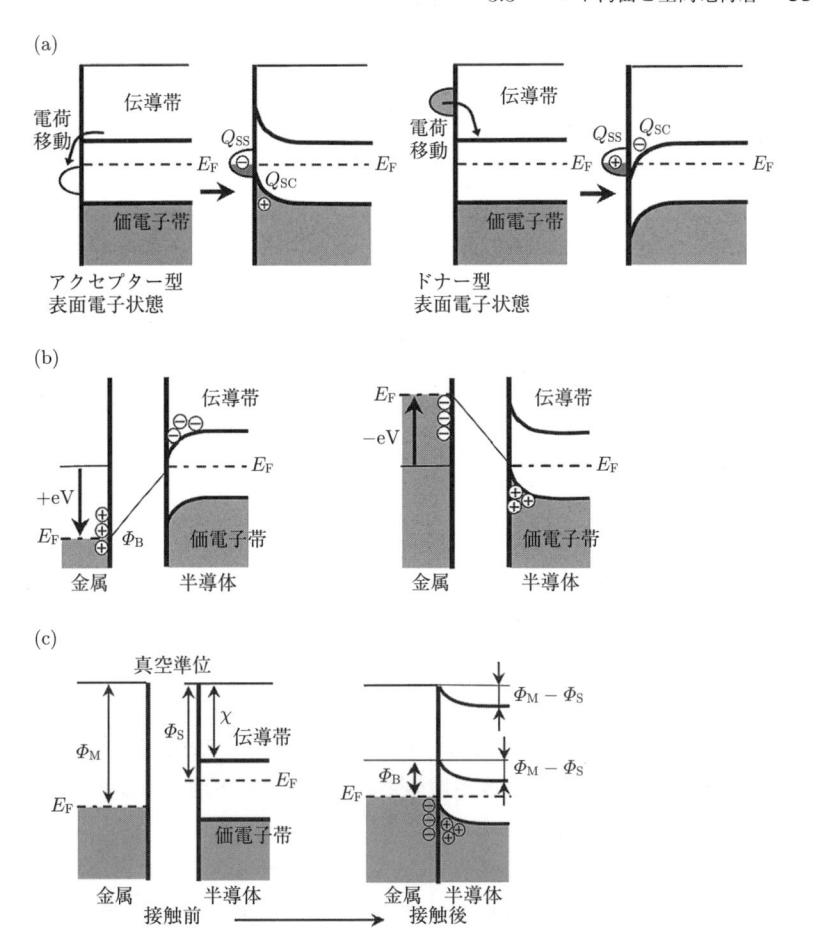

図 3.10 表面直下でのバルクバンドの湾曲。(a) 表面状態とバルク状態との間の電子のやりとり，(b) 外部からの電界の印加，(c) 異種物質との接触。Q_{SS}：表面状態に蓄積された電荷，Q_{SC}：表面空間電荷層に蓄積された電荷，V：対向電極（金属）に印加された（ゲート）電圧，Φ_M：金属の仕事関数，Φ_S：半導体の仕事関数，χ：半導体の電子親和力。

強いため，バンド湾曲は起こらない（あるいは1原子層厚以下の極めて短い距離で湾曲しているので検知できないといってもよい）。

(a) 表面状態との電子のやりとり：表面状態の中性化準位 (neutrality level) がフェルミ準位と一致しない場合にはバルク状態と表面状態の間で電荷のやり取りが起こり，その結果，過剰な電荷が表面状態に蓄積され，その電荷を打ち消す電荷が表面直下の層（表面空間電荷層

surface space-charge layer) に蓄積される。図3.10(a) 左図に示すように，バルク状態から表面状態に電子が移動する場合には，アクセプター型表面状態と呼ばれて表面状態が負に帯電する。逆に右図のように表面状態からバルク状態に電子が移動する場合には正に帯電するので，ドナー型表面状態と呼ばれる。表面状態に蓄積された電荷を補償する電荷がバルク側に生じるわけだが，それが表面空間電荷層に分布する。よって，表面状態と表面空間電荷層に蓄積された電荷の総和は常にゼロとなり電荷中性条件を満たす。したがって，アクセプター（ドナー）型表面状態が形成されるとバンドは上方（下方）に湾曲して表面状態に蓄積された電荷とつりあう反対符号の電荷を下地結晶の表面空間電荷層内に誘起する。この結果，表面状態の状態密度が十分高い場合には，フェルミ準位は常に表面状態のエネルギー位置にくるので，この現象を表面状態によるフェルミ準位のピン止め (pinning) と呼ぶこともある。表面状態の電荷が表面欠陥状態などにトラップされて移動できない場合でも，表面空間電荷層に誘起された反対符号の電荷が表面平行方向に流れて電気伝導を生み出す。バンドが上（下）方に十分湾曲すると，過剰なホール（電子）が蓄積される層（蓄積層 accumulation layer や反転層 inversion layer）が表面下に形成され，表面直下での電気伝導度が増加する。逆にバンド湾曲によってフェルミ準位がバンドギャップの真ん中付近に位置すると，キャリア密度が低下した空乏層 (depletion layer) が形成される。

(b) 外部電界の印加：表面垂直方向に電界を印加すると，電界が半導体表面から少し内部にしみ込み，バンド湾曲を引き起こす場合がある（電界効果）。これは，半導体内ではキャリア濃度が十分高いわけではないので，電界を最表面だけで遮蔽できないためである。たとえば，図3.10(b) に示すように，一方が金属で他方が半導体でできた平行平板コンデンサーを考えてみる。金属電極側に正（負）電位を印加すると，金属電極内では十分高いキャリア濃度のため電場は最表面だけで遮蔽されてバンドはほとんど湾曲しないが，半導体内のバンドは表面近傍で下方（上方）に湾曲する。半導体内の表面近傍では，このバンド湾曲のため表面空間電荷層が形成されて，そこに過剰な電子（正孔）が蓄積される。このように，外部から印加した電場によって表面

空間電荷層でのキャリア密度を変化させ，その結果，そこでの表面平行方向の伝導度を制御できることが「電界効果トランジスタ (field-effect transistor, FET)」動作の基本となっている．特に，金属電極と半導体の間が真空ではなく絶縁体である場合が多いので，metal-insulator-semiconductor FET (MISFET) と呼ばれる．絶縁体が酸化物の場合，metal-oxide-semiconductor FET (MOSFET) とも呼ばれる．ただし，もし表面状態が半導体表面上に存在する場合には，その表面電子状態に過剰な電荷が誘起されることによって印加された電界を遮蔽してしまうため，FET 特性（電界の強さと伝導度の変化の関係）が劣化してしまう．特に，十分強い金属的な表面状態が存在する場合には印加電界が表面状態でほとんど完全に遮蔽されて空間電荷層まで浸透することがないので，空間電荷層の伝導度はほとんど変化しない．よって，良好な FET 動作をさせるには，半導体表面（界面）での表面状態をできるだけ除去することが重要である（3.4.2 項参照）．

(c) 異種物質との接触：仕事関数の異なる二つの物質を接触させると，仕事関数の低い物質から高い物質に電子が移動し，両者のフェルミ準位が一致する．その結果，二つの物質の真空準位に差ができる．このポテンシャルの差が接触電位差 (contact potential difference) である．図 3.10(c) に示した例では金属と半導体を接触させているが，半導体の仕事関数 Φ_S の方が金属のそれ Φ_M より低いとしているので，電子が半導体から金属に流れることになる．その結果，金属が負に帯電し，半導体が正に帯電する．金属側の負電荷は最表面のみに分布するが，半導体側の正電荷は界面からある程度の厚さの領域（空間電荷層）に拡がって分布して緩やかなポテンシャルの変化を生み出す．つまりバンド湾曲が起こる．このような金属と半導体の違いは，キャリア密度の違いに起因する．さらに金属側に電位を印加するとフェルミ準位の位置が変わり，それに従って半導体側のバンド湾曲が変化するため，空間電荷層内のキャリア密度が変わり，結果として，空間電荷層を流れる面内方向の伝導度を変えることができる．これが metal-semiconductor FET (MESFET) の動作原理である．

3.5 節で述べるように，表面（界面）状態によるフェルミ準位のピン止め

がない場合，金属と半導体の接触によってその界面に形成されるショットキー障壁高 (Φ_B) は，金属の仕事関数 Φ_M と半導体の電子親和力 χ の差

$$\Phi_B = \Phi_M - \chi \tag{3.14}$$

で与えられる（ショットキー極限）．図 3.10(c) に示すように，Φ_B は金属側から半導体側に界面を横切って電子が流れる際に超えなければならない障壁である．一方，半導体側から金属側に電子が流れるときにはバンド湾曲によって生じた障壁，つまり金属の仕事関数と半導体の仕事関数の差 $\Phi_M - \Phi_S$ を感じる（表面ポテンシャルと呼ばれる）．他方，高密度の表面（界面）状態がある場合には，図 3.10(a) のメカニズムによってフェルミ準位がピン止めされてバンド湾曲が決まってしまい，その結果形成されるショットキー障壁高は接触する金属の仕事関数には依存しないことになる（バーディーン極限）．現実の物質ではショットキー極限とバーディーン極限との間にあることが多い．

3.4 表面平行方向の伝導

3.4.1 三つの伝導パス

半導体結晶の表面近傍での電子状態をまとめると図 **3.11** となる．前節で述べた理由によって，表面直下でバルクバンドが湾曲して表面空間電荷層が形成されると，そこではキャリア密度が結晶内部と異なるため，表面空間電荷層を通る表面平行方向の伝導度 σ_{SC} がバンド湾曲によって増減する．図 3.11(a) に示した例では，p 型半導体結晶基板のバンドが下方に湾曲し，伝導電子が表面近傍に蓄積されて「反転層」を形成している場合である．この反転層は，下地結晶との間に形成された pn 接合によって下地から電気的に隔てられており，2 次元電子ガス (two-dimensional electron gas, 2DEG) 状態となっている．その厚さは半導体結晶の不純物ドーピング濃度によって決まるデバイ長程度であり，10〜100 nm 程度の場合が多い．この空間電荷層に閉じ込められた電子は表面平行方向には自由電子的に振る舞うが，表面垂直方向のエネルギーは離散化され，図に示すようなサブバンドを形成している．その離散化エネルギー準位の間隔は 10 meV 程度であり，極低温では電

3.4 表面平行方向の伝導

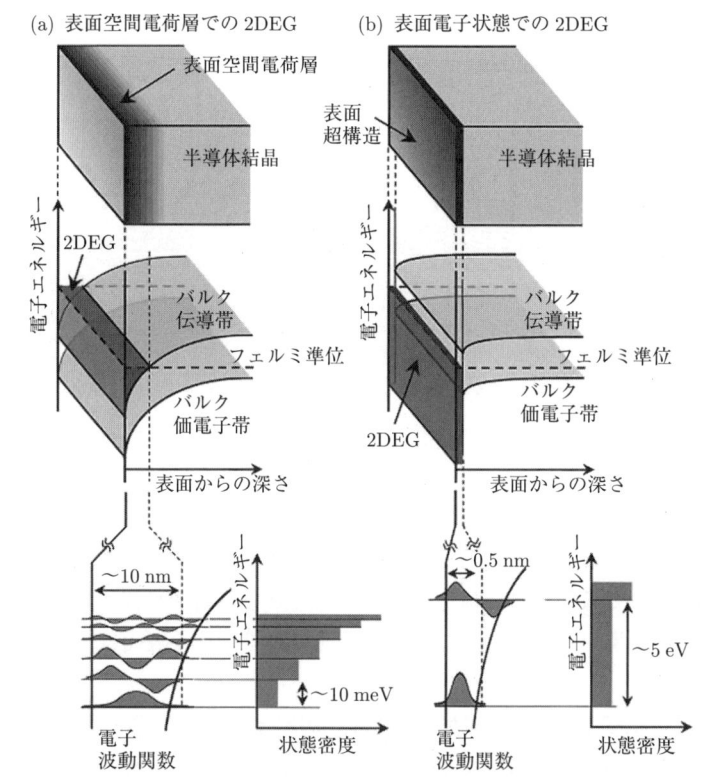

図 3.11 半導体結晶の表面近傍での電子状態と 2 次元電子ガス。(a) バルク状態で作られる 2DEG，(b) 表面状態で作られる 2DEG。

子は最低エネルギー準位のみを占有しているが，室温ではいくつかの励起準位のサブバンドにも電子が分布しており，エネルギー離散化の効果は無視できる場合が多い。この 2DEG は低温において量子ホール効果など低次元電子系の多彩な物理現象の舞台となってきた。

3.1 節で述べた最表面に形成される表面状態による電気伝導度 σ_{SS} も考えなければならない。これを表面状態伝導 (surface-state conduction) と呼ぶ。図 3.11(b) に示すように，表面状態は表面 1，2 原子層に形成されるので，その厚さは 0.5 nm 程度である。したがって，それによって形成される 2 次元電子ガス系の表面垂直方向の離散化エネルギー準位の間隔は数 eV となり，室温においても電子は最低エネルギー・サブバンドのみを占有しているとしてよい。また，様々な種類の表面超構造が知られているので，3.4.3

(a) マクロ4探針法　　　(b) ミクロ4探針法

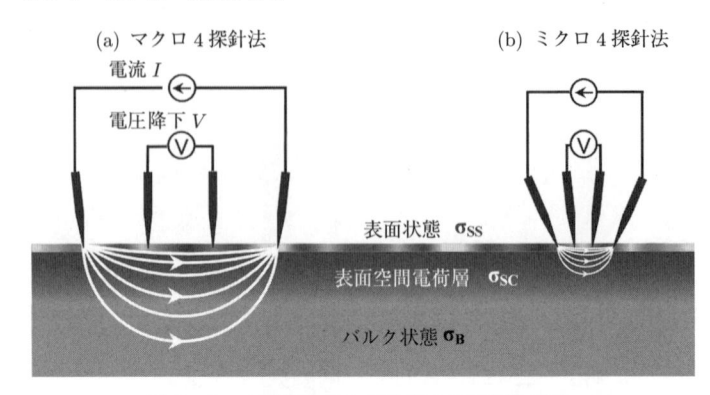

電流 I
電圧降下 V

表面状態 σ_{SS}
表面空間電荷層 σ_{SC}
バルク状態 σ_B

図 **3.12**　4探針法による物質の電気抵抗測定。

項で述べるように，その表面状態も様々な特徴をもち，伝導特性もバラエティに富む。また，3.1 節で述べたようにスピン分裂した表面状態の場合，スピン偏極した電流が表面上を流れる可能性がある。しかし，たとえば空気中に保持された結晶表面は，通常，酸化されたり水分子などの吸着によって汚染されたりして表面再構成構造が形成されていない場合が多い。そのときには表面状態伝導がない。ただし，トポロジカル絶縁体の表面はその限りではない。

　物質の電気伝導度あるいは電気抵抗を測定するには，その物質に電流を流し，その抵抗による電圧降下を測定する。たとえば，巨視的な間隔をおいて2本のリード線を半導体結晶につなぎ（たとえば図 **3.12**(a) に示す巨視的4端子プローブ法における外側2本の端子のように），その間に電圧を印加すると電流 I が試料に流し込まれる。このとき，図 3.12(a) の内側2本のプローブで電圧降下 V を測定すると，4端子プローブ測定法による抵抗値 $R = V/I$ が得られる（正確には，これに試料の形状に依存する補正因子を乗ずる）。この方法では，プローブと試料との接触がオーム性接触であるかショットキー接触であるかに関わらず，その接触抵抗の影響を排除でき，試料だけの電気抵抗を測定できることになる。それが4端子プローブ法のメリットである。

　このとき，図 3.12 に示すように，試料が半導体の場合は三つの電流通路が考えられる。

(1) 表面最上層の表面電子状態 σ_{SS}
(2) 表面空間電荷層でのバルク電子バンド（表面直下でバンドが湾曲して

いる場合）σ_{SC}

(3) 十分に結晶内部のバルク電子バンド（表面構造や表面処理によらない）σ_{B}

4端子プローブ法で測定した伝導度 σ_{meas} には，これら三つのチャネルの寄与がすべて含まれており，一般的には，それぞれの寄与を分離することは難しい：

$$\sigma_{\text{meas}} = \sigma_{\text{SS}} + \sigma_{\text{SC}} + \sigma_{\text{B}} \tag{3.15}$$

しかし，たとえば大気中での測定では，試料表面は汚染されており，表面超構造が形成されていない場合が多いので，測定データはバルク結晶の抵抗値と解釈するのが一般的である．しかし，何かの理由でバルク状態のバンドが表面直下で湾曲してキャリア蓄積層ができていたり，あるいは，超高真空中で試料表面上に表面超構造が形成されて伝導性の高い表面電子状態が存在したりすると，表面空間電荷層や表面電子状態の伝導度を無視するわけにはいかない．しかしながら，そのような状況でさえ，従来は表面層の伝導度の寄与は極めて小さいと考えられてきた．なぜなら，図 3.12(a) に模式的に示したように，巨視的なプローブ間隔の4端子測定法では，測定電流のほとんどがバルク結晶内部を流れることになるからである．

そこで，プローブ間隔を小さくして，空間電荷層の厚さ程度かそれ以下にすれば，図 3.12(b) に示すように，測定電流のほとんどが試料表面近傍を流れるようになるので，巨視的な4端子法（図 3.12(a)）に比べ，このミクロ4端子プローブ法は表面に対する感度の高い電気抵抗の測定になると考えられる．もちろん，表面状態とバルク状態との間にショットキー障壁が形成されていたり，表面空間電荷層とバルク内部との間で pn 接合ができていたりする場合があるので，実際の電流分布は，図 3.12 に示すように単純ではないだろう．しかし，図 3.12 に描いた素朴な期待が定性的には正しいことが，図 **3.13** で述べる実験結果によって明らかになってきた．もちろん，プローブをミクロ化すれば表面感度の向上だけではなく，局所的な伝導度の測定も可能となり，種々の欠陥を避けて測定したり，逆に故意に欠陥部分の伝導を測定することも可能となる．また，4本の探針をそのまま表面平行に走査し，伝導度の2次元マッピングを行うこともできる．また，プローブ間隔に比べて試料の寸法が十分大きいので，試料を無限大とみなして端の影響を

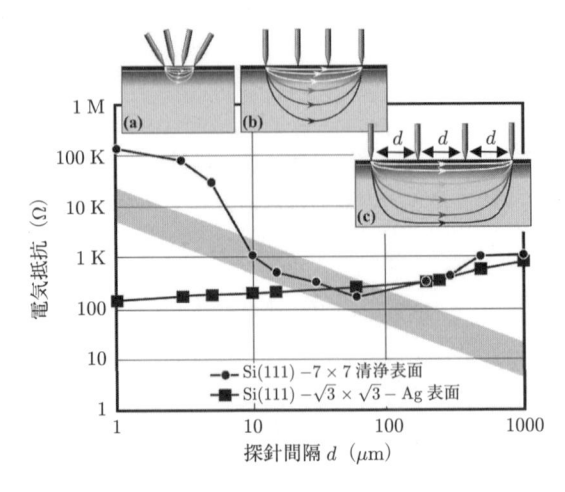

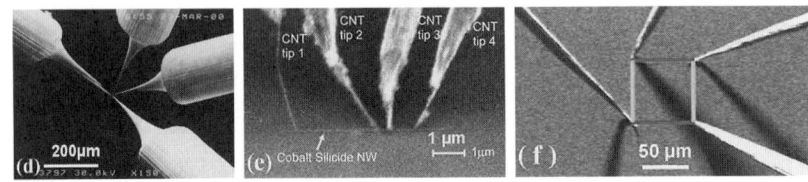

図 3.13 厚さ 0.4 mm の Si(111) 結晶の電気抵抗の 4 探針測定結果[22]。探針間隔依存性を室温において 4 探針 STM で測定。面抵抗率に変換するには測定抵抗値に $\pi/\ln 2$ を乗じる。Si 結晶の表面構造が Si(111)-7×7 清浄表面の場合（●）と Si(111)-$\sqrt{3} \times \sqrt{3}$-Ag 表面の場合（■）を比較した。(a)-(c) 測定電流分布の模式図，(d)-(f) 4 探針 STM の 4 本の探針の電子顕微鏡像，(d) W 探針，(e) カーボンナノチューブ探針，(f) 4 本の探針を正方形に並べる「正方 4 探針法」。

考えずに測定データを解釈できるというメリットもある。

図 3.13 には，厚さ 0.4 mm の Si(111) ウェハー結晶の電気抵抗を 4 探針法で測定した結果である[22]。独立に駆動できる 4 探針をもつ STM 装置を用いて，4 本の探針を試料表面上に等間隔で直線状に並べて直に接触させ，その探針間隔 d を変えて測定した結果である[22]。この結晶の表面構造が Si(111)-7×7 清浄表面の場合と，図 3.5 で紹介した Si(111)-$\sqrt{3} \times \sqrt{3}$-Ag 表面構造の場合とで比較している。この結果を見ると，抵抗値のプローブ間隔依存性が二つの表面の場合で全く異なることがわかる。7×7 清浄表面では，d を変化させると特徴的に抵抗値が著しく変化し，特に $d < 10~\mu\mathrm{m}$ になると急激に増大している。一方，$\sqrt{3} \times \sqrt{3}$-Ag 表面の抵抗値の変化は，それに比べると極めて緩慢で，しかも 7×7 表面と反対に d の減少に伴って

抵抗値がわずかに減少している．これは，両者で電気伝導の様子・メカニズムが全く異なることを意味している．また，$d\sim 1$ mm 程度のマクロ 4 端子プローブ法の状態では，二つの場合の表面の抵抗値にそれほど差がないが，$d < 10$ μm 程度のミクロ 4 端子プローブ法の状態になると両者の差は 2〜3 桁にも増大する．この結果は，図 3.12 で概説したように，d が小さくなるほど表面敏感な伝導度測定になっていることを改めて示すものである．

このデータの解析の詳細は文献[3,23]に譲るが，定性的にいえば，7×7 表面の場合，測定電流は挿入図に示すように試料中を 3 次元的に拡がって流れるので，測定値はバルクの抵抗率で説明できる．しかし，挿入図 3.13(a) に示すように，プローブ間隔が小さくなって表面空間電荷層の厚み（この試料では〜1 μm）に近づくと，測定電流は主に表面空間電荷層のみを流れて下地のバルク状態にはあまり流れなくなる．7×7 表面下の表面空間電荷層はバルクのフェルミ準位の位置に関わらず空乏層となっているため（表面状態によるフェルミ準位のピン止め），測定される抵抗値はバルクの値より高くなる．一方，$\sqrt{3} \times \sqrt{3}$-Ag 表面の電気抵抗の d 依存性は，無限大の 2 次元シート状の抵抗体を仮定して説明できる．つまり，この表面の場合，伝導度の高い 2 次元自由電子的な表面電子バンドをもち，さらに表面空間電荷層がホール蓄積層になっているため，バルク内部の伝導度に比べて表面近傍の伝導度の方がはるかに高く，測定電流は下地結晶にあまり流れずに表面のみを主に 2 次元的に拡がって流れていることになる．ホール蓄積層と下地内部の n 型領域の間は pn 接合になっているため，測定電流がバルク内部に侵入しないのである．

このように，探針間隔を変えることによって，電気伝導測定をバルク敏感モードから表面敏感モードに切り換えることができ，3 次元的な電気伝導か 2 次元的な電気伝導か，明確に区別することもできる．また，$d = 1$ μm の結果を見ると，$\sqrt{3} \times \sqrt{3}$-Ag 表面は 7×7 清浄表面より 3 桁も伝導度が高いことになる．定量的な解析によると，この高い伝導度は，図 3.5 で述べた自由電子的な表面電子状態に起因することが明らかとなっている[3,22,23]．

図 **3.14** に示すように，試料の寸法が探針間隔に比べて十分大きい場合，4 探針法で測定した電気抵抗値の探針間隔依存性から伝導の次元やキャリアの局在などの情報を得ることができる．3 次元結晶の測定の場合でも，表面状態や表面空間電荷層の伝導度（σ_{SS} と σ_{SC}）が十分高い場合には表面層を

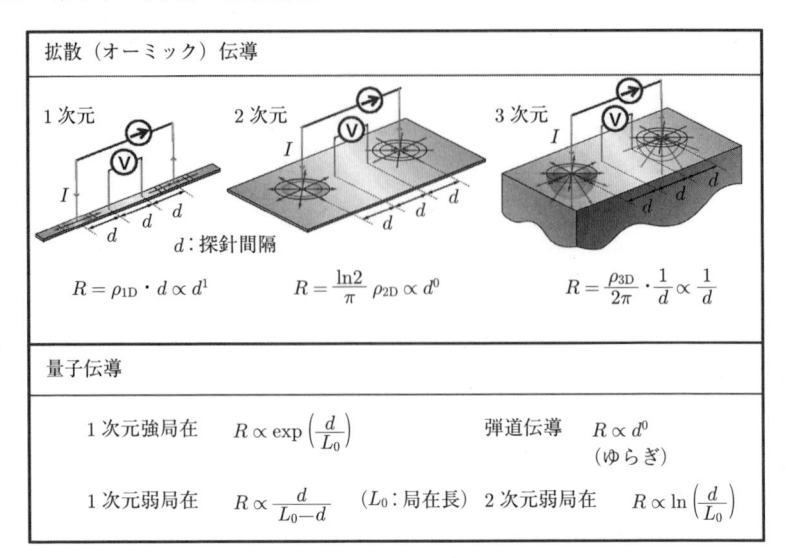

図 3.14 4 探針法で測定した電気抵抗値 R の探針間隔 d 依存性。ρ_{1D}, ρ_{2D}, ρ_{3D} はそれぞれ 1, 2, 3 次元抵抗率。単位は, それぞれ Ω/cm, Ω, $\Omega \cdot \text{cm}$ と異なる。

おもに測定することになるので 2 次元伝導になる。また, 1 次元ワイヤの測定でも, 弾道伝導やキャリア局在などが起こっていると単純に測定している長さに比例しない。また, 2 次元系の場合, オーミックな拡散伝導では R は d に依存しないが, 局在が起こると $R \propto \ln(d/d_0)$ と d に依存する。

3.4.2 空間電荷層での伝導と電界効果トランジスタ

はじめにバルクバンド湾曲によって形成される表面空間電荷層の電気伝導度 σ_{SC} を計算する方法を述べる[5]。バンド湾曲が既知の場合, つまり表面近傍で表面垂直方向のポテンシャル分布がわかっている場合, ポアソン方程式を解くことによって表面空間電荷層に蓄積されている過剰なキャリア濃度を計算でき, それに移動度をかけることによって伝導度を計算できる (式 (3.5))。計算に必要なパラメータの定義を図 3.15(a) に示す。計算は基本的に 1 次元であり, 表面垂直方向に z 軸をとり, $z = 0$ を表面とし, その正方向は半導体結晶内部に向かう方向とする。つまり $z > 0$ の領域を半導体が占め, $z < 0$ の領域は真空とする。縦軸は電子エネルギーであり, 伝導帯と価電子帯の間にバンドギャップがある。mid-gap 準位 $E_i(z)$ をエネルギーギャ

3.4 表面平行方向の伝導

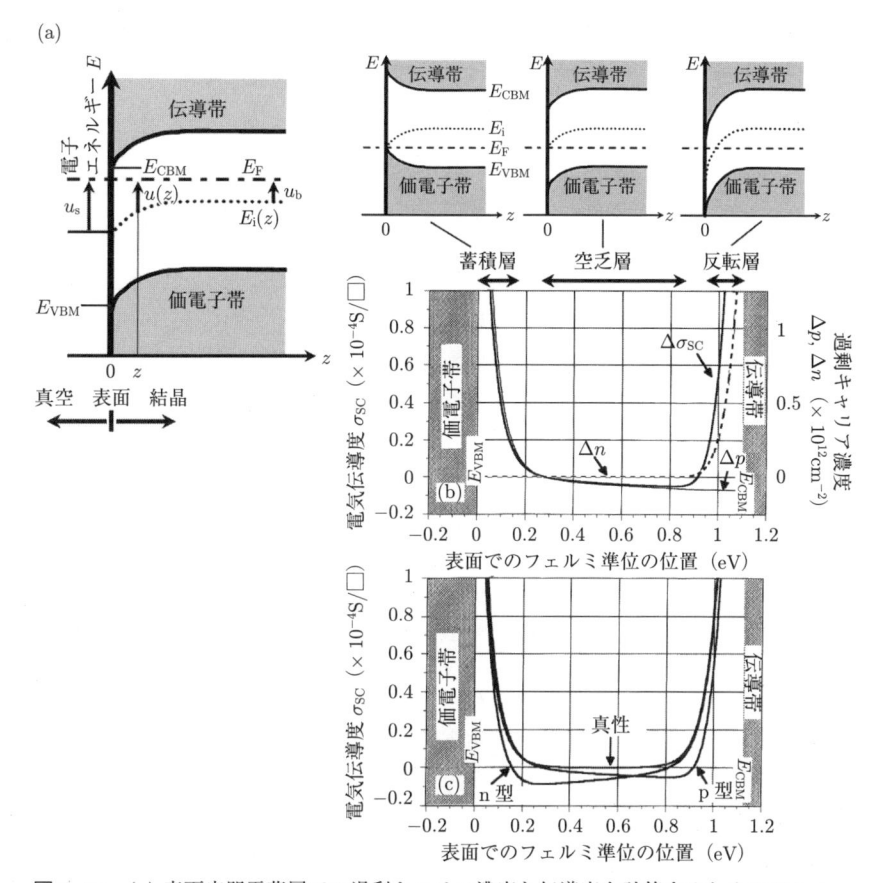

図 3.15 (a) 表面空間電荷層での過剰キャリア濃度と伝導度を計算するためのパラメータの定義。(b) 表面空間電荷層での過剰キャリア濃度 (Δn と Δp) および伝導度 (σ_{SC}) の計算結果。バンド湾曲は表面でのフェルミ準位の位置で表現できるので，横軸をそのエネルギー位置とした。室温で 20 Ωcm の抵抗率をもつ p 型 Si 結晶を仮定した。縦軸は，平坦バンドの状態（この場合，表面フェルミ準位が価電子帯上端から 0.28 eV の位置にあるとき）の伝導度を基準にしている。よって伝導度が負になる範囲（つまり，平坦バンド状態より伝導度が減少する範囲）が空乏層の状態である。移動度はバルク結晶内のキャリアの値と用いた。(c) 室温で 20 Ωcm の抵抗率をもつ p 型および n 型 Si 結晶，さらには真性 Si 結晶を仮定したときの表面空間電荷層の伝導度を表面フェルミ準位のエネルギー位置の関数として計算した結果。

ップの中間のエネルギー位置とする。このエネルギー位置はバンド湾曲のために z 座標に依存して変わる。フェルミ準位 E_F は平衡状態を考えているので水平直線であり，場所によらず一定値である。E_F は通常のドーピング濃

度の半導体（非縮退半導体）ではバンドギャップの中に位置する。そうすると，ポテンシャルの分布 $\Phi(z)$，つまりバンド湾曲は E_F を基準にして

$$\Phi(z) = \frac{1}{e}(E_\mathrm{F} - E_\mathrm{i}(z)) \tag{3.16}$$

と定義できる。図 3.15(a) では，熱エネルギーで規格化した無次元量 $u(z) = e\Phi(z)/k_\mathrm{B}T$ で表現している。結晶の十分内部ではドーピング濃度によって決まる一定値 $u(z \to \infty) = u_\mathrm{b}$ をもち，表面では，u_b と異なる固定値 $u(z = 0) = u_\mathrm{s}$ をもつのでバンドが湾曲する。$u_\mathrm{s} = u_\mathrm{b}$ のときが平坦バンドの状態である。そうすると，ポアソン方程式は，このポテンシャル分布と電荷分布 $\rho(z)$ を使って，

$$\frac{d^2\Phi(z)}{d^2 z} = -\frac{\rho(z)}{\varepsilon} \tag{3.17}$$

と書ける。ここで，ε は半導体の誘電率である。深さ z の位置での電荷密度 $\rho(z)$ は一般に

$$\rho(z) = e\{N_\mathrm{D} - N_\mathrm{A} + p(z) - n(z)\} \tag{3.18}$$

と書ける。N_D と N_A はドナーとアクセプターの数密度であり，一様にドープされていると仮定しているので場所によらずに一定である。それらがイオン化して伝導電子または正孔を生み出しているが，それらイオンは動かないので空間的に固定された電荷である。$p(z)$ と $n(z)$ は伝導正孔と伝導電子の密度であり，場所に依存し，なおかつ移動して電流となる。結晶の十分内部 ($z \to \infty$) では $p(z)$ と $n(z)$ はそれぞれ一定値 p_b および n_b となる。これらの値は結晶中のドーピング濃度によって決まり，非縮退半導体中では不純物が完全にイオン化していると仮定できるので，それぞれ N_A と N_D に等しい。そうすると，

$$n(z) = n_i e^{u(z)}, \quad p(z) = n_i e^{-u(z)} \tag{3.19}$$

と書ける。ただし，

$$n_i = 2\left(\frac{m^* k_\mathrm{B} T}{2\pi \hbar^2}\right)^{3/2} e^{-E_\mathrm{g}/2k_\mathrm{B}T} \tag{3.20}$$

で定義される量は真性半導体でのキャリア濃度である。E_g はバンドギャッ

プである。m^* は電子と正孔の有効質量であり，それらは等しいとして簡単化してある。そうすると，ポアソン方程式 (3.17) を解くと，表面空間電荷層に蓄積されている過剰な伝導電子および正孔の濃度 Δn と Δp は，それぞれ

$$\Delta n \equiv \int_0^\infty \{n(z) - n_\mathrm{b}\}dz = n_i L_\mathrm{D} \int_{u_\mathrm{s}}^{u_\mathrm{b}} \frac{e^u - e^{u_\mathrm{b}}}{F(u, u_\mathrm{b})} du \qquad (3.21)$$

$$\Delta p \equiv \int_0^\infty \{p(z) - p_\mathrm{b}\}dz = n_i L_\mathrm{D} \int_{u_\mathrm{s}}^{u_\mathrm{b}} \frac{e^{-u} - e^{-u_\mathrm{b}}}{F(u, u_\mathrm{b})} du \qquad (3.22)$$

と書ける。ここで，関数 $F(u, u_\mathrm{b})$ は

$$F(u, u_\mathrm{b}) = \sqrt{2}\{(u_\mathrm{b} - u)\sinh(u_\mathrm{b}) - \cosh(u_\mathrm{b}) + \cosh(u)\}^{1/2} \qquad (3.23)$$

で定義される。L_D は真性デバイ長と呼ばれ，$L_\mathrm{D} = (\varepsilon k_\mathrm{B} T / 2e^2 n_i)^{1/2}$ で定義される。そうすると，表面空間電荷層での伝導度 σ_SC は式 (3.5) より

$$\sigma_\mathrm{SC} = e(\mu_\mathrm{n} \Delta n + \mu_\mathrm{p} \Delta p) \qquad (3.24)$$

と書ける。ここで，μ_n および μ_p は電子および正孔の移動度である。この移動度は，バンド湾曲が非常に急峻でない場合にはバルク結晶の値と等しいとしてよいが，非常に急峻なバンド湾曲の場合には，表面空間電荷層内のキャリアが表面およびバルクとの界面で頻繁に散乱されるので低い値になる。

このようにして計算された伝導度 σ_SC および Δn と Δp を図 3.15(b)(c) に示す。図 3.15(b) は p 型 Si 結晶を仮定した計算結果である。フェルミ準位 E_F の位置が表面で価電子帯上端 E_VBM に近い場合にはバンドは上方に湾曲し，表面近傍で正孔濃度 Δp が上がって「蓄積層」となり，その結果 σ_SC が増大する。逆に，表面での E_F が伝導帯の下端 E_CBM に近い場合にはバンドは下方に湾曲し，こんどは表面近傍の電子濃度 Δn が上がって「反転層」を作り，それによって σ_SC が増大する。よって，蓄積層と反転層の状況では多数キャリアが逆になっている。この二つの状況の中間の状態，すなわち表面での E_F がバンドギャップの中間付近に位置する場合，電子と正孔の濃度が極めて低いため，伝導度も非常に低い。この状況を「空乏層」と呼ぶ。

表面空間電荷層が反転層の状況になっている場合が特に興味深い。なぜなら，図 3.15(b) では結晶内部が p 型であるにもかかわらず，表面近傍では電

子濃度が正孔濃度より高いので n 型になっており，そのため，表面空間電荷層と結晶内部との境界は pn 接合になっている．その結果，電気的に両者は分離されるからである．このため，表面空間電荷層を流れる電流は下地のバルク内部に流れ出すことなく，表面近傍のみに閉じ込められるのである．よって，反転層は，図 3.11(a) に示したように 2DEG をつくり，低次元電子輸送物理の舞台となっている．

上述のような計算のためには，バルク内部および表面での E_F のエネルギー位置（すなわち u_B および u_S の値）を知る必要がある．バルク内部での E_F （または図 3.15(a) の u_b の値）は，不純物のドーピング濃度によって，つまりバルクの抵抗率がわかれば一意的に決められる．表面での E_F は光電子分光によって測定することができる．特定のバンドまたは内殻準位の束縛エネルギーを測定し，平坦バンド状態からどれだけ変化したか測定すればよい．

<電界効果トランジスタ>

図 3.10(b) に示したように半導体表面に垂直な外部電界を印加することによって，表面近傍のバルクバンドを湾曲させ，そこに形成される空間電荷層の電気伝導度を制御してトランジスタ作用させるデバイスを電界効果トランジスタという．1940 年代末に Shockley と Pearson は図 **3.16**(a) に示すデバイスを作って，最初の電界効果実験を行った[24]．薄い絶縁体を挟んで半導体薄膜と金属（ゲート）電極を対向させ，両者の間に（ゲート）電圧を印加する．すると，コンデンサー構造なので半導体内に過剰な電荷が誘起され，それがキャリアとなって流れるので半導体の電気抵抗が変化すると期待した．半導体薄膜の厚さがデバイ長より短いために，薄膜全体のキャリア密度が変化するはずだった．しかし，実験結果は期待外れだった．何が原因で期待通りに動作しないのか説明するために Bardeen は，半導体表面（絶縁体との界面）に表面（界面）電子状態が存在し，それが帯電することでゲート電極からの電界を遮蔽してしまうと考えた[25]．つまり，ゲート電圧によって半導体側に誘起された電荷が，その表面電子状態にトラップされて動けなくなる．そのため，半導体内部ではゲート電極の影響をほとんど受けなくなり，キャリア密度が変化しないので伝導度を変えることができない．表面電子状態は，それまで理論的に考えられてきたものにすぎなかったが，Bardeen の考察によって，その実在が実験で捉えられた最初の例であった．

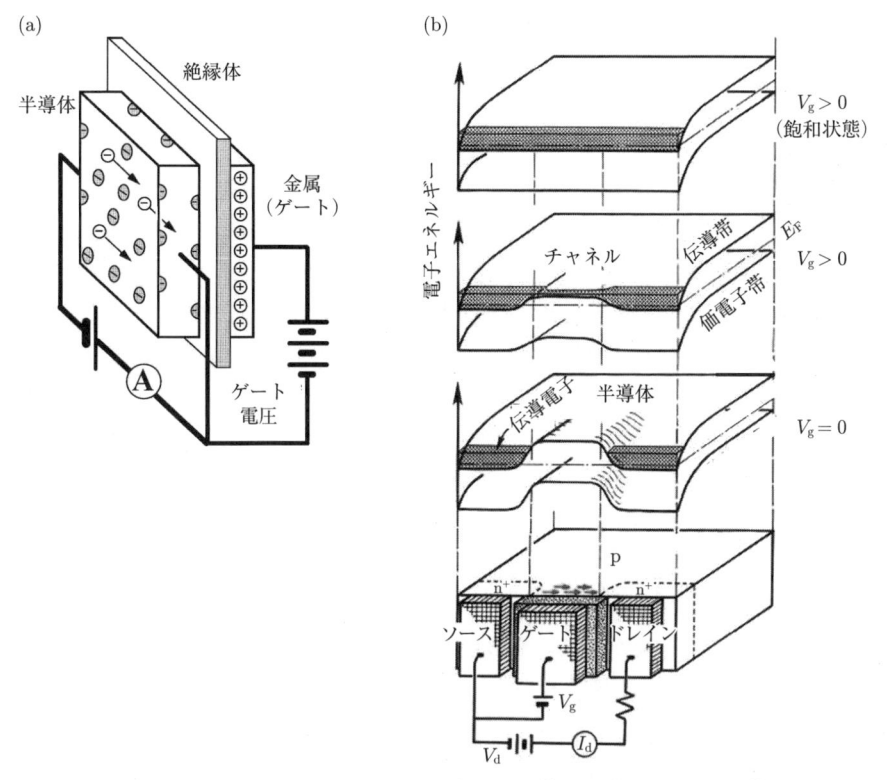

図 3.16 (a) Shockley と Pearson による最初の電界効果の実験，(b) 電界効果トランジスタの動作をバンド湾曲として表現した模式図。

しかし，このときの表面（界面）状態は，様々な欠陥による局在した電子状態であった。実際，電界効果を有効に実現するには，半導体と絶縁体の界面に存在するこのような表面（界面）状態の密度をなるべく低減させることが必要である。

図 3.16(b) を使って現代の電界効果トランジスタである MOSFET の動作をバンド湾曲で説明する。この図に示す例では，p 型半導体基板上にソースとドレイン電極（金属）をつけている。それらの電極の直下にはイオン注入などの方法によって局所的に強い n 型 (n^+) 領域を作っておく。そうすると，この状態ではソース電極から電流を注入しても n 型領域と p 型基板との境界にできる pn 接合のためにドレイン電極まで電子が流れることができない。そこで，ソースとドレイン電極の間に絶縁体を挟んでゲート電極（金

属）を取り付け，それに電圧をかけることによって半導体基板表面に垂直に電場を印加する。ゲート電極に正の電位を印加すると，バンドが下方に押し下げられ，ソース電極とドレイン電極直下にある「伝導電子溜め」を隔てているポテンシャル障壁の高さが低下する。十分な正の電圧をゲート電極に印加すると，そのポテンシャル障壁が低下して，ついには伝導電子がソース電極からドレイン電極に流れるための薄いn型チャネルが界面のごく近傍にできる。この状態がONの状態となる。このように，ゲート電極に印加する電圧によって，つまり，表面垂直方向に印加された電場によって表面直下のバンド湾曲を変化させて，ソースとドレイン電極の間に流れる電流を制御できる。これによって，スイッチや増幅作用を示すのがMOSFETである。この動作のためには，前述したように，半導体表面と絶縁（酸化）膜との界面に局在した表面状態（あるいは界面状態というべき）の密度を極めて低くして，印加された電場を遮蔽しないようにする工夫が必要である。ShockleyとPearsonが1948年に行った図3.16(a)の実験では，その半導体の表面（界面）状態の密度があまりに高かったため，意図した電界効果を観測することができなかった。その後，表面・界面処理技術の向上によって，表面（界面）状態の密度を極端に減らすことが可能となって電界効果トランジスタが実現した。その意味で，電界効果を利用する場合には，半導体の表面電子状態は「邪魔者」であった。

3.4.3　表面状態伝導

上に述べた表面空間電荷層での伝導はあくまでもバルクのバンドを通る伝導なので，表面状態伝導とは峻別すべきものである。図3.11で述べたように，表面状態伝導とは結晶最表面での電気伝導である。半導体基板上に形成される表面状態はバルク状態のバンドギャップ内に形成されることが多く，その場合，表面状態は下地結晶のバルク状態から電気的に隔離されていることになる。したがって，大きなエネルギー変化を伴う非弾性散乱がない限り表面状態を流れるキャリアがバルク状態に移ることはないので，最表面に沿って伝導する。

初期の表面科学研究において，半導体結晶の表面電気伝導度を測定したという実験がいくつか報告された。そこでの実験データは表面空間電荷層の伝導として解釈され，表面状態伝導は考慮されていなかった。というのは，

表面状態伝導度 σ_{SS} は，表面空間電荷層での伝導度 σ_{SC} に比べて極めて低いため検出できないと考えられていたからである．しかし，1990 年代に入って，表面状態伝導は，超高真空中での 4 端子法による伝導度測定によって，表面状態へのキャリアドーピングという形で初めて確認された[1,5]．その後，金属的な表面電子状態による極めて高い伝導度が見出され，表面状態伝導に関する様々な研究が始まった．表面状態の異方性に起因する電気伝導度の異方性[26]，表面状態の相転移に伴う電気伝導での金属絶縁体転移[27]，表面構造に依存した表面電気抵抗の温度依存性[28]，あるいは表面状態が超伝導状態に転移することも最近報告されている[29,30]．

表面電子状態は，新しいタイプの低次元電子系とみなせ，その電子輸送物性は物性物理の新しい研究対象となりつつある．他の種類の低次元電子系と比べて極めて多様であり，また 1，2 原子層の厚さなので究極的な薄さであるという特徴をもっている．さらには，半導体結晶表面の構造は，極めて精密に制御して作り分けることが可能である．それには，自己組織化現象（原子が自発的に並びかえて規則的な表面超構造を作る現象）を利用したり，原子・分子操作（走査型プローブ顕微鏡を使って原子や分子を一個一個ピンセットで摘むように並び替える）テクニックを利用できる．このような原子スケールあるいはナノメートルスケールの加工技術と組み合わせれば，いままでにないやりかたで電気伝導を制御できるかもしれないので，ナノメートルスケールデバイスへの応用の可能性もある．デバイスの極微化に伴って，電流は半導体結晶の表面/界面近傍のみを流れるようになり，究極的には 1，2 原子層を流れる電流で信号処理を行うようになる．そうすると，もはやバルク状態ではなく表面状態が主役を演じることになるので，その輸送特性の研究がますます重要なテーマとなっている．

(1) 表面状態へのキャリア・ドーピング

図 3.5 で紹介した Si(111)-$\sqrt{3} \times \sqrt{3}$-Ag 表面上に 1 価金属原子（Au，Ag，Cu の貴金属や Na，Cs，Rb などのアルカリ金属）を極微量吸着させると，その吸着原子の価電子が $\sqrt{3} \times \sqrt{3}$-Ag 表面の放物線的な分散をもつ表面状態 S_1 バンドにドーピングされる．これは，図 3.5 で示した S_1 バンドのバンド分散図の変化として捉えられる．つまり，図 **3.17**(d)-(f) に示すように，Au 原子を $\sqrt{3} \times \sqrt{3}$-Ag 表面上に (d) 0.01 原子層，(e) 0.02 原子層，および (f) 0.03 原子層だけ吸着させると S_1 バンドが下がり，束縛エネルギーが増

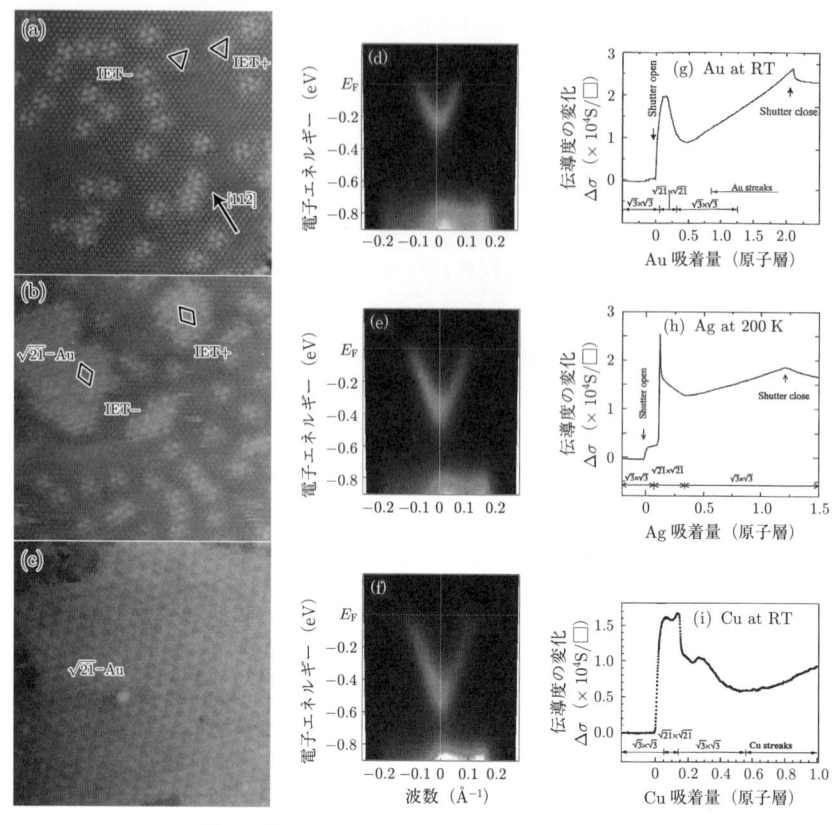

図 **3.17** Si(111)-$\sqrt{3} \times \sqrt{3}$-Ag 表面上に貴金属原子を吸着させたときの変化。(a)-(c) Au 原子を吸着させたときの STM 像。Au 原子の量は，それぞれ (a) 0.017 原子層，(b) 0.048 原子層，(c) 0.136 原子層で，(c) では $\sqrt{21} \times \sqrt{21}$ 表面超構造が形成されている。(d)-(f) Au 原子を吸着させたときの表面電子バンド S_1 の変化。Au 原子の量は，それぞれ (d) 0.01 原子層，(e) 0.02 原子層，(f) 0.03 原子層。(g)-(i) Au, Ag, Cu 原子を吸着させたときの電気伝導度の変化。各吸着量で電子回折で観察された表面構造もグラフの中に示されている。

加している．その結果，バンド占有率が上がることがわかる．すなわち，フェルミ波数 k_F が大きくなるため，実際に電気伝導度が上昇する．この過程での表面の様子を STM で観察すると，図 3.17(a)(b) のように，吸着した Au 原子が小さなクラスターを作って表面上に散在することがわかる．さらに吸着量が増加すると，そのクラスターが集合して $\sqrt{21} \times \sqrt{21}$ 周期のドメインを作り始め，やがて図 3.17(c) に示すように，吸着量が 0.15 原子層程

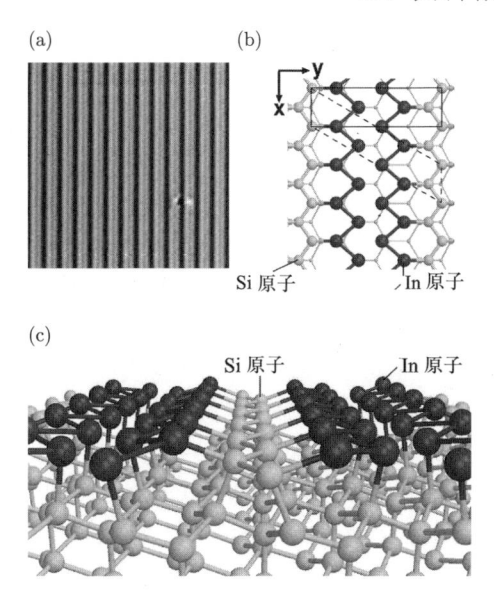

図 **3.18** Si(111)-4 × 1-In 表面超構造。(a) 室温での STM 像，(b) 原子配列モデル（平面図）および (c) その ball-and-stick モデル[32]。

度になると，表面全体が $\sqrt{21} \times \sqrt{21}$ という新しい表面超構造で覆われる。一種の表面合金相である。この Au 吸着過程での表面電気伝導度の変化を測定した結果が図 3.17(g) である。$\sqrt{21} \times \sqrt{21}$ 表面構造が完成する前から伝導度が上昇しているが，これは，上述したように吸着 Au 原子による表面バンドへのキャリア・ドーピング効果による。吸着量が 0.15 原子層に達すると $\sqrt{21} \times \sqrt{21}$ が完成して伝導度がピークを示すことがわかる。それ以上の Au 原子を吸着させると $\sqrt{21} \times \sqrt{21}$ は消滅し，$\sqrt{3} \times \sqrt{3}$ 周期の表面構造に戻って伝導度が低下する（ただし，原子配列は最初の $\sqrt{3} \times \sqrt{3}$-Ag 構造とは異なる）。これと同様な現象は，Au だけでなく，図 3.17(h)(i) が示すように Ag や Cu, Cs, Na でも観測されている。$\sqrt{21} \times \sqrt{21}$ 表面では，$\sqrt{3} \times \sqrt{3}$-Ag 表面に比べて表面バンドを占有する電子密度やフェルミ速度が増大していることが光電子分光測定からわかっており，その結果，電気伝導も 4 倍程度に増大している。

(2) 擬 1 次元金属的な表面

同じ基板結晶表面上でも異なる物質を蒸着することによって様々な種類の表面超構造を作り分けることができる[31]。たとえば，1 原子層のインジウ

ム (In) 原子を Si(111) 表面上に蒸着して 400 ℃ 程度で熱処理すると図 **3.18** に示すような Si(111)-4 × 1-In 表面超構造が形成される。原子配列モデル (b)(c) で示されているように，In 原子が特定の結晶軸方向に沿って 4 列になって鎖状に並び，その間に Si 原子のジグザグ列が入り，さらにその隣に In 原子鎖が並ぶという周期構造となる。この原子配列からわかるように，極めて異方性の強い構造となっている。この表面を室温で STM 観察すると，図 3.18(a) のようなストライプ模様の画像が得られる。このストライプが In 原子鎖に対応し，それらの間隔が Si 結晶の単位胞の 4 倍になっている。この原子配列から予想できるように，In 原子鎖に沿う方向には金属的であり，それに垂直方向には絶縁体的であることが，ARPES による電子状態の測定から明らかになっている。つまり，In 原子鎖に沿う方向には放物線的でフェルミ準位を横切る金属的な表面状態バンドが存在するが，そのバンドは In 原子鎖に垂直方向には分散が著しく小さい。このバンドに入っている電子は In 原子列に沿って自由電子的に振る舞うが，隣の In 原子鎖には飛び移りにくいことを意味している。擬 1 次元金属と呼ばれる所以である。

このような表面状態に関する情報から電気伝導について期待できることが二つある。一つは異方的なバンド分散による電気伝導度の異方性（In 原子鎖に添う方向には伝導度が高く，それに垂直方向には低い），もう一つは擬 1 次元金属系に見られるパイエルス不安定性による金属絶縁体転移に起因する伝導度の劇的な変化である。ここでは後者のみを紹介する。

この 4 × 1-In 表面を冷却すると，2 倍周期の変調が観察される。図 **3.19** (e)(f) はそれぞれ，同じ縮尺での室温および 70 K での STM 像である[34]。70 K では，おのおのストライプ上に室温で観察される周期の 2 倍の変調が観察される。また，この 2 倍周期の変調がはっきり見えるストライプもあれば，その隣のストライプではその変調が「揺らいで」いて，はっきり見えないところもある。また，隣り合うストライプの間で 2 倍周期の変調の位相がずれていることも観察される。電子回折パターンにもストライプに沿って 2 倍周期の原子配列の変調が生成したことを示す超格子反射点が観察されている[34]。また，図 3.19(c) は光電子スペクトルであり[33]，室温ではフェルミ端が見えているものの，70 K に冷却するとフェルミ準位近傍の状態密度がほとんど消滅して，見かけ上スペクトル端が左に移動している。以上の実験結果は，図 3.19(a)(b) に示すように，室温では In 原子鎖に添って金

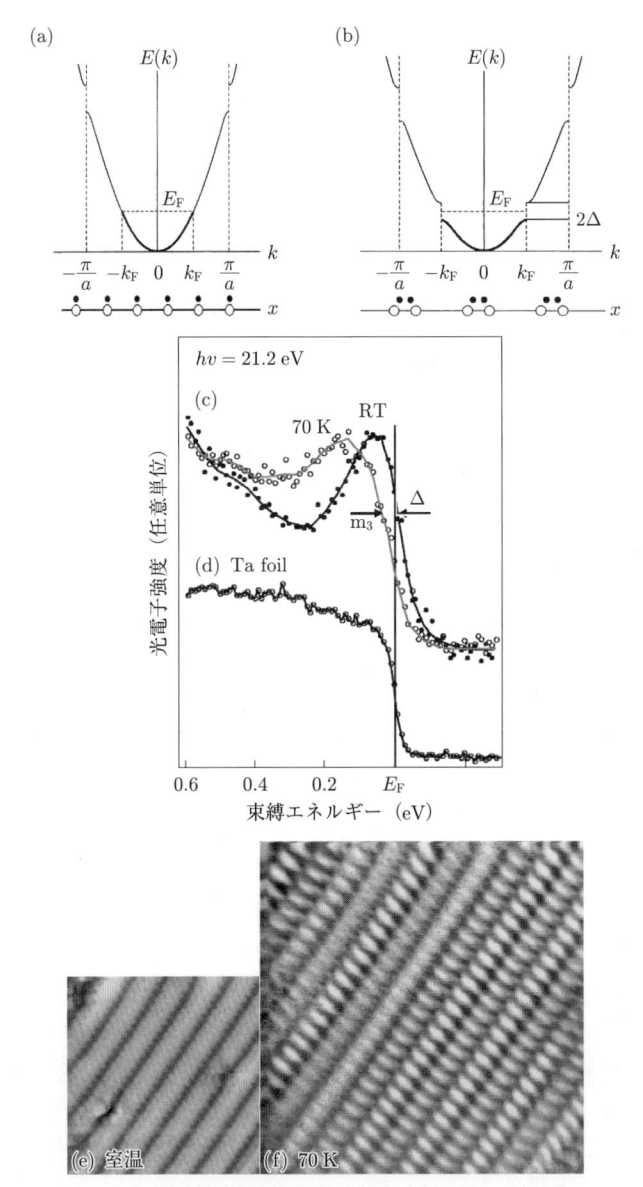

図 3.19 Si(111)-4×1-In 表面超構造のパイエルス転移。1 次元金属の (a) 高温での金属相および (b) 低温での電荷密度波相でのバンド分散と原子配列の模式図, (c) 4×1-In 表面での室温および 70 K での光電子スペクトル[33], (d) フェルミ準位を確定するための Ta 金属板からの光電子スペクトル, (e) 室温および (f) 70 K での STM 像[34]。

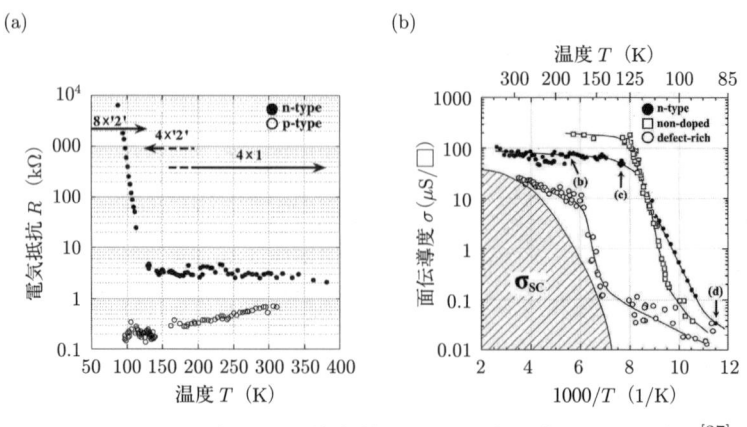

図 3.20 Si(111)-4×1-In表面の(a)電気抵抗および(b)電気伝導度の温度依存性[27]。(a) のなかで矢印で示した 4×1, 4×′2′, 8×′2′ は，電子回折で観察された表面超構造を示す。

属的であった状態が，低温では 2 倍の超周期を形成し，さらにエネルギーギャップが開く絶縁体相に転移したといえる。これはまさに予想したパイエルス転移である。そうすると，図 3.19(f) で観察された 2 倍周期の変調は電荷密度波であるといえる。つまり，室温では一様だった電荷密度が，格子の変位と相互作用して 2 倍周期の濃淡の電荷密度分布が形成されたのである。

この金属絶縁体転移によって表面状態伝導度も劇的に変化する。図 3.20(a) は，ミクロな 4 端子プローブ法（図 3.12）によって表面感度を上げて測定した電気抵抗の温度依存性を示す[27]。およそ 130 K 以上の温度では数 kΩ の抵抗値であるが，それ以下の温度になると抵抗値が急激に上昇している。同時に測定した電子回折パターンには，130 K 近傍で In 原子鎖に 2 倍周期の変調が形成されることを示す超格子反射点が現れるので，観測された電気抵抗の変化は上述のパイエルス転移に起因するといえる。図 3.20(b) は，n 型 Si 基板とドーピングなしの Si 基板に対して同様に測定した電気抵抗値から面伝導度に変換し，温度の逆数に対してプロットした結果である。

低温相でエネルギーギャップ 2Δ をもつ絶縁体とすると，伝導度 σ の温度変化は，

$$\sigma(T) \propto \exp\left(-\frac{\Delta}{k_B T}\right) \quad (3.25)$$

と書けるので，低温部のデータ点をこの式でフィッティングするとエネ

ギーギャップ $2\Delta \cong 200\sim300$ meV と求められる．これは，光電子分光から見積もられたエネルギーギャップと同程度の値であり，確かに低温では絶縁体に相転移している．ちなみに，図 3.20(b) で σ_{SC} と書かれた斜線で示された伝導度は，キャリア移動度の温度依存性を考慮して見積もられた表面空間電荷層での伝導度である．低温領域においては，Si 基板結晶中のキャリアがフリーズアウトするので σ_{SC} が激減する．測定された伝導度は，この σ_{SC} よりはるかに高い値であることから，表面状態伝導 σ_{SS} が主に寄与しているといえる．

この Si(111)-4×1-In 表面の表面状態伝導度の異方性は，ミクロなプローブ間隔の正方 4 探針法によって実際に測定されている[26]．

3.5 表面垂直方向の伝導

3.5.1 ショットキー接触とオーム性接触

半導体と金属を接触させて，その接合面を横切る方向に電流を流すと，ほとんどの場合に整流現象を示すことが，1874 年に Braun によって報告されている．図 **3.21**(a) に示すように，金属側から流す場合と半導体側から流す場合とで電気抵抗が異なるという現象である．つまり，一方向には電流が流れやすいが逆方向には流れにくいという整流作用が見られる．この現象を利用したデバイスがダイオードである．Schottky は，この現象を図 3.21(b)(c) に示すように，半導体側でバンドが湾曲してキャリアの空乏層領域（空間電荷層）が生じることに起因するとした．つまり，半導体が n 型の場合，伝導電子に対して

$$\Phi_{Bn} = E_{Ci} - E_F \tag{3.26}$$

p 型の場合には伝導ホールに対して

$$\Phi_{Bp} = E_F - E_{Vi} \tag{3.27}$$

で定義されるエネルギー障壁（ショットキー障壁）が半導体と金属の界面に存在し，キャリアが金属側から界面を通過する場合にだけ印加電圧に依存しない障壁となる．このときには，図 3.21(a) で電圧が負の領域（逆方向バイ

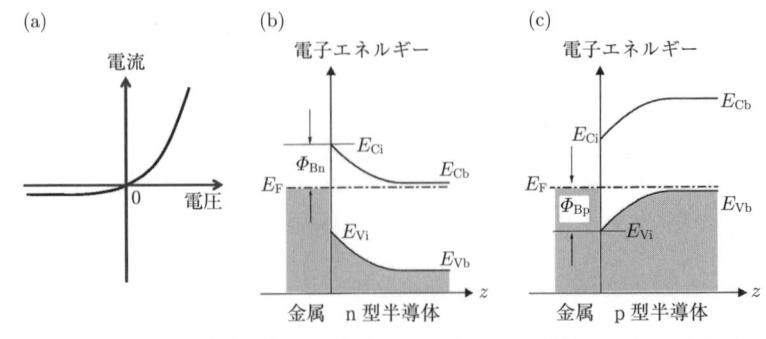

図 3.21 (a) 金属・半導体接触での整流作用を示す電流電圧特性。電圧の符号は，金属側に正の電圧を印加するときを正としている。(b) n 型および (c) p 型半導体と金属との接触界面でのショットキー障壁を表すバンドダイアグラム。E_F：フェルミ準位，E_{Vb}, E_{Vi}：バルク内部および界面での価電子帯の上端のエネルギー，E_{Cb}, E_{Ci}：バルク内部および界面での伝導帯の底のエネルギー。

アス) の電流を与える。ここで，E_{Ci} および E_{Vi} は界面での半導体の伝導帯底および価電子帯上端のエネルギーであり，E_F はフェルミ準位である。つまり，ショットキー接合では，pn 接合と異なり，多数キャリアが電流の担い手となるので，フェルミ準位と多数キャリアのバンド端とのエネルギー差がエネルギー障壁高となる。逆にキャリアが半導体側から金属側に流れるときにもバンド湾曲によるエネルギー障壁（$E_{Ci} - E_{Cb}$，または $E_{Vi} - E_{Vb}$）があるが，それは印加電圧によって小さくしたり大きくしたりできる。その変化が，図 3.21(a) で電圧が正の領域（順方向バイアス）の電流値の変化をもたらす。ちなみに式 (3.26) と式 (3.27) を辺々加えると

$$\Phi_{Bn} + \Phi_{Bp} = E_{Ci} - E_{Vi} = E_g \tag{3.28}$$

つまり，n 型と p 型半導体に対するショットキー障壁高の和は（半導体のドーピング濃度によらずに）バンドギャップ E_g に等しい。これは，実際のショットキー障壁高の測定データをチェックするときによく用いられる関係式である。

ショットキー障壁の形成過程の最も簡単なモデルは Schottky と Mott によって考えられた。つまり，一般に金属の仕事関数 Φ_M と半導体の仕事関数 Φ_S は異なるので，図 3.22(a) のように，（両者を導線で結合して電子が自由に行き来できるようにした後）お互いに近づけて熱平衡状態にするとフェルミ準位 E_F が一致するので，それぞれの真空準位がずれる（接触電位

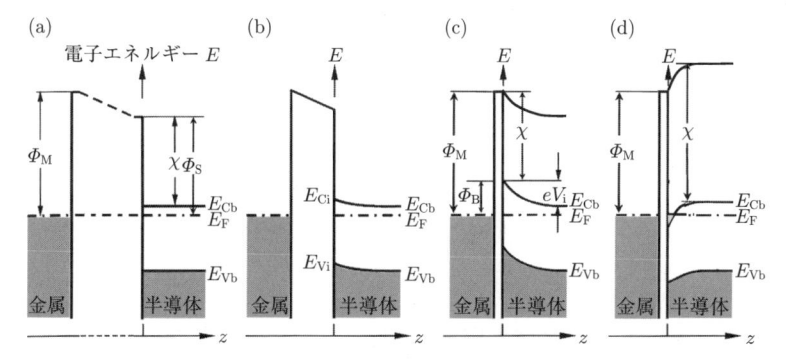

図 3.22 (a)-(c) $\Phi_M > \chi$ の場合，金属と半導体の間隙を小さくしていくとショットキー障壁が形成されていく（ショットキー接触）。Φ_M：金属の仕事関数，Φ_S：半導体の仕事関数，χ：半導体の電子親和力。バンド湾曲によるエネルギー障壁 $eV_i = \Phi_M - \Phi_S$。(d) $\Phi_M < \chi$ の場合，ショットキー障壁は形成されない（オーム性接触）。

差）。その結果，両者の間隙に電場が生じる。この例では $\Phi_M > \Phi_S$ の場合を考えているので，フェルミ準位を一致させるために，半導体側から金属側に電子が（導線を伝わって）移動した。金属と半導体が向き合っている領域は平行平板コンデンサーとみなせ，金属側に蓄えられた過剰（負）電荷 Q_M と半導体側の過剰（正）電荷 Q_S は表面近くに分布し，

$$Q_M + Q_S = 0 \tag{3.29}$$

を満たす。間隙の電場は金属および半導体内部にしみ込む。金属側でのしみ込みは，トーマス-フェルミのスクリーニング長 (~ 0.5 Å) 程度なので，Q_M は金属のごく表面近傍だけに分布する。他方，半導体側ではデバイ長 (100 Å$\sim 1\,\mu$m) 程度まで電場がしみ込んでバンドを湾曲させるため，Q_S は表面下の深いところまで分布する（図 3.22(b)(c)）。これが空間電荷層である。この例では半導体を n 型としているので，伝導電子が表面近傍から遠ざけられ，（正に）イオン化したドナー不純物だけが残って Q_S となっている。このように金属と半導体で電場のしみ込み長が桁違いに異なるのは，両者でキャリア濃度が桁違いに異なるためである。

このときのショットキー障壁高 Φ_B は，図 3.22(c) に示すように，金属の仕事関数 Φ_M と半導体の電子親和力 χ との差に等しい（ショットキー極限，またはショットキー-モット則ともいう）：

$$\Phi_\mathrm{B} = \Phi_\mathrm{M} - \chi \tag{3.30}$$

他方，$\Phi_\mathrm{M} < \chi$ の場合には逆に金属側から半導体側に電子が移動し，その結果，図 3.22(d) に示すように逆向きに半導体のバンドが湾曲する．この場合には，ショットキー障壁が形成されないので，整流現象は起こらない．つまり，整流性がなく，印加電圧に比例した電流が流れ，少数キャリアの関与がない．このような接触をオーム性接触という．

3.5.2 ショットキー障壁と整流作用

ここで，ショットキー障壁の整流特性を計算してみる．まず，半導体側から金属側へ流れる電流密度 $J_\mathrm{S \to M}$ は

$$J_\mathrm{S \to M} = e \iiint v_z \cdot f(v) dv_x dv_y dv_z \tag{3.31}$$

と書ける．ここで，$f(v)$ はフェルミ分布関数である．$J_\mathrm{S \to M}$ は，バンド湾曲によるエネルギー障壁 eV_i（図 3.22(c) 参照）を乗り越えられるほどエネルギーの高い電子による電流なので，フェルミ分布関数の裾のところが効いてくるので，$f(v)$ として近似的にマクスウェル分布として計算すると，

$$J_\mathrm{S \to M} = en \left(\frac{k_B T}{2\pi m^*} \right)^{1/2} \exp\left[-\frac{e(V_\mathrm{i} - V)}{k_\mathrm{B} T} \right] = A^* T^2 \exp\left[-\frac{e(\Phi_\mathrm{B} - V)}{k_\mathrm{B} T} \right] \tag{3.32}$$

となる．ここで，n は電子濃度，m^* は電子の有効質量である．V は金属半導体間に印加された電圧である（金属側が正のとき，つまり順方向バイアスのときを正とする）．この式は，図 3.22(c) を見るとわかるが，ショットキー障壁 Φ_B とバンド湾曲 eV_i との関係 $\Phi_\mathrm{B} = eV_\mathrm{i} + (E_\mathrm{Cb} - E_\mathrm{F})$ を用いて計算できる．また，A^* はリチャードソン定数と呼ばれる：

$$A^* = \frac{4\pi e m^* k_\mathrm{B}^2}{h^3} = 1.2 \times 10^6 \text{ A/m}^2\text{K}^2 \tag{3.33}$$

数値は m^* を自由電子質量としたときの値である．

一方，金属側から半導体側に流れる電子に対するエネルギー障壁は，ショットキー障壁 Φ_B であって印加電圧 V の影響を受けない．よって，$J_\mathrm{M \to S}$ は式 (3.32) で $V = 0$ とおいたものに等しい．したがって，正味の電流 J は

$$J = J_{\text{S}\to\text{M}} - J_{\text{M}\to\text{S}} = A^* T^2 \exp\left(-\frac{\Phi_\text{B}}{k_\text{B} T}\right) \cdot \left[\exp\left(\frac{eV}{k_\text{B} T}\right) - 1\right]$$
$$= J_0 \left[\exp\left(\frac{eV}{k_\text{B} T}\right) - 1\right] \quad (3.34)$$

これが図 3.21(a) で示した電流電圧特性曲線である。十分大きな負の電圧 V を印加したときの電流値(暗電流と呼ばれる)が $-J_0$ であり、それは

$$J_0 = A^* T^2 \exp\left(-\frac{\Phi_\text{B}}{k_\text{B} T}\right) \quad (3.35)$$

と書ける。つまり、ショットキー障壁が高いほど暗電流は小さくなり、逆方向バイアスでのリーク電流を低減することができ、性能の良いダイオードとなる。

3.5.3 ショットキー障壁の形成モデル

式 (3.30) で表されるショットキー–モット則は、接触前の半導体や金属の表面に表面電子状態が存在しないことを仮定している。そればかりでなく、接触によって新たに生じるはずの界面電子状態も存在しないことを前提としている。これらの仮定は非現実的なことである。なぜなら、後で詳しく述べるが、図 3.21 のように、金属の占有電子状態が半導体のバンドギャップと重なるエネルギー位置にあるので、金属側の電子の波動関数が必ず半導体側にしみ出し、その結果、metal-induced gap states (MIGS) と呼ばれる界面状態を作り、占有可能な電子状態がバンドギャップ中に生じるからである。このようにショットキー–モット則は現実の状況を記述するものではないが、ショットキー障壁形成の理論の出発点となった。実際、その後、1947 年に Bardeen によって界面状態がショットキー障壁形成に重要な役割を演じていることが指摘され[25]、1965 年に Heine によって、一つのモデルとして MIGS がバンドギャップのエネルギー領域全体にわたって存在し、ショットキー障壁高を決めていることが明らかにされた[35]。

Bardeen は、急峻で欠陥のないショットキー接触でも、界面近傍にだけ局在する電子状態が半導体のバンドギャップ内に存在すると考えた。そうすると、電荷中性の条件式 (3.29) は、

$$Q_\text{M} + Q_\text{IS} + Q_\text{SC} = 0 \quad (3.36)$$

と書き直される。ここで，Q_{IS} は界面状態に蓄えられた電荷，Q_{SC} は半導体の空間電荷層の電荷である。そうすると，Q_{IS} と Q_M（の一部）によって界面近傍だけに極めて薄い（原子尺度の薄さの）電気二重層が形成される。これは，Q_{SC} と Q_M（の残り）が作る厚い電気二重層と区別される。この界面電子状態の状態密度が十分高い場合，Q_M とバランスする半導体側の過剰な電荷のほとんどすべてを Q_{IS} でまかなうことができ，$Q_{SC}\sim 0$ となる場合もある。つまり，このような時は半導体内でのバンド湾曲は変化せず，フェルミ準位の位置が変化しない。この状態をフェルミ準位が界面状態によって「ピン止め」されているという。これをバーディーン極限ともいう。このような場合，ショットキー障壁高は，ショットキー-モット則式 (3.30) には全く従わず，ショットキー極限の対極となる。つまり，ショットキー障壁高は仕事関数とか電子親和力などの物質定数で決められるわけではなく，界面での性質によって支配されることになる。

Bardeen が考えた界面電子状態の物理的描像について最近まで論争が続いたが，物質や界面構造に依存して下に述べるようないくつかの概念が確立してきた。

(1) MIGS モデル（連続的な界面状態）：金属表面では，金属内部の電子の波動関数が指数関数的に減衰しながら真空側にわずかにしみ出していることが知られている（図 3.8(b) 参照）。真空を半導体に置き換えても同様の現象が起こる。つまり，図 3.21 に示すように，半導体の価電子帯の上端（E_{Vi}）と E_F との間のエネルギー領域では，金属側では電子占有状態が存在しているが，半導体側ではバンドギャップとなっていて状態が存在しない。しかし，それにもかかわらず，このエネルギー領域での金属内の電子波動関数が半導体側にしみ出してバンドギャップを埋めることが 1965 年に Heine によって指摘された[35]。1976 年に Louie と Cohen によって，ジェリウム模型の Al と Si が接触している界面付近の局所状態密度が理論的に計算され，界面に隣接する Si 領域のバンドギャップが連続状態によって埋められ，バンドギャップが消失していることが示された[36]。この状態は MIGS と呼ばれ，半導体固有の性質であると認識されている。つまり，バンドギャップ内には，「虚」の電子状態が存在しているが，そこに金属側から波動関数がしみ出すことによって「実」の状態となると考える。そ

うすると，MIGS も E_F まで電子によって占有されるので，界面に蓄えられる電荷 Q_{IS} は，MIGS の状態密度と E_F の位置によって決められる。E_F が MIGS の電荷中性点 (charge-neutrality level, CNL) より上（下）の場合，Q_{IS} は負（正）となり，E_F と CNL が一致すると MIGS に蓄えられる電荷 Q_{IS} はゼロとなる。このような界面状態が存在する場合，接触させる金属の種類を変えて，その結果得られるショットキー障壁高 Φ_B を金属の仕事関数 Φ_M に対してプロットすると図 **3.23**(b) の右図のようになり，勾配 $d\Phi_B/d\Phi_M$ が 1 より小さくなる。これは，ショットキー–モット則が成り立つ図 3.23(a) に比べ，電子の移動に伴う半導体側のバンド湾曲の変化が小さいことを意味している。

(2) DIGS モデル（不連続な界面状態）：いわゆる「unified disorder-induced gap state (DIGS) モデル」と呼ばれる考え方では，半導体と金属の接触を形成する際に必然的に原子配列の乱れや欠陥が形成され，その電子準位にフェルミ準位がピン止めされるとする[37]。一般には，このような欠陥準位はエネルギー的に不連続な局在した状態の場合が多い。この種の界面状態の状態密度が十分高ければ，金属の仕事関数を変化させても，Q_{IS} だけで半導体側の過剰電荷をすべてまかなえるので $Q_{SC} \sim 0$ となり，その結果，半導体側のバンド湾曲はほとんど変化せず，ショットキー障壁高も変化しない。この状況が図 3.23(c) に示されている。極端に仕事関数 Φ_M の大きい，あるいは小さい金属を接触させると，この欠陥界面準位は充満され，あるいは完全に空となり，フェルミ準位のピン止めが外れて，ショットキー–モット則に従って Φ_B が Φ_M によって変化する。

(3) 混在モデル：現実の半導体・金属界面では，上記 (a) と (b) の両方の性質をもつ界面状態が存在すると考えられる場合が多い。つまり，半導体のバンドギャップ内には，連続状態と不連続的なエネルギー状態によって埋められている。そのときの様子を図 3.23(d) に示した。

3.5.4 ショットキー障壁高の測定と接合の構造

ショットキー障壁高の測定法には以下の六つの方法があり，それぞれ異なる特徴をもち，異なるショットキー障壁高を与えるので，注意が必要であ

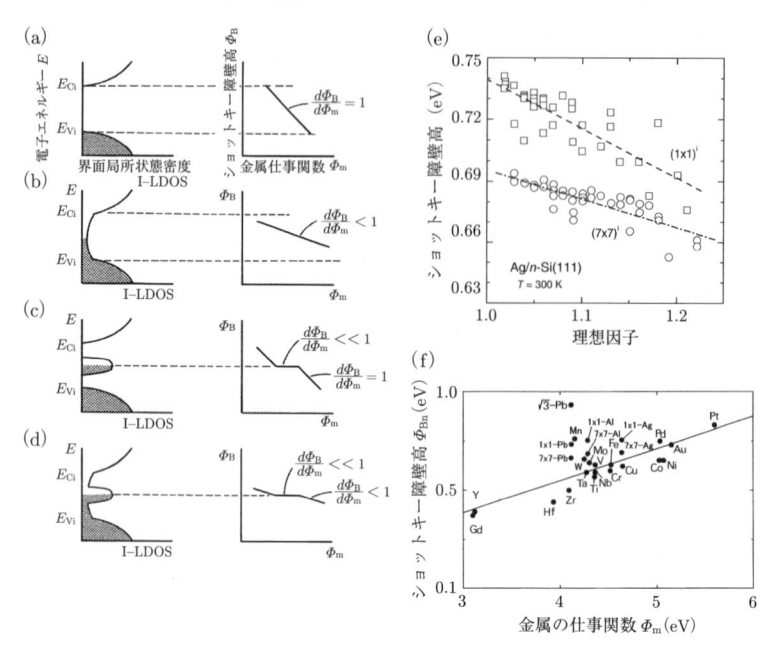

図 3.23 ショットキー障壁の形成モデル。フェルミ準位をピン止めする金属・半導体界面での電子状態の有無，性質によっていくつかに分類させる。(a) 界面状態が全く存在しないモデル（ショットキー極限），(b) 連続状態（MIGS モデル），(c) 不連続的な状態（DIGS モデル），(d) 混在モデル。金属の仕事関数 Φ_M に対するショットキー障壁高 Φ_B の依存性は，モデルによって異なる。I-LDOS：界面での局所状態密度。(e) $(7\times 7)^i$ で示したデータは，$S_i(111) - 7\times 7$ 表面上に室温で Ag を蒸着して作成したダイオードの結果。$(1\times 1)^i$ で示したデータは，$(7\times 7)^i$ 界面を 250℃ で加熱して界面に存在していた 7×7 超周期構造を消したダイオードで行った同様の測定結果[43]。(f) n 型シリコンと様々な金属との間のショットキー障壁を金属の仕事関数に対してプロットした[51]。直線はデータ点の大雑把な傾向を示す。7×7 や 1×1, $\sqrt{3}$ などは界面構造の違いを示す。Pb の場合，界面構造によって Φ_{Bn} が著しく異なる[46]。

る。詳しくは，文献[38-42] を参照してほしい。

(1) 電流電圧特性（I-V 測定）：3.5.2 項で述べたように，キャリアが熱エネルギーによってショットキー障壁を乗り越えて電流が流れるという描像から，リチャードソンの「熱電子放射」理論が適応できる。つまり，半導体・金属接合（ダイオード）に電圧 V をかけたとき流れる電流は理想的には式 (3.34) と式 (3.35) で書けたが，実験データを解析するために次の式が使われる：

$$I = A \cdot A^* \cdot T^2 \cdot \exp\left(-\frac{\Phi_B + \Delta\Phi_B}{k_B T}\right)$$
$$\cdot \exp\left(\frac{eV_C}{nk_B T}\right) \cdot \left\{1 - \exp\left(-\frac{eV_C}{k_B T}\right)\right\} \quad (3.37)$$

ここで，A は接合部の面積，V_C は印加電場によって誘起されたバンド湾曲（もともと存在したバンド湾曲ではなく，そこからの変化である），n は理想因子 (ideality factor) と呼ばれる定数である．$\Delta\Phi_B$ は鏡像力による障壁高の低下量である．外部印加電圧 V は誘起バンド湾曲 V_C と金属・半導体全体の抵抗 (series resistance, R_S) による電圧降下とに分配される ($V = V_C + IR_S$)．そのため，式 (3.37) の右辺に出てくる V_C を決めるには，左辺の I がわからなければならないので，式 (3.37) は self-consistent に解かなければならない．理想係数 n は，金属側から半導体側に流れ出た電子が感じる鏡像ポテンシャルの影響を考慮した補正であり，理想的には $n = 1.02$ となる．しかし，実際のショットキー接合では，障壁高の不均一性，障壁高のバイアス電圧依存性，空乏層でのキャリアの再結合と発生，トンネル電流の寄与などのため，これより大きな値となり，実験データを $n = 1.02$ に外挿した値をもって Φ_B とすることが多い．

(2) 容量電圧特性（C-V 測定）：ショットキー接合に電圧 V を印加すると，前述のように電界が半導体側にしみ込んでバンド湾曲を変化させ，その結果，空間電荷層の電荷 Q_{SC} が変化する．そうすると，逆バイアス微分容量 $C \equiv dQ_{SC}/dV = dQ_{SC}/dV_C$ で定義される空乏層に起因する静電容量が

$$\frac{1}{C^2} = 2 \cdot \frac{eV_i - k_B T - eV_C}{e^2 \varepsilon_0 \varepsilon_b N} \quad (3.38)$$

と書ける．ここで，eV_i は（印加電圧ゼロのときに）もともと存在していたバンド湾曲（$eV_i \equiv E_{Ci} - E_{Cb}$，図 3.22(c) 参照），$\varepsilon_0$ は真空の誘電率，ε_b は半導体の比誘電率，N はキャリア密度である．つまり，印加電圧 V を変化させて測定した C を $1/C^2$ 対 V のグラフにプロットして，$V = 0$ に外挿した C の値から $eV_i - k_B T$ が求められる．つまり，式 (3.26) からショットキー障壁 $\Phi_{Bn} = E_{Ci} - E_F = (eV_i + E_{Cb}) - E_F$ と求められる．

(3) 内部光電効果（I-$h\nu$ 測定）：Φ_B 以上のエネルギーをもつ光を照射すると，そのエネルギーを吸ってショットキー障壁を乗り越えるキャリアが出てくる。その結果，逆バイアスでの電流（金属側から半導体側に流れる電流）が増加する。通常，電流の平方根をフォトンエネルギーの関数としてプロットし，その閾値フォトンエネルギーから Φ_B を測定することができる。

(4) 逆方向電流の温度依存性：式 (3.35) から，$\ln(J_0/T^2)$ を $1/T$ の関数としてプロットすると，その傾きから Φ_B を求めることができる。

(5) 内殻光電子分光：たとえば，薄い金属被膜で覆われた半導体基板を構成している原子の内殻準位から放射された X 線光電子のピークエネルギーを調べる。一般に，光電子の脱出深さは，バンド湾曲の深さ（デバイ長程度）に比べてはるかに短いので，この光電子ピークは界面近傍のみの情報（バンド湾曲）をもっている。一方，金属被膜をつける前の清浄表面の半導体基板から同様に内殻準位ピークのエネルギー位置を測定すると，金属被覆を吸着させた後のそれと異なる。このピークのエネルギー差は，ショットキー障壁形成に伴うバンド湾曲の変化を意味しているので，清浄表面でのバンド湾曲が既知であればショットキー障壁高を求めることができる。しかし，この測定法は光電子の脱出深さが非常に短いので，金属被膜が数原子層と薄いときのみ有効である。一方，上述の電気的な測定では，十分に厚い金属層を形成して行われるのが一般的であり，内殻光電子分光で測定された障壁高と必ずしも同じ値を与えない。というのは，金属が数原子層領域での半導体との界面の構造と，電気測定に用いられる厚い金属層が形成された場合の半導体との界面の構造が必ずしも同じではないからである。

(6) 弾道電子放射顕微鏡(ballistic electron emission microscopy, BEEM)：この手法は，走査型トンネル顕微鏡 (STM) の手法を応用したもので，原子尺度の極めて高い空間分解能でショットキー障壁高（の空間分布）を測定できる。詳しくは例えば文献[42]を参照のこと。試料として十分薄い金属被膜に覆われた半導体を用いる。その表面にSTM探針を近づけトンネル電流を流すと，探針，金属被膜，半導体基板が，それぞれバイポーラトランジスタのエミッター，ベース，コ

レクターとみなせる。金属被膜の膜厚が探針から注入された電子の平均自由行程より薄ければ，電子はエネルギーを失わずに金属被膜を弾道的に通過して半導体との界面に達する。探針バイアス電圧 V_t がショットキー障壁高 Φ_B/e より高ければ，探針から注入された電子は金属・半導体界面を通過して，半導体側で「コレクター電流」として測定される。それよりエネルギーが低ければ，半導体基板には流れ込めず，金属被膜に接続された電極から「ベース電流」として測定されるので，探針バイアス電圧を変化させながらそれぞれの電流の変化をモニターしていればショットキー障壁高を測定できる。この BEEM によって，原子尺度の欠陥やその近傍でのショットキー障壁高の分布を測定することができる。

ショットキー障壁高の測定の実例を紹介する。Si(111)-7×7 清浄表面上に超高真空中で Ag を室温で蒸着して作成した Si-Ag ダイオードの I-V 特性の測定から求めたショットキー障壁高は 0.65〜0.70 eV の範囲でばらつき，理想因子も 1.05〜1.20 の間でばらつく[43]。作成条件が全く同一でも，ショットキー障壁高はある程度のばらつきを示すが，これは一般的に見られる現象である。また，理想因子も鏡像力補正から期待される値よりも大きな値でばらついている。しかし，このショットキー障壁高 Φ_B と理想因子 n は無関係ではなく，それぞれのダイオードについて，Φ_B と n をプロットすると図 3.23(e) となる[43]。つまり，理想因子 n の減少とともに Φ_B は線形に増加し，$n = 1.02$ へ外挿すると $\Phi_\mathrm{B} = 0.696$ eV となり，一般的にはこれをもってダイオードの実効的なショットキー障壁高とする。

この場合の Si と Ag 界面の原子配列構造は X 線回折で調べられており[44]，それによると 7×7 の超周期構造が界面に残存している。しかし，これは清浄な自由表面の 7×7 再構成構造と異なり，Si 基板に二量体と積層欠陥が存在しているが，アドアトムはないという。この金属半導体界面を 250℃ 以上に加熱すると，この界面での 7×7 構造が消失し，"1×1" 構造の界面に変化することがやはり X 線回折で明らかになっている。そのようにして作成した "1×1" 構造界面のダイオードで同様に I-V 特性を測定してショットキー障壁高を求めた結果も図 3.23(e) に併せて示されている。その結果，実効的なショットキー障壁高は，前述の "7×7" 界面の場合より 47 ± 20 meV 程度高いことがわかる。つまり，同じ金属・半導体の組み

合わせでも，界面構造によってショットキー障壁高が異なるわけで，この結果はショットキー–モット則式 (3.30) では説明できない。同様に Pb や Al を Si(111) 表面上に蒸着した場合でも，"7×7" 界面と "1×1" 界面で異なるショットキー障壁高を与えることが知られている[45-47]。これは，Si 側に積層欠陥が存在すると電荷分布が変わり，付加的な電気二重層が形成されるためである[48]。つまり，Si と金属原子の電気陰性度の違いによって，界面近傍には原子尺度の薄さの電気二重層（Q_{IS} と Q_M の一部による電気二重層）ができることは前に述べたが，それに加え，7×7 構造由来の積層欠陥に起因する電気二重層もできる。その二重層は，Si 側に正の電荷を誘起するので，積層欠陥のない場合に比べてショットキー障壁高を押し下げる作用をする。

もう一つよく知られた例を挙げる。それは，$NiSi_2$/Si(111) や $CoSi_2$/Si(001) 界面である。作成条件により，$NiSi_2$ の c 軸と Si の c 軸が同一方向を向いた A タイプの界面と，$NiSi_2$ の c 軸が Si⟨111⟩ 軸回りに 180 度回転した B タイプと呼ばれる界面を作り分けることができる。後者は界面に積層欠陥が入ったとみなせる。$NiSi_2$ は両者とも Si 基板に対してエピタキシャルに単結晶成長し，原子レベルで急峻で乱れのない界面となっていることが断面 TEM（透過型電子顕微鏡）で示されている。Tung はそれぞれのタイプの界面をもつダイオードのショットキー障壁を測定し，A タイプでは $\Phi_{Bn} = 0.79\,eV$，B タイプでは $0.66\,eV$ と著しく異なることを見出した[49]。密度汎関数理論によると，界面のごく近傍の Si 原子層での局所状態密度は，バンドギャップが連続的な界面電子状態によって完全に埋まっており，金属的な状態となっていることが示された[50]。この界面電子状態は界面でボンドの組めない Ni 原子の 3d 軌道由来であり，A タイプと B タイプ界面で Ni 原子の結合状況が異なっているので，界面状態も異なり，その結果，界面状態に蓄えられる電荷 Q_{IS} が異なって，ショットキー障壁高に影響することが明らかにされている。

図 3.23(f) に n 型シリコンと様々な金属との間のショットキー障壁高を，金属の仕事関数に対してプロットした[51]。実験データ点はかなりばらついているが，大雑把な傾向は，図中の直線（傾きは約 0.15）で示されているように，図 3.23(b) で示されている MIGS モデルで記述できる。しかし，図 3.23(e) のように，接触する金属が同じでも界面構造の違いによってショ

ットキー障壁高が異なるという事実は，MIGSでは説明できない重要な事実である．また，金属によってシリコンに対する反応性が異なるので，界面構造も金属によって様々であり，単純なMIGSモデルだけでは現実の現象は説明できない．界面構造，欠陥，乱れなど，どの因子が支配的に効いてショットキー障壁高が決まっているのか個別的に調べなければならない．

引用・参考文献

［1］長谷川修司：日本物理学会誌 **54**，347(1999)．
［2］長谷川修司：「見えないものをみる—ナノワールドと量子力学—」(UTフィジックス・シリーズ)，(東京大学出版会，2008)．
［3］長谷川修司，白木一郎，田邊輔仁，保原麗，金川泰三，谷川雄洋，松田巌，Christian L. Petersen, Torben M. Hanssen, Peter Boggild, Francois Grey：表面科学 **23**，740(2002)．
［4］勝本信吾，長谷川修司："ナノテクのための物理入門"(第12章 ナノスケール系の電子状態と電気伝導)，菅原康弘，粉川良平（編）(共立出版，2007)．
［5］S. Hasegawa, X. Tong, S. Takeda, N. Sato and T. Nagao: Prog. Surf. Sci. **60**, 89 (1999).
［6］長谷川修司，平原徹：表面科学 **32**，216（2011）．
［7］T. Hirahara, I. Matsuda, M. Ueno and S. Hasegawa: Surf. Sci. **563**, 191 (2004); T. Hirahara, I. Matsuda and S. Hasegawa: e-Journal of Surface Science and Nanotechnology **2**, 141 (2004); H. Aizawa and M. Tsukada: Phys. Rev. B **59**, 10923 (1999).
［8］M. Ono,T. Nishio, T. An, T. Eguchi and Y. Hasegawa: Applied Surf. Sci. **256**, 469 (2009).
［9］N. Sato, T. Nagao, S. Takeda and S. Hasegawa: Phys. Rev. B **59**, 2035 (1999).
［10］G. Nicolay, F. Reinert, S. Hüfner and P. Blaha: Phys. Rev. B **65**, 033407 (2001).
［11］L. Petersen, P. Laitenberger, E. Lægsgaard and F. Besenbacher: Phys. Rev. B **58**, 7361 (1998).
［12］有賀哲也，八田振一：真空 **52**，577(2009)．
［13］K. Sakamoto, T. Oda, A. Kimura, K. Miyamoto, M. Tsujikawa, A. Imai1, N. Ueno, H. Namatame, M. Taniguchi, P. E. J. Eriksson and R. I. G. Uhrberg: Phys. Rev. Lett. **102**, 096805 (2009).
［14］T. Hirahara, T. Nagao, I. Matsuda, G. Bihlmayer, E. V. Chulkov, Yu. M. Koroteev and S. Hasegawa: Phys. Rev. B **75**, 035422 (2007); 平原徹：真空 **52**，582(2009)．
［15］T. Hirahara, T. Nagao, I. Matsuda, G. Bihlmayer, E. V. Chulkov, Yu. M. Koroteev, P. M. Echenique, M. Saito and S. Hasegawa: Phys. Rev. Lett. **97**, 146803 (2006).

[16] T Hirahara, K. Miyamoto, A. Kimura, Y. Niinuma, G. Bihlmayer, E. V. Chulkov, T. Nagao, I. Matsuda, S. Qiao, K. Shimada, H. Namatame, M. Taniguchi and S. Hasegawa: New Journal of Physics **10**, 083038 (2008).

[17] A. Bostwick,, T. Ohta, T. Seyller, K. Horn and E. Rotenberg: Nature Physics **3**, 36 (2007).

[18] Y. Sakamoto, T. Hirahara, H. Miyazaki, S. Kimura and S. Hasegawa: Phys. Rev. B **81**, 165432 (2010).

[19] T. Hirahara, Y. Sakamoto, Y. Takeichi, H. Miyazaki, S. Kimura, I. Matsuda, A. Kakizaki and S. Hasegawa: Phys. Rev. B **82**, 155309 (2010).

[20] 表面科学, 特集号「トポロジカル絶縁体」**32**(4), (2011) のいくつかの記事を参照.

[21] 岩澤康裕, 中村潤児, 福井賢一, 吉信淳:"ベーシック表面化学"(化学同人, 2010).

[22] S. Hasegawa, I. Shiraki, F. Tanabe and R. Hobara: Current Appl. Phys. **2**, 465 (2002).

[23] S. Hasegawa, I. Shiraki, F. Tanabe, R. Hobara, T. Kanagawa, T. Tanikawa, I. Matsuda, C. L. Petersen, T. M. Hansen, P. Boggild and F. Grey: Surf. Rev. Lett. **10**, 963 (2003).

[24] W. Shockley and G. L. Pearson: Phys. Rev. **74**, 232 (1948).

[25] J. Bardeen: Phys. Rev. **71**, 717 (1947).

[26] T. Kanagawa, R. Hobara, I. Matsuda, T. Tnikawa, A. Natori and S. Hasegawa: Phys. Rev. Lett. **91**, 036805 (2003).

[27] T. Tanikawa, I. Matsuda, T. Kanagawa and S. Hasegawa: Phys. Rev. Lett. **93**, 016801 (2004).

[28] S. Yamazaki, Y. Hosomura, I. Matsuda, R. Hobara, T. Eguchi, Y. Hasegawa and S. Hasegawa: Phys. Rev. Lett. **106**, 116802 (2011).

[29] T. Zhang, P. Cheng, W.-J. Li, Y.-J. Sun, G. Wang, X.-G. Zhu, K. He, L. Wang, X. Ma, X. Chen, Y. Wang, Y. Liu, H.-Q. Lin, J.-F. Jia and Q.-K. Xue: Nature Physics **6**, 104 (2010).

[30] T. Uchihashi, P. Mishra, M. Aono and T. Nakayama: Phys. Rev. Lett. **107**, 207001 (2011).

[31] V. G. Lifshits, A. A. Saranin and A. V. Zotov: "Surface phases on silicon", (Chichester Wiley, 1994).

[32] J.-H. Cho, D.-H. Oh, K. S. Kim and L. Kleinman: Phys. Rev. B **64**, 235302 (2001).

[33] H.-W. Yeom, K. Horikoshi, H. M. Zhang, K. Ono and R. I. G. Uhrberg: Phys. Rev. B **65**, 241307(R) (2002).

[34] H.-W.Yeom, S. Takeda, E. Rotenberg, I. Matsuda, K. Horikoshi, J. Schaefer, C. M. Lee, S. D. Kevan, T. Ohta, T. Nagao and S. Hasegawa: Phys. Rev. Lett. **82**, 4898 (1999).

[35] V. Heine: Phys. Rev. **138** (1965) A1689.

[36] S. G. Louie and M. L. Cohen: Phys. Rev. B **13** (1976) 2461.

[37] 長谷川英機:応用物理 **60** (1991) 1214.

[38] S. M. Sze: "Physics of Semiconductor Devices", 2nd ed. (John Wiley, 1981).

[39] L. J. Brillson: Surf. Sci. Rep. **2**, 123 (1982).

[40] F. Bechstedt and R. Enderlein: "Semiconductor Surfaces and Interfaces" (Akademie-Verlag, 1988), Chap. 4.
[41] W. Moench: "Semiconductor Surfaces and Interfaces", 3$^{\rm rd}$ ed. (Springer, 2001).
[42] M. Prietsch: Phys. Rep. **253**, 163 (1995).
[43] R. Schmitsdorf, T. U. Kampen and W. Moench: Surf. Sci. **324**, 249 (1995).
[44] H. Hong, R. D. Aburano, D.-S. Lin, H. Chen and T.-C. Chiang: Phys. Rev. Lett. **68**, 507 (1992).
[45] R. F. Schmitsdorf and W. Moench: Eur. Phys. J. B **7**, 457 (1999).
[46] D. R. Heslinga, H. H. Weitering, D. P. van der Werf, T. M. Klapwijk and T. Hibma: Phys. Rev. Lett. **64**, 1589 (1990).
[47] Y. Miura, S. Fujieda and K. Hirose: Phys. Rev. B **50**, 4893 (1994).
[48] M. Y. Chou, M. L. Cohen and S. G. Louie: Phys. Rev. B **32**, 7979 (1985).
[49] R. T. Tung: Phys. Rev. Lett. **52**, 461 (1984).
[50] 藤谷秀章, 浅野摂郎:応用物理 **60**, 1223 (1991).
[51] S. Hasegawa and S. Ino: Int. J. Mod. Phys. B **7**, 3817 (1993).

第4章

表面・ナノ構造磁性

　本章では，磁性体の表面および清浄表面の上にエピタキシャルに成長した磁性超薄膜やナノ構造の磁性について述べる．表面では原子間の結合数が少なくなっているために，磁性も大きく変化することが期待できる．表面磁性の最初の興味はここにあった．現在では，表面での磁性の面白さはそれだけにとどまらず，バルク結晶では実現できない格子定数や結晶構造をもつ超薄膜，低次元化合物，ナノ構造などを対象に，新奇な磁性が研究されている．また，表面では顕微磁気測定が可能なので，原子レベルに至るまでの微小な領域の磁性，あるいは少数スピン系の相互作用が議論できることも一つの特徴である．

　そこで，4.1節では，まず表面・ナノ構造磁性研究の流れを紹介し，磁性を特徴づける物質パラメータについてまとめる．そして，4.2節で強磁性体表面の磁性，4.3節で強磁性超薄膜磁性，4.4節ではナノ構造磁性についてそれぞれ説明する．最後の4.5節には，そこまでに紹介した実験結果を得るためのいくつかの手法についてまとめてあるので，興味のある読者はそれらを適宜参照しながら読んでいってもらいたい．本章では取り上げることのできなかった話題も多いので，それらについては，教科書[1,2]や膨大な文献に基づいたVazらによるレビュー[3]などを参照してほしい．

第4章執筆：小森文夫

4.1 はじめに

　最初に，表面・ナノ構造磁性研究の流れをふりかえってみよう。超高真空技術が発達し，高品質の試料を作製してそのまま超高真空中で物性測定ができるようになってきた1970年代から，強磁性体単結晶表面や超薄膜単結晶磁性体を用いた磁性研究が本格的に始まった。清浄な表面や不純物の少ない超薄膜が原子層単位で作製できるようになることと並行して，超高真空中で表面や超薄膜の磁性を研究する手法が次々と開発され，表面・超薄膜磁性の実験研究が進展した。また，同時期には電子計算機の計算能力が高くなり，記憶容量も大きくなったので，金属強磁性体薄膜の電子状態が十分な精度で計算され，バルクには存在しない結晶構造をもつ物質の磁性も理論的に考察され始めた。

　このような研究が進む中で，1980年代終わりに強磁性金属と正常金属の多層膜で巨大磁気抵抗効果が発見された。そこで，この現象を理解するために，開発されたばかりの最新の実験手法や理論手法を用いて，超薄膜や多層膜の磁性が詳しく研究された。また，このころには，走査型プローブ顕微鏡 (scanning probe microscopy, SPM) を用いた表面の観察が普及し，ナノメートルスケールの周期構造をもつ自己集積磁性体配列を実空間で観察しながら作製できるようになっていた。そこで，超薄膜や多層膜だけでなく，細線や微結晶配列などのナノ磁性体の研究が始まった。さらに21世紀になって，スピン偏極走査型プローブ顕微鏡 (spin polarized-SPM, SP-SPM) を用いて，原子分解能までの磁化分布が観測されるようになった。現在では，この手法により，個々のナノ構造磁性体の磁性や原子スピン配列が議論できるようになっている。

　本論に入る前に，以下で，磁性を特徴づける物質パラメータを紹介する。本章で主に議論する金属の強磁性に対しては，電子が動き回っているモデルであるストーナ模型と局在スピンモデルであるハイゼンベルグ模型という二つの異なった考え方がある。遷移金属強磁性体 (Fe,Co,Ni) の磁性は，バンド描像に基づくストーナ模型を出発点として理解されており[4]，このような磁性体は遍歴電子強磁性体と呼ばれている。一方，ランタノイド金属強磁性体において磁性を担う4f電子は，遷移金属の3d電子に比べて強く局在し，ハイゼンベルグ模型を出発点として説明できる。

遷移金属では，3dバンドにフェルミ準位がある。単純なストーナ模型で考えると，強磁性状態ではスピン縮退がなくなり，スピンの向きの異なる二つのバンドのエネルギーがずれている。エネルギーが低い方のマジョリティスピンバンドは多くの電子で満たされ，エネルギーが高いマイノリティスピンバンドは電子が少ない。遷移金属の3dバンドのようにバンド幅が狭く状態密度の高いバンドがある場合には，スピン向きの異なるバンドのエネルギーがずれた強磁性状態は，常磁性状態よりも電子エネルギーが低くなることができる。そして，この傾向はバンド幅が狭い方が顕著となる。

一方，このようなバンド描像ではなく，局在スピンモデルからはハイゼンベルグハミルトニアンが導出できる。フェルミ粒子である電子は，パウリ原理によりスピンを含めて一つの状態に一つの電子しか詰めることができない。しかも，軌道の波動関数が同じであると，電子間のクーロン反発によってエネルギーが高くなってしまう。このことと，スピンを含めて波動関数を反対称化するために，電子間には交換相互作用が生じている。磁性に注目すると，それはハイゼンベルグ型のハミルトニアン $H = \sum J_{ij} \boldsymbol{S}_i \boldsymbol{S}_j$ と表すことができる。ここで，i と j は格子点を示す指数，$\boldsymbol{S}_i$ は格子点 i の局在スピン，J_{ij} は交換エネルギーである。

局在スピンモデルで考えたときに，表面磁性を理解するために重要なのは，上の交換相互作用とジャロシンスキー–守谷 (Dzyaloshinskii-Moriya, DM) 相互作用である[5]。表面では結晶の対称性が破れているために，電場勾配が大きくなり，その結果としてスピン軌道相互作用も大きくなる。DM相互作用はスピン軌道相互作用と交換相互作用が組み合わさった効果なので，表面ではDM相互作用も大きくなる。二つのスピン $\boldsymbol{S}_i$ と $\boldsymbol{S}_j$ 間のこの相互作用は，$E_{\mathrm{DM}} = \boldsymbol{D}_{ij} \cdot [\boldsymbol{S}_i \times \boldsymbol{S}_j]$ と書ける。ここで，$\boldsymbol{D}_{ij}$ は相互作用の性質を表すベクトルである。交換相互作用と合わせると，ハミルトニアンは $H = \sum (J_{ij} \boldsymbol{S}_i \boldsymbol{S}_j + \boldsymbol{D}_{ij} \cdot [\boldsymbol{S}_i \times \boldsymbol{S}_j])$ となる。このDM相互作用が入ることにより，磁性は大変複雑になる。J_{ij} と $\boldsymbol{D}_{ij}$ の相互作用パラメータの大きさや向きに依存して，強磁性やスピンの向きが反対である単純な反強磁性だけでなく，スピンがらせん状に回転するらせんスピン構造などが出現する。

4.2 バルク強磁性体の表面

固体表面では固体内部と異なり原子間の結合が切れている。これが原因となって，表面には，2次元的な電子状態が現れる。強磁性に関しても，表面で原子間の結合が切れているために，いくつかの興味深い現象が現れる。最初に，遷移金属強磁性体についてストーナ模型で考えてみる。この考え方では，バンド幅が一つのパラメータである。表面では原子間の結合の数が少ないために，3dバンド幅はバルクバンドに比べてさらに狭くなる。このことから，遷移金属強磁性体の表面では固体内部に比べて強磁性が強くなると予想できる。また，金属固体中では電子が拡がっているために，軌道磁気モーメントが消失している。表面では電子が真空方向には拡がれないために，この効果は十分には働かず軌道磁気モーメントが増大する。こちらも，表面での強磁性転移温度 T_c がバルクに比べて大きくなることを期待させる。

一方，局在スピンモデルで考えると，表面では最近接原子数が固体内部よりも少ないので，局在スピン間の磁気相互作用が全体として弱くなり，長距離秩序の形成には不利になる。このことは，表面では磁性体としての次元が下がることを意味するので，磁気揺らぎの効果も顕著になると考えられる。さらに，一般に，表面第一層と下の層との層間距離は固体内部の格子定数とは異なるので，層間の磁気相互作用もバルク結晶とは違ったものになる。これらの効果は，T_c に変化をもたらすと同時に，表面での磁化の向きが内部とは異なったものになる原因となる。

このような表面特有の電子状態や磁気相互作用は，磁気相転移温度だけでなく強磁性転移を特徴づける臨界指数などの他のパラメータにも影響を与える。たとえば，強磁性体の磁化 M は，T_c 付近において温度を T として，$M \sim M_0(1 - T/T_c)^\beta$ のように書ける。この臨界指数 β は，表面と固体内部では異なる場合があるだろう。

これらの興味から，ランタノイド強磁性体の一つであるガドリニウム (Gd) について多くの研究がなされてきた。ガドリニウムバルク結晶の T_c は 293 K であり，磁性を担う 4f 電子は 3d 電子に比べて原子に強く局在している。そこで，その磁性は，原子位置に局在した磁気モーメントが空間的に拡がった 6s 電子を介したルダーマン-キッテル-糟谷-芳田 (Ruderman-Kittel-Kasuya-Yoshida, RKKY) 相互作用[6] によって結合し，ハイゼンベ

ルグ強磁性となるというモデルで理解されている．実際，表面磁気光学カー効果 (surface magneto optical Kerr effect, SMOKE) を利用して測定した磁化の臨界指数は3次元ハイゼンベルグモデルに近い0.4程度[7]である．

Gd(0001)表面では，表面層の強磁性転移温度がバルクよりも高いかどうかと，表面磁化がバルクと強磁性的に結合しているか反強磁性的に結合しているかとの二つの点に注目した研究が行われてきた．スピン偏極低速電子回折 (spin polarised low energy electron diffraction, SPLEED) やスピン分解光電子分光 (spin resolved photoelectron spectroscopy, SRPES) による初期の研究では，表面での転移温度は数十Kもバルクより高いという報告があった．一方，W(110)やY(0001)基板上に作製された良質の単結晶薄膜を用いて後に行われたスピン分解2次電子放出分光実験[7]では，表面のT_cはバルクと同じであり，臨界指数はバルクよりも大きく0.9程度であった．また，測定された表面と下地基板の磁化の向きは同じであった．この新しい実験結果が示す臨界指数や磁化の向きは，ハイゼンベルグモデルによる表面での磁気秩序についての計算結果など理論の結果[8]とも一致している．

上述のようにGd(0001)表面での初期の実験では，バルクのT_cより高い温度においても表面強磁性を示す結果が報告されている．これら結果は，バルクのT_cよりも高温で，短距離の強磁性秩序が表面にあることを意味している．SPLEEDではスピン偏極がバルクのT_cの80K程度上までの温度で観測され[9]，走査型トンネル分光 (scanning tunneling spectroscopy, STS) でも同程度の温度までスピン分裂した電子状態密度が観測されている[10]．STSによる局所状態密度の測定では，Tbなど他のランタノイド強磁性体でもバルクのT_c以上でスピン分裂した電子状態密度が観察され，短距離秩序の形成が確認されている．

歴史的には，ニッケルの表面における強磁性転移の研究が先に行われていた．SPLEEDを用いたNi(100)とNi(110)表面の実験[11]では，臨界指数βはバルクの値0.38とは大きく異なり0.8程度となり，この値はスピン系のモデル計算結果と一致している．一方，同じニッケルではあるが，W(110)面にエピタキシャル成長させたNi(111)表面では，20原子層 (ML) の厚い膜でバルクの値に近い$\beta = 0.34$が報告されている[12]．また，鉄の表面では，0.8から1.0の大きな臨界指数が報告されている[13]．これら強磁性遷移金属表面での転移温度がバルクの転移温度と異なっているかど

うかについては，明確な実験結果がない。1990年代初めまでに行われたこれらの実験では，表面原子構造が十分には制御されていなかった可能性があり，表面での臨界指数を含めて，Gd(0001)表面と同じような定量的な実験を今後行う必要がある。

4.3 エピタキシャル超薄膜の磁性

4.3.1 エピタキシャル超薄膜磁性の面白さ

エピタキシャル超薄膜の磁性にはいくつかの興味がある。第一の興味は，格子定数の異なる結晶を基板として，その上に強磁性体をエピタキシャルに成長させることによって，磁性を制御することである。図4.1は，bcc構造およびfcc構造をもつ鉄の磁気モーメントと全エネルギーを格子定数の関数として計算した結果である[14,15]。鉄のバルク結晶で実現しているのはbcc構造であり，エネルギーが最小となる格子定数をもつ強磁性(FM)状態になっている。この鉄（α鉄）は格子定数を小さくすると常磁性(NM)になると予想できる。一方，fcc構造の鉄（γ鉄）はバルク結晶として1183 K以上で存在するものの，低温では通常のbcc鉄（α鉄）に相転移する。γ鉄は銅結晶中に析出した微粒子として低温でも存在し，その格子定数は銅結晶に非常に近い0.36 nmである。図4.1(b)にあるように，この格子定数付近は，常磁性，反強磁性のどちらが実現するかよくわからない領域である。低温での実験結果によれば，析出した微粒子γ鉄はらせんスピン構造をもつ[16]。このγ鉄よりもさらに格子定数を大きくすることができれば，fcc鉄は強磁性になると予想できる。このような自然には存在しない格子定数をもつbcc結晶やfcc結晶は，異なる格子定数をもつ単結晶の上にエピタキシャル成長させて作製できると期待される。

常磁性の基板上に作製した強磁性や反強磁性薄膜には必ず基板との間の界面があり，そこでは界面特有の電子状態ができる。これが原因となって，バルクとも表面とも異なる磁性を示すこともエピタキシャル超薄膜の興味深い点である。特に，非磁性体と磁性体や強磁性体と反強磁性体の界面では，磁気モーメントが界面からの距離によって変化する。第一原理計算の結果[17]を見ると，遷移金属同士の界面ではどちらの元素の磁気モーメントも変化

(a) Fe(bcc)　　　　　　　　(b) Fe(fcc)

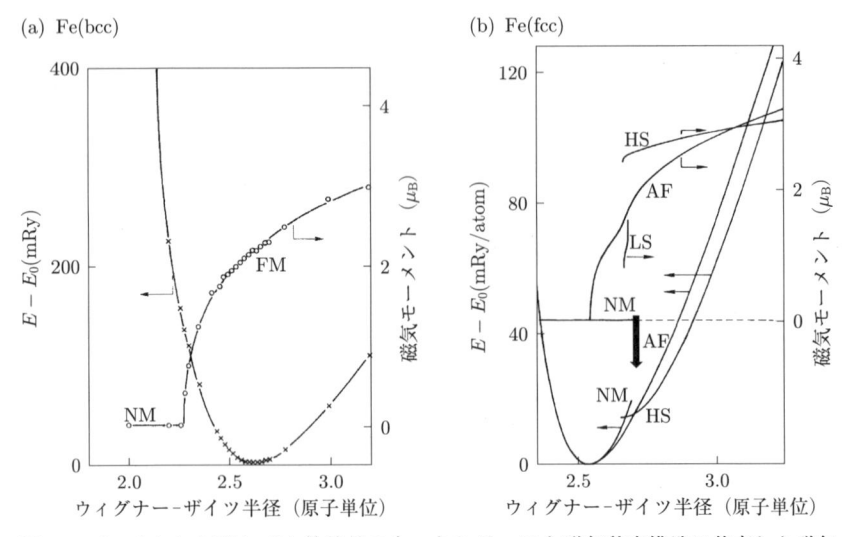

図 4.1 bcc(a) および fcc(b) 鉄結晶の全エネルギー E と磁気秩序構造に依存した磁気モーメントを格子間隔の関数として理論的に調べた結果[14,15]。E_0 は全エネルギーの最小値，横軸の原子単位は 1 原子単位が 53 pm である。(b) に銅結晶の格子定数に対応するウィグナー-ザイツ半径に太い矢印を示した。NM，FM，AM，HS，LS は，それぞれ，非磁性，強磁性，反強磁性，ハイスピン磁気モーメントの強磁性およびロースピン磁気モーメントの強磁性である。

する。一方，銅との界面では遷移金属の磁気モーメントが変化し，銅には磁気モーメントが誘起されない。図 4.2 には，例として，鉄とバナジウムおよび鉄と銅の界面付近の磁気モーメントを示した。鉄とバナジウムの界面では，鉄の磁気モーメントが小さくなり，界面のバナジウムには鉄と反対向きの磁気モーメントが誘起される。図のように銅との界面では鉄の磁気モーメントは大きくなるが，コバルトと銅との界面では，コバルトの磁気モーメントは小さくなる。

　エピタキシャル超薄膜には，低次元性をもつ磁性体としての興味もある。単原子層の磁性体は 2 次元系であり，揺らぎの効果が重要になる。膜厚を増やすにつれて膜厚方向の金属電子状態の量子化が磁性にも影響を与えるはずであり，また 3 次元系への転移も期待できる。このような興味から，磁化の臨界指数 β の膜厚依存性などが測定されている。さらに表面での結晶成長過程を制御することにより，2 次元系だけでなく 1 次元系（ナノワイヤ）や 0 次元系（ナノドット）も作ることができる。このようなナノ構造超薄膜については，スピン偏極走査型トンネル顕微鏡 (spin polarized-

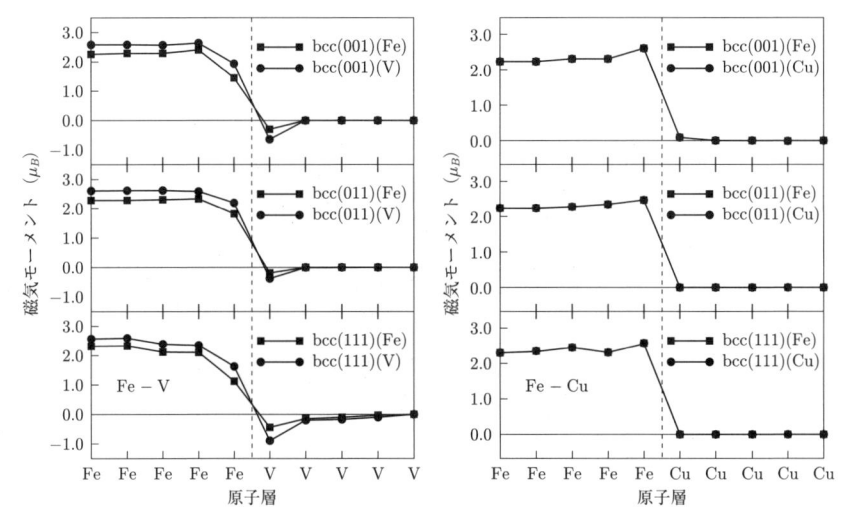

図 4.2 鉄とバナジウムおよび鉄と銅の界面付近の原子層ごとの磁気モーメントの計算結果[17]。結晶構造は bcc とし，その (001)，(011) および (111) 界面での結果が示されている．

STM, SP-STM) の開発[18] によって，詳細な磁性が調べられるようになってきた．これについては 4.4 節で詳しく説明することにし，本節では，良質のエピタキシャル超薄膜が成長できる銅，タングステンおよびモリブデンを基板とした薄膜について述べる．

4.3.2 Cu(001) 基板上のコバルト薄膜

コバルトのバルク結晶は hcp 構造であるが，たとえば，fcc 結晶の銅やニッケルあるいは酸化マグネシウム基板の上に fcc コバルトをエピタキシャルに成長させ，単結晶薄膜をつくることができる．ここでは，多くの研究がある銅基板上のコバルト薄膜を例にとり，その磁性を紹介する．

基板である Cu(001) と fcc コバルト結晶の格子不整合は 1.7% であり，コバルト薄膜は膜厚が 2 ML から 15 ML 程度までは Cu(001) 面に層状にエピタキシャルに成長する[19]．それ以上コバルト膜を厚くすると，薄膜内にミスフィット転移が増えてくる．これまでの多くの研究では室温の基板にコバルトを成長させている．その場合，初期成長において基板に蒸着されたコバルト原子の一部は基板の銅原子と置換し，表面には銅とコバルトの合金島が成長する[20,21] 図 4.3 は，それを示す STM 像である[20]．基板表面で銅原

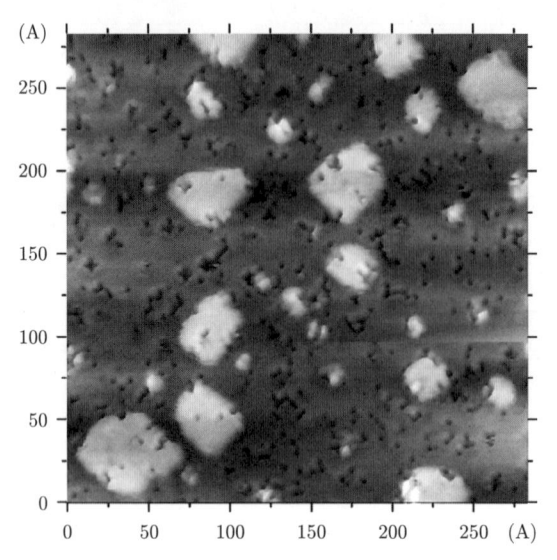

図 4.3 コバルトを平均膜厚 0.12 ML 室温で蒸着した Cu(001) 面の STM 像[20]。基板表面にも 1 原子層高さの島の上にも穴のように見える領域がある。これらが，表面の銅原子と置換したコバルト原子と，それが集まった領域である。

子と置換したコバルト原子が穴のように見えており，表面から出た銅原子が 1 原子高さの島をつくる。この島の表面にも穴のように見えるコバルト原子が見えている。このような界面でのコバルト合金形成の影響により，数 ML までのコバルト薄膜には銅が混入している。また，室温で成長させたコバルト薄膜を 450 K 以上の高温にすると基板銅原子がコバルト薄膜中に拡散する。逆に，薄膜の成長基板温度を 80 K に下げることにより，コバルト膜中の銅原子密度を減らすことができるが，この場合は薄膜の結晶性が悪くなる。銅原子の混入の割合や結晶性は成長温度だけでなく成長速度にも依存しているので，最適な薄膜成長条件を探す努力が行われてきた。

図 4.4 に，SMOKE を用いて測定された磁化ヒステリシス曲線と，その温度依存性の観測から得られた T_c の平均膜厚依存性[21]を示す。このコバルト薄膜の磁化は常に面内にある。hcp のバルクコバルトの T_c は 1388K であるのに対して，fcc コバルト薄膜の T_c はそれよりはかなり低く，膜厚依存性がある。詳しい測定によると，この T_c と膜厚との関係は試料作製条件によって異なっている。また，室温で作製したコバルト薄膜を 400 K 程度で焼きなました後は，T_c が高くなることも報告されている[22]。これらの原

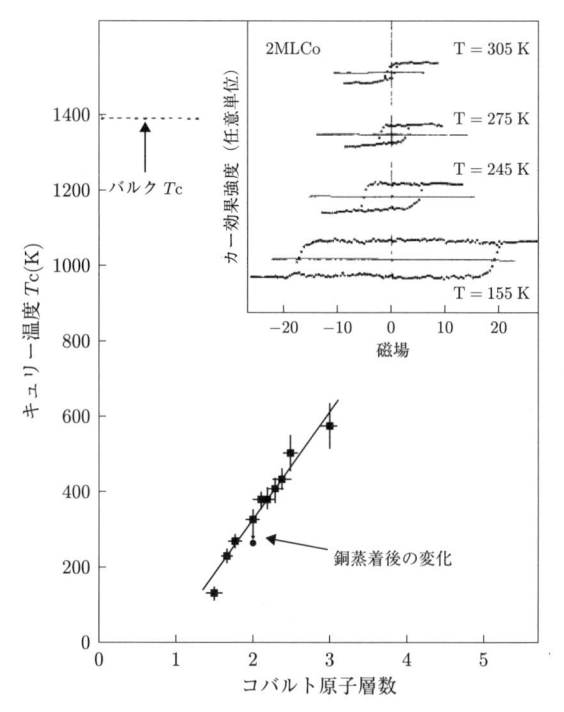

図 **4.4** Cu(001) 面上のコバルト薄膜の強磁性転移温度 T_c と膜厚との関係[21]。コバルト薄膜の上に銅を蒸着すると，矢印のように T_c は低くなる。挿入図は，いくつかの温度において SMOKE を用いて測定した，2 原子層のコバルト薄膜の磁化履歴曲線である。

因は，上で述べたように蒸着温度や速度によって結晶性や銅原子の混入率などの局所的な膜の構造が異なっていることである。

　強磁性薄膜では膜厚を変化させることにより，表面や界面での磁性とバルク磁性とを分離することができるという利点がある。これを用いて，コバルト薄膜の表面および界面の磁気モーメントが調べられている。実験は，超伝導量子干渉計 (superconducting quantum interference device, SQUID) を用いた磁化測定によって行われ，膜厚の異なるコバルト薄膜の磁化の温度変化が測定された[23]。図 **4.5** には，実験データを解析し，絶対 0 度に外挿した磁化の膜厚依存性を示した。膜厚が減少するにつれて，磁化が増大している。SQUID では系全体の磁化を測定しているので，図に示された磁化は，コバルト表面，コバルトと銅との界面，および薄膜内部の 3 種類の磁化の和である。また，同じ図に示されたコバルト薄膜の上にさらに銅を蒸着した

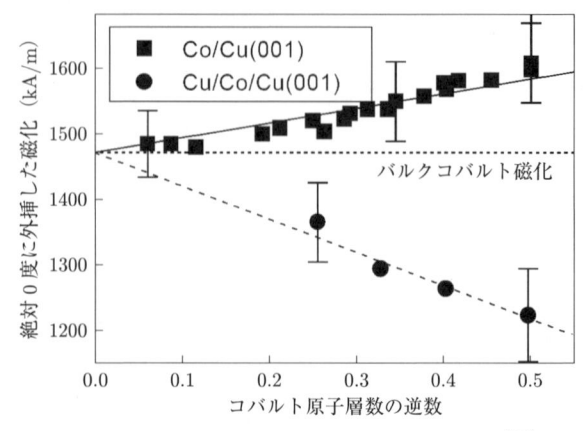

図 4.5 0 K に外挿されたコバルト薄膜の磁化の膜厚による変化[23]。比較のため，コバルト薄膜の上にさらに銅を蒸着した試料での結果も示されている。

試料での結果では，膜厚が小さくなると，磁化が減少している。この試料ではコバルト表面がなくなり，コバルト薄膜は銅との界面で挟まれているので，測定された磁化は界面からと薄膜内部の磁化の和となっている。これらの実験データを解析することにより，表面，界面，薄膜内部のコバルト磁気モーメントとして，それぞれ，2.28，1.43，1.73 μ_B が得られた。表面ではモーメントが増大し，界面ではモーメントが減少している。この結果は，理論計算の結果と定性的に一致している[3]。

上で議論した磁気モーメントは，軌道磁気モーメント M_L とスピン磁気モーメント M_S の和である。軟 X 線磁気円 2 色性 (X-ray magnetic circular dichroism, XMCD) 測定を行うとこの二つが分離できる。図 4.6 は XMCD によって測定されたこの二つのモーメントの比 M_L/M_S の膜厚依存性である[24]。膜厚が減少するにつれて，軌道磁気モーメントが大きい表面磁化の寄与が増えてきて，M_L/M_S は大きくなる。スピン総和則と XMCD の結果とを用いて M_L と M_S を別々に求める際には，磁気双極子の項も独立に求める必要がある。理論計算の結果[25]や飽和磁化での角度依存性の測定結果[26]とを組み合わせた解析によって求められたモーメントは，平均膜厚が 2.1 ML の薄膜では，$M_S = 1.77\,\mu_B$，$M_L = 0.24\,\mu_B$ であり，膜厚 1〜2 ML の微粒子の場合は，$M_S = 1.79\,\mu_B$，$M_{L\parallel} = 0.29\,\mu_B$，$M_{L\perp} = 0.23\,\mu_B$ である。ここで，軌道磁気モーメントは基板面に平行 $M_{L\parallel}$ と垂直 $M_{L\perp}$ の両方が求められている。2 原子層膜では，銅基板と界面と表面だけ，単原子層膜

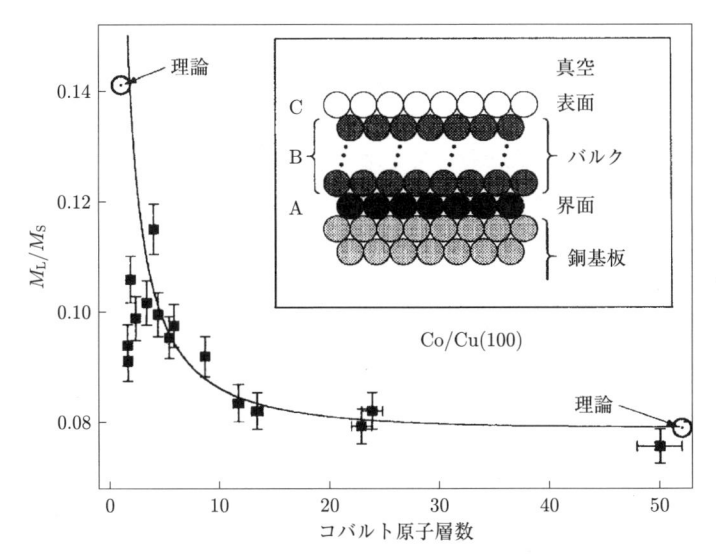

図 **4.6** XMCD によって測定された軌道磁気モーメント M_L とスピン磁気モーメント M_S との比 M_L/M_S の膜厚依存性．挿入図は，コバルト薄膜の断面モデル図．

の場合には，界面コバルト＝表面コバルトであることに注意しなければならない．どの実験結果も，バルクでは消失している軌道磁気モーメントが薄膜では増大することを示している．

この銅基板上のコバルト薄膜は，典型的な強磁性薄膜として他のいくつかの測定が行われている．たとえば，スピン偏極電子エネルギー損失分光 (spin polarized electron energy loss spectroscopy, SPEELS)[27] では，スピン波のエネルギーと波数との関係（分散関係）が調べられた．良質の薄膜で定量的な実験ができたおかげで，従来のマグノン励起理論で予想されるスピン波分散関係と比べて，観測されたものは短波長側でのエネルギーが低いことが明らかになった．この実験結果は，コバルトのような遍歴電子系では，スピン波励起を考える際にクーロン相互作用を含めて薄膜の電子状態とそのダイナミクスを定量的に取り入れる必要があることを示しており，実際にこれを取り入れた理論が発展している[28]．

4.3.3 Cu(001) 基板上の鉄薄膜

鉄は典型的な金属強磁性体であり，Cu(001) 基板上には鉄もエピタキシャルに成長させることができる．特に，fcc 構造をもつ γ 鉄と銅結晶とは格

子不整合が小さいので,理想的な fcc 鉄ができると期待されていた。しかし,この系では単純な γ 鉄薄膜は実現されず,膜厚に応じて構造と磁性がともに複雑に変化するという別な意味で大変興味深い性質が現れ,多くの研究者が様々な方法で研究を行ってきた[2,3]。

図 4.7 には,薄膜の構造と SMOKE で測定した残留磁化の膜厚依存性を示す[29]。試料は,300 K(上)および 100 K(下)で作製した。300 K で成長させた試料には,膜厚に応じて,三つの領域がある。膜厚の小さい領域(I)では,(4×1) または (5×1) の対称性をもつ。さらに膜厚を上げて 5 ML になると,室温で成長させた試料では第 2 の領域(II)に入り,試料の対称性は $p2mg(2 \times 1)$ となる。膜厚が 10 ML 以上では第 3 の領域(III)となり,膜は bcc 構造に変化し,表面は (110) 面となる。図 4.8 には (4×1),(5×1),$p2mg(2 \times 1)$ の構造モデル[30]を示した。これらは,低速電子回折(low energy electron diffraction, LEED)の解析によって求めたものである。$p2mg(2 \times 1)$ の薄膜は歪んだ fcc 構造と考えることができる。

300 K で作製された試料の磁化は,膜厚が 2 ML から 4 ML までは膜厚増加につれて増加するが,膜厚が 4 ML よりも大きくなると減少する。そして,その後,膜厚を増やしても磁化は増大しない。膜厚が 10 ML までは,磁化の向きは表面垂直である。さらに膜厚が増えて bcc 構造になったときには,磁化は面内を向く。この bcc 鉄は,バルクの鉄と同じ性質である。100 K で作製された試料には第 II 領域がなく,膜厚が 5 ML 以上では bcc 構造となっている。以下では,300 K で作製された膜の第 I,II 領域に注目しよう。

銅表面に鉄を蒸着した場合もコバルトと同じように,鉄原子の一部は基板の銅原子と置換し,表面には銅と鉄の合金島が成長する。このような原子置換が起こるのは膜厚 2 ML 程度までであり,それより厚い膜はほぼ層状に成長する。このようにして成長した膜厚 2〜4 ML の薄膜は強磁性を示す。磁化も膜厚に比例して大きくなるので,膜全体が強磁性となっていると考えられる。この第 I 領域の薄膜は,図 4.8 からわかるように銅結晶と比べても格子間隔が伸びている。また,各層の面間距離は γ 鉄と比べても長い。そこで,図 4.1 の理論と比較して考察すると,鉄原子間隔の大きな fcc 構造の強磁性が現れたとみなせる。

これに対して,STM による原子像観察から,この膜の表面には bcc 鉄の

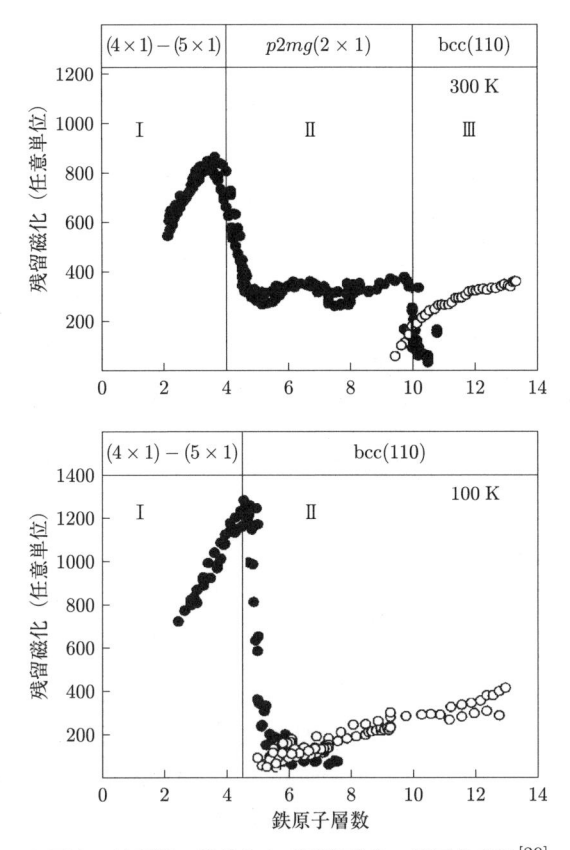

図 4.7 Cu(001) 面上の鉄薄膜の構造および残留磁化の膜厚依存性[29]。黒丸および白丸はそれぞれ表面垂直および表面平行方向の残留磁化を表している。蒸着時の基板温度は，300 K（上）および 100 K（下）である。前者では，膜厚に応じて三つの構造が現れ，後者では，$p2mg(2 \times 1)$ 構造となる膜厚領域 II がない。

Fe(001) 面が一部できているという報告がある[31,32]。そして，強磁性の起源はこの bcc 鉄であるという議論がなされてきた。STM 像を見てみると，確かに原子配列は bcc 結晶の表面原子配列と解釈できる部分がある。特に，厚さ 3 ML の薄膜表面には bcc 配列した領域が多く観察され，回折実験でも結晶性が低いことが示されている。一方，薄膜表面で bcc 配列に見える部分は，水素が吸着して原子配列が fcc から変化したためであるという主張もある。そこで，現在では，少なくとも結晶性の良い厚さ 4 ML の薄膜で観察された強磁性は，fcc 鉄の強磁性であると理解されている。結晶性や表面の清浄性の確認はそれ自体が容易ではないので，領域 I の鉄超薄膜成長やそ

146　第4章　表面・ナノ構造磁性

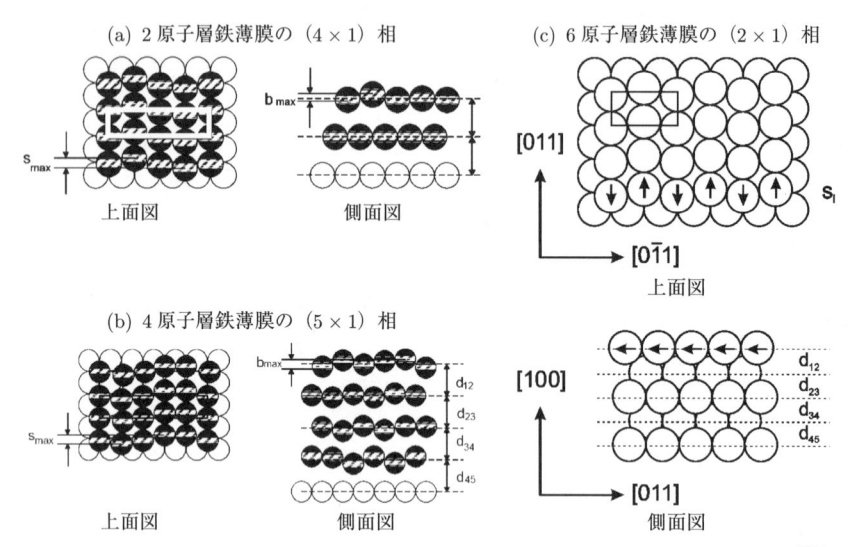

図4.8 LEED 解析によって求めた 2(a), 4(b), 6(c) 原子層の鉄薄膜の原子構造[30]。鉄原子配列は銅基板と同じ結晶対称性をもたない。膜平行方向には, $S_{\max}$(a,b), S_1(c) の原子ごとのずれがあり, 膜垂直方向には, $b_{\max}$(a,b) の原子ごとのずれと, 層間距離のばらつき $d_{12} - d_{45}$(b,c) がある。

の構造に関しては，今後さらに詳細な研究が必要である。

　領域IIの厚さが 5 ML より厚い膜は，きれいな反射高速電子回折 (reflection high energy electron, diffraction, RHEED) 振動が観測される層状成長をしており，LEED で求められた構造も比較的単純である。この場合にも，構造解析で得られた表面第一層と第二層の面間距離が γ 鉄と比べて長く，これは表面層の強磁性を支持している。一方，この領域II では，図4.7 に示されたように室温では強磁性成分が膜厚に依存しないことから，膜の内部に常磁性鉄の存在が示唆される。構造解析からも下層の格子定数は小さくなっていることが示されており，強磁性は現れにくいと考えられる。強磁性をもつ鉄がどこにあるかは，非線形磁気光学効果の一つである磁化方向に依存した第二高調波 (magnetization induced second harmonics generation, MSHG) の検出によって明らかになった[33]。この手法では，SMOKE と異なり，表面層だけの磁化変化を検出できる。その結果，第I領域から第II 領域に移っても表面磁化の大きさには変化がなく，さらに第II領域内においても磁化の大きさが変化しないこともわかった。これと SMOKE 実験の結果とを合わせて考えると，表面から二原子層までが強磁性になっていて

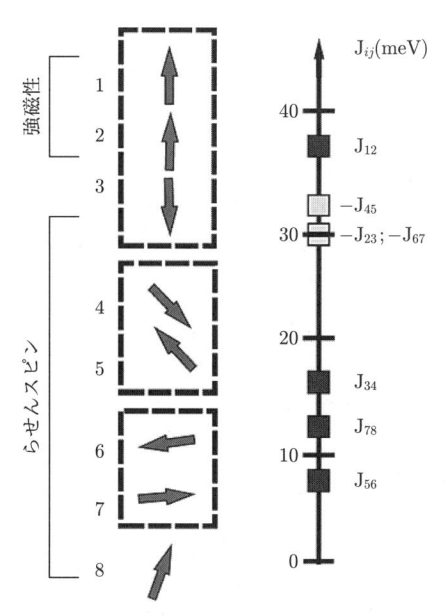

図 4.9 X 線非弾性散乱によって求めた 8 原子層鉄薄膜のスピン構造と層 i と j 間の結合定数 J_{ij}[37]。表面 2 層は強磁性的に磁気結合しているが，その下層ではスピンの向きが層ごとに異なる一種のらせんスピン構造となっている。

その下の層は常磁性と結論できる。

室温で常磁性の γ 鉄は，低温ではらせんスピン構造をもつので，この薄膜でも低温でなんらかの反強磁性が期待できる。実際，200 K 以下の低温で SMOKE により磁化の膜厚依存性を測ると[34]，膜厚の変化に応じて磁化の振動が観測できる。さらに詳しい SMOKE 実験[35]，XMCD 実験[36] および X 線非弾性散乱[37] の実験から，この反強磁性が γ 鉄と同じようにらせんスピン構造であるとされている。図 4.9 には，X 線非弾性散乱の解析から求められたスピン配置と層 i と j 間の結合定数 J_{ij} を示した。この結果によれば，表面とその下の層はスピンの向きが同じで強磁性であるが，2 層目と 3 層目は反強磁性的に結合している。さらに下層では，隣り合うスピンの向きが斜めになり，4，5 層間および 6，7 層間は，反強磁性的に結合している。3 層以下のスピン配列は複雑であり，一種のらせんスピン構造とみなせる。銅結晶中の γ 鉄微粒子では磁気モーメントが 0.7 μ_B であるのに対し，これらの実験から求めた鉄薄膜の磁気モーメントは，1.5〜1.7 μ_B と大きい。一方，鉄の同位体を用いて作製した薄膜ではメスバウアー効果[38]

が測定され，そこで求められた転移温度は 70 K である．この転移温度は，SMOKE 実験で求めた転移温度よりも低い．

この第 II 領域の膜に対しても表面の STM 観察により bcc 的な微結晶が存在するという指摘がある[32]．特に膜厚が厚くなるとその割合が増えてくる．一方，非占有状態[39] や占有状態の電子状態測定[40] からは，fcc 結晶の存在とそこでの強磁性・らせん磁性が支持されている．これについても，今後さらに詳細な研究が必要である．

4.3.4　Cu(001) 基板上のニッケル薄膜

バルクのニッケル結晶は fcc 構造であり銅結晶との格子不整合も 2.5% 程度であるので，銅単結晶基板の上にはエピタキシャル成長が期待できる．実際 Cu(001) 面にはニッケルは層状に成長し，これまでに多くの研究がなされてきた．この系で注目すべきは，磁化容易軸の膜厚依存性である．この薄膜は膜厚が 2 ML 以上で強磁性を示し，磁化容易軸は基板面内にある[41]．膜厚が 8 ML 程度になると，容易軸は基板面垂直になり，さらに 40 ML を越えると再び容易軸は面内となる．深さ分解 XMCD を用いた測定から，表面層では面内の軌道磁気モーメントが大きく，薄膜内部では面垂直の軌道磁気モーメントが大きいことがわかった[42]．これによって，膜厚を増やすにつれて膜内部の体積が増えてくるので，磁化容易軸が面平行から面垂直に変化すると説明できる．最初の磁化容易軸回転が起こる膜厚は，表面に一酸化炭素や酸素などを吸着させると小さくなる[43] ので，この回転は表面の電子状態に大きく依存していることがわかる．表面に一酸化炭素を吸着させた試料の XMCD を測定すると，表面の磁気モーメントは小さくなっていた．一方，膜内部の磁気モーメントには吸着前と違いがない．これらは磁化容易軸を面垂直方向に変化させる方向なので，一酸化炭素吸着によって磁化容易軸回転が起こる膜厚が小さくなる原因が，表面での磁気モーメントの減少であったと理解できる．ただし，XMCD で求められた磁気モーメントは，磁化率測定から求められた磁気モーメント[3] に比べて小さい．磁気モーメントの大きさについては，その温度依存性など，今後さらに詳しい研究が必要である．

4.2 節で述べたような強磁性転移点近傍での磁化の臨界指数 β が，このニッケル薄膜の磁化の温度測定から求められている．それは，膜厚が 7 ML の

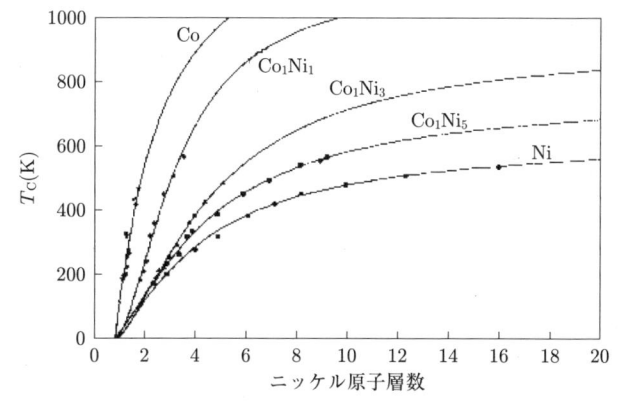

図 **4.10** コバルトニッケル合金薄膜の強磁性転移温度 T_c の膜厚依存性[41]。

薄膜では 0.23 であり，16 ML の膜では 0.43 であった[41]。この変化は膜厚を増やし磁化容易軸回転が起こることと同期している。後者の値はバルクニッケルとほぼ同じであり，磁化容易軸が面垂直である厚い膜は，バルクニッケルとほぼ同じ性質をもつと結論できる。一方，薄い膜の臨界指数は，有限サイズの 2 次元 XY モデルでの値とほぼ等しい。遍歴電子強磁性体であるこの薄膜の磁性が 2 次元 XY モデルですべて記述できるとは考えられないが，磁化容易軸の回転に伴い磁性も大きく変化していることは間違いない。

ここまで見たように，ニッケルとコバルトは共に Cu(001) 面上に fcc の薄膜を形成する。そこで，それらの合金薄膜の磁性も研究されている。図 4.10 は，合金薄膜の T_c の膜厚依存性[41]を示した。コバルトの割合が大きいほど同じ膜厚でも T_c が高い。実線は，各々の合金での結果に対して，T_c と膜厚 (d) の関係式として

$$\frac{1}{T_\mathrm{c}(d)} = \left(\frac{d-d_0}{d_1}\right)^{-\lambda} \frac{1}{T_\mathrm{c}(\infty)} \tag{4.1}$$

を仮定してパラメータをフィットした曲線を書いたものである。ここで，d_0 は T_c が 0 となる膜厚を示すパラメータであり，$d_1, \lambda, T_\mathrm{c}(\infty)$ もフィッティングパラメータである。また，$T_\mathrm{c}(\infty)$ はバルクの T_c に対応する。どの合金でも d_0 は 1 ML 程度になり，理想的な 1 原子層の超薄膜ができれば，それは強磁性になると考えられる。また，バルクの T_c はコバルトの量が増えるにつれて系統的に高くなる。一方，d_1 と λ は，1.8～3.4，1.02～1.66 と

ばらついており，その原因は明らかではない。

4.3.5 タングステンとモリブデン基板上の鉄薄膜

ここまで述べてきたように，Cu(001) 面上の遷移金属強磁性超薄膜は，界面での銅原子と磁性金属原子との混合が理想的な単原子層膜を作製する上で問題となっている。それに対して本項で紹介するタングステン基板上の鉄薄膜では，基板のタングステン原子と鉄原子は置換しないので界面は急峻であり，数原子層膜の磁性を研究する目的に適している。また，タングステンの格子定数は 0.32 nm であるのに対し，bcc 鉄の格子定数は 0.29 nm と小さい。そのために，格子整合した鉄薄膜はバルクの α 鉄とは異なる磁性を示すことが期待できる。残念なことに，この格子定数の違いのために膜が厚くなると膜中に転位が入ってしまい，エピタキシャル膜の厚さは数層にとどまる。

W(110) 面上には格子整合した単原子層の bcc 鉄薄膜を作製することができる[44]。この薄膜は磁化容易軸が面内にある強磁性を示し転移温度は 220 K である。この系の磁化の臨界指数 β は 0.134 であり，2 次元イジングモデルで与えられる値より有意に大きくなっている。この薄膜の上にさらに鉄を蒸着すると，2 原子層の鉄膜が島状にできる。この島が小さいうちは，単原子層部分との交換相互作用のために磁化は面内にある。島の直径が 2～3 nm より大きくなると 2 原子層の島がもつ磁気異方性エネルギー全体が大きくなり，2 原子層膜の磁化容易軸である面垂直方向に磁化が回転する[45]。その転移は，SP-STM でも観察されている[46]。2 原子層鉄膜の面垂直磁気秩序の転移温度は 450 K であり，島間は双極子相互作用によって反強磁性的に結合する。平均膜厚が 2 ML に近くなり 2 原子層の島の面積が拡がると，タングステン基板と鉄固有の格子定数との違いのために膜に平均 9 nm 間隔でミスフィット転位が生じる[47]。転位は主として [001] 方向に伸びるが，転位があっても磁化容易軸は面垂直方向のままである。図 **4.11**(a) に，この鉄薄膜の STM 像を示した。図 4.11(b) の dI/dV 像では，転位が暗い線としてはっきり観察できる。

この 2 原子層膜はバルク bcc 鉄結晶と比べると，基板面に平行方向には格子定数が伸びており，それを補償するように基板垂直方向の格子定数が縮まっている。すなわち，この鉄薄膜では，バルク結晶の最近接原子間隔と比

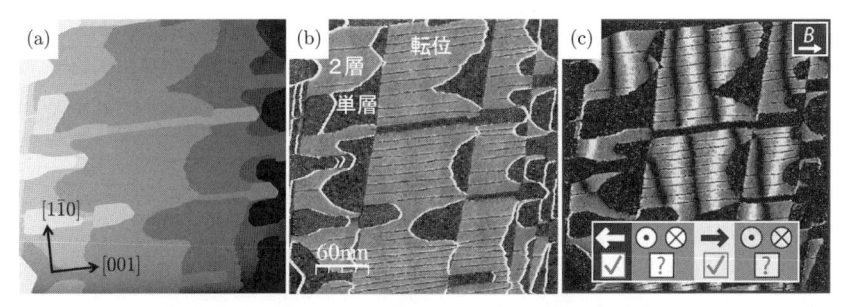

図 4.11 W(110) 表面上に成長した鉄薄膜の (a) 凹凸像, (b) dI/dV 像, (c) スピン分解像[48]。凹凸像の細く伸びた領域は 3,4 ML の領域である。dI/dV 像では, [001] 方向に伸びた転位が暗い線として表示されている。スピン分解像の観察では 150 mT の磁場を面内右方向にかけている。白および黒の [1$\bar{1}$0] 方向に伸びた線が磁壁であり, その間では, スピンの向きは面垂直方向である。

べて近接する原子間隔が狭い。図 4.1 で見たように, 原子間距離が縮まると一般に強磁性は弱まるので, この薄膜の強磁性もバルクに比べて弱くなっている。そのため, 転移温度がバルクの α 鉄の 770 K よりも低い。広い 2 原子層膜では, 薄膜全体の磁化方向は一様ではなくなり, 面垂直上下二つの磁化方向をもつ磁区が交互にでき, その境界に磁壁が入る。磁壁は [1$\bar{1}$0] 方向に伸びやすく, その場合の磁壁間隔は平均 20 nm となる。磁壁の分布は, 図 4.11(c) のスピン分解像ではっきり観察できる。

さらにこの鉄超薄膜の磁性を複雑にしているのは, 4.1 節で述べた DM 相互作用である。ここで議論している 1, 2 原子層の鉄薄膜の場合には相互作用定数ベクトル D が小さいために, らせんスピン構造は現れない。しかし, この相互作用が磁壁内の磁化回転方向を決めている[48]。SP-STM の測定結果によれば, 2 原子層の鉄薄膜において, 磁壁内における磁化回転は右回転のネール型であり, 磁化は薄膜面に垂直な面内で回転している。これは DM 相互作用が隣接するスピンベクトルの外積に比例しているからである。また, DM 相互作用は, スピン波励起スペクトルにおいて, 波数符号についての対称性を破る効果もある。2 原子層の鉄薄膜での SPEELS 測定[49] では, 実際にその非対称性が観測されており, その結果から評価した DM 相互作用の符号は SP-STM での結果から求めたものと一致している。一方, 単原子層の鉄薄膜で測定されたスピン波励起スペクトルには, DM 相互作用から期待されるような[50,51] 非対称性が観測されない。そして, スピン波

の分散関係を見ると，4.3.2項で述べたコバルト薄膜と同じように，バルク鉄結晶のパラメータを使って計算されるものに比べて短波長側でのエネルギーが低い．単原子層の鉄薄膜の磁性を理解するためには，さらなる研究が必要である．

W(001)面の上には4原子層まで格子整合した鉄を成長することができる．基板温度が室温以上で鉄を成長させると，最初の単原子層のエピタキシャル膜が完成するまでは2原子層の島はできないので，完全な単原子膜を作製することができる．この膜は1200 Kで熱脱離するまで安定である．単層膜の上にさらに鉄を蒸着した場合には，蒸着基板温度に応じて島成長の振る舞いが変化していく[52]．基板温度が500 Kまでの場合には，単層の鉄薄膜を残したままその上に2原子層の島が成長し，基板温度が高いほど大きな島が成長する．この2原子層の島を含む膜は強磁性となり，平均膜厚が2 MLではT_cは200 Kである[53]．蒸着時の基板温度を500 K以上にすると，基板温度が低温の場合とは薄膜成長様式が変化して島成長となり，平均膜厚が2 MLから4 MLでは基板と格子整合した鉄薄膜ができる．この基板温度を保ったまま平均4 ML以上の鉄を蒸着すると，格子整合した鉄薄膜の上に帯状の格子不整合な島が成長した構造になる．

この単原子層鉄膜は反強磁性を示し，それはSP-STMを用いて調べられている[54]．原子像が(1×1)正方格子として観察されるのに対して，面垂直方向にスピン感度があるモードで磁化分布を測定すると，$c(2 \times 2)$の対称性をもつ像が得られた．これは，磁化の容易軸が面垂直方向であり，さらに最近接原子のスピンの向きが正反対である反強磁性であることを示している．強磁性体と比較すると，反強磁性体の場合に磁壁があると磁気エネルギーがかなり高くなるので，一般には磁壁が入りにくい．しかし，この単原子層膜では磁壁が観察され，その幅は7原子列程度であった[55]．単原子層膜で磁壁ができる理由は，磁壁が面ではなく線となり，局所的な磁気エネルギーの上昇が抑えられているからと考えられている．実際，観察された磁壁の幅は，DM相互作用を取り入れていない単原子層膜の理論計算の結果とほぼ一致している．ただし，SP-STM像のシミュレーションと実験結果を比べると，細かい点で一致しないところがある．そこで，この系でも少なくとも磁壁におけるスピン方向の回転にはDM相互作用の影響が観測されていると考えられる．一方，膜厚が2 MLから4 MLの膜は強磁性を示し，面内に

磁化容易軸がある．SP-STM を用いた詳しい観察の結果，膜厚が 3 ML から 4 ML に変化すると，面内磁化容易軸が [110] 方向から [100] 方向に回転することがわかった[56]．

bcc 結晶である Mo(110) 基板上にも鉄薄膜がエピタキシャル成長し，W(110) 基板と同じように界面での原子の置換も起こらない．室温基板の上では，最初に単原子層の鉄薄膜が成長し，さらにその上には 2 次元島が成長する[57]．また，2 次元島が広くなるとミスフィット転移が入ることや，室温では 2 原子層以上の薄膜が島状にできる．基板を 600 K にした場合には，ステップフロー成長で鉄単原子膜ができ，その後は 3 次元島が成長する．これらの膜成長の性質は，W(110) 基板上とほとんど同じである．一方，磁性については，基板に依存した違いがあり，室温で作製された単原子層および 2 原子層の薄膜では 5 K における磁化容易軸がともに面垂直である．そして，3 原子層以上になると磁化容易軸は面内になる．また，2 原子層膜では，温度を上昇させると磁化の向きが回転し，13 K 以上では磁化容易軸が面内になる[58]．このように，モリブデンとタングステンでは格子定数はほとんど同じにもかかわらず，その上のエピタキシャル薄膜の磁気異方性には大きな違いがある．これには，界面を介した基板との電子的な相互作用が大きな寄与をしていると考えられる．これについては，4.4 節でもう一度議論する．

4.3.6 反強磁性金属表面

W(001) 基板上に成長させたマンガン薄膜は強磁性になると予想されていたが，実際はらせんスピン構造であることが SP-STM を用いた研究で明らかになった[59]．図 4.12 は，単原子層マンガン膜の SP-STM 像である．この図では，スピンの向きが面内 (a) と面垂直方向 (b) に感度がある二つの場合が示されている．この図で白く見えているものは，2 原子層のマンガン島であり，像を比べる場合のマーカーとなっている．黒の丸で囲まれた 2 原子層島の付近では，縞模様のコントラストが二つの像で逆になっている．この結果から，モデル図 (g) にあるように，周期が 2.2 nm のサイクロイド型らせんスピン構造であることがわかる．この周期は図 4.12(d) の STM 像のフーリエ変換像にも示されている．また，二つの図 4.12(a,b) を見比べると，右下では，磁気ドメイン境界の位置が異なっていることに気がつく（図

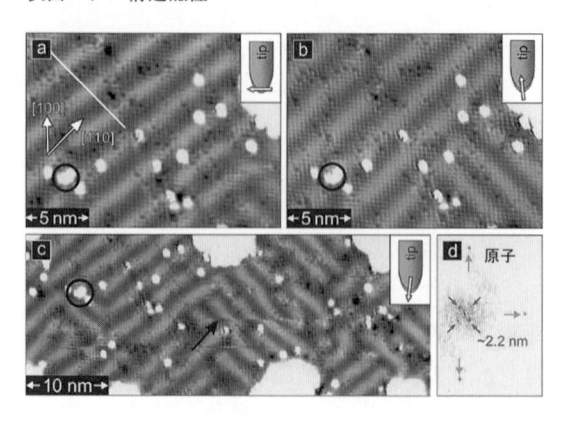

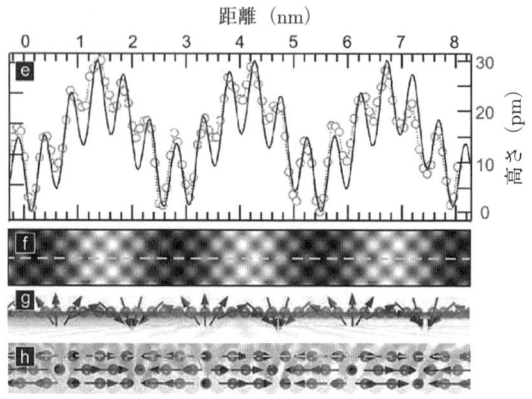

図 4.12 W(001) 表面上の単原子層マンガン薄膜の SP-STM 像[59]。白い部分は 2 原子層マンガンの島。(a) は面内磁化，(b,c) は面垂直磁化を検出している。(d) SP-STM 像のフーリエ変換像。(e)(a) の白線に沿った断面 (○) とシミュレーションの結果（実線）。(f)SP-STM のシミュレーション像。(g,h) スピン配列のモデル図。

4.12(c) の広い範囲の像を見るとここがドメイン境界であることがわかる）。実は，この二つの図では，表面にかけている外部磁場が異なっている。すなわち，表面磁気構造を観察するために外部磁場を変化させたことが原因となって，ドメイン境界が動いたのである。

この磁性を理解するために第一原理計算が行われた。観測された周期のサイクロイド型らせんスピン構造は，スピン軌道相互作用を計算に取り入れないと安定構造にならない。さらに DM 相互作用も取り入れることにより，らせんスピン構造の周期やカイラリティについても実験を再現できるように

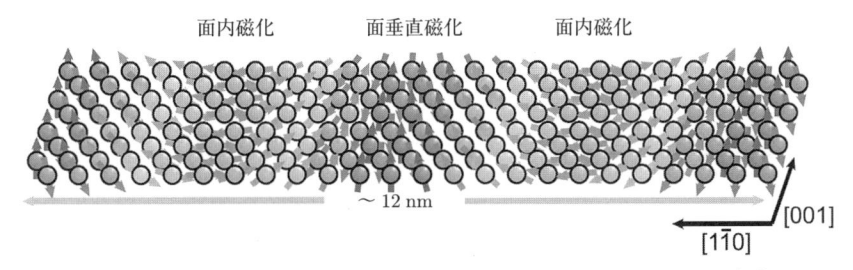

図 **4.13** W(110) 表面上の単原子層マンガン薄膜のスピン構造モデル[63]。

なることがわかった．このことは，強磁性の近接相互作用がある系であっても，超薄膜では DM 相互作用のために，らせんスピン構造が安定構造となることを意味している．

これとは逆に反強磁性[60]と思われていた W(110) 基板上に成長させた bcc(δ) マンガン薄膜[61]でも DM 相互作用のためにらせんスピン構造が実現している[62]．室温基板にマンガンを蒸着すると，平均膜厚が 0.4 ML までは単原子層のマンガン膜がタングステン基板格子に整合して形成される．さらに平均膜厚を増やすと 2 原子層目が成長し始める．広い面積の単原子層マンガン膜を作製するには，基板温度を 400 K にすればよい．この表面を面内スピンに感度がある SP-STM を用いて観察すると，最近接原子同士のスピンは反強磁性的に配列している．しかし，広い範囲で面内スピンの大きさを測定すると，面内磁化の大きさが 6 nm 周期で変調されており，面内スピン成分がほとんど観察できない領域がある．一方，表面に垂直なスピン成分に感度がある SP-STM を用いて観察しても，最近接原子同士のスピンは反強磁性的に配列していて，面に垂直なスピン成分がほとんどない領域がある．また，その領域では面内スピンの大きさが最大になっている．これらの実験結果から図 **4.13** のような，最近接原子間のスピンの向きが正反対から 7°だけ傾いているサイクロイド型らせんスピン構造であることがわかった[63]．このスピン構造の原因も DM 相互作用であり，第一原理計算の結果は W(001) 基板上のマンガン膜と同様に定量的に実験を説明できる．

4.4 表面ナノ磁性体と孤立磁性原子

前節で見てきたように，島状成長を利用することにより，表面に 0 次元

磁性体を作ることができる。また，基板にあるステップを成長核として薄膜が成長するステップフロー成長を用いると，ステップに沿った1次元磁性体も作ることができる。このような薄膜成長様式と薄膜の結晶構造は，基板と蒸着される磁性金属の種類，成長温度および成長速度に依存する。本節では，これらの組み合わせをうまく調節して作製したナノ磁性体の研究について述べる。

4.4.1 磁性ワイヤ列

4.3.5項では，W(110)面上の鉄薄膜について述べた。この鉄薄膜をW(110)微斜面にステップフロー成長させると，幅が数nmの帯状の単原子層鉄ワイヤ列を作ることができる。また，単原子層膜は完全にタングステン表面を覆い，その後に第2層が成長し始める。したがって，平均膜厚を1MLと2MLの間にすると，図4.14(a)のモデル図[64]のように，2原子層膜の帯を平行に作ることができる。そして，それら帯の間隔と幅は微傾斜角度と蒸着量を選ぶことで調整できる。こうしてできた鉄薄膜の凹凸像が図4.14(b)である。4.3.5項で述べたように，単原子層の帯は面内に磁化をもつ強磁性を示す。帯間の相互作用も強磁性的であり，単原子膜全体も強磁性を示す。一方の2原子層膜の帯の磁化容易軸は面垂直であり，隣り合う2原子層膜の帯は双極子相互作用で反強磁性的な相互作用をもつ。実際，平均膜厚を1.4 MLから1.8 MLにすると，180°磁化の向きが異なる帯の数が同数となり，外部磁場がない場合には面垂直方向の平均磁化は0となる。このような磁性はSMOKEなど空間平均量の測定で調べられた。

この系の原子スケールの磁性については，SP-STMを用いた顕微観察によって以下のように詳しく研究されている[64]。図4.14(b)は鉄の平均膜厚が1.7 MLの表面の凹凸像である。ステップが平行に並んでいる様子がよくわかる。これと同じ領域をSP-STMで観察すると，図4.14(c)のようにテラス内でコントラストがつく。この像は垂直磁化に感度があるモードで観察しているので，2MLのワイヤの磁化の向きだけが白と灰色で分解され表示される。ワイヤ間の結合はほぼ反強磁性的になっていることがよくわかる。また，2MLの薄膜の結果で述べたように，一つのワイヤ内にも磁壁がある。水平磁化に感度があるモードで観測すると磁壁の幅を測定することができる。磁壁の幅はワイヤの幅にほぼ等しく，細いワイヤでは3～4 nmで

4.4 表面ナノ磁性体と孤立磁性原子　157

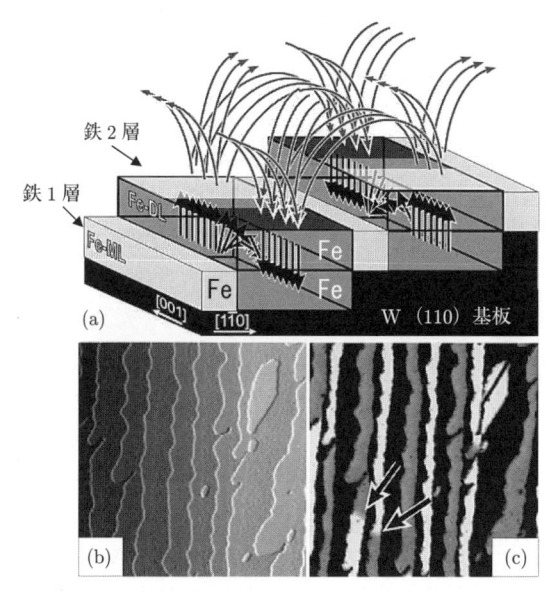

図 4.14　W(100) 微斜面上の 2 原子層鉄ワイヤ列のモデル図 (a)，凹凸像 (b)，およびスピン分解像 (c)[64]。2 原子層鉄ワイヤの磁化は表面垂直方向を向いており，隣り合うワイヤ間は反強磁性的に結合している。スピン分解像ではステップに沿った 2 原子層鉄ワイヤの磁化が，その向きに応じて白または灰色として表示されている。そして，1 原子層の鉄膜は黒く表されている。(c) 中の矢印は磁壁を示している。

ある。

W(110) 面上にある鉄単原子層のワイヤでは，磁壁の幅が 0.6 nm とさらに狭くなる[65]。SP-STM の分解能から判断すると，実際には磁壁幅はもっと狭くほとんど単原子サイズであると考えられる。また，Mo(110) 微斜面上に作製した鉄単原子層ワイヤでも 1.2 nm という狭い幅の磁壁が観察されている[66,67]。4.3.5 項で述べたように，W(110) 面上の鉄単層膜の磁化容易軸が面内であるのに対し，Mo(110) 基板上では鉄単層膜の磁化容易軸は面垂直である。したがって，これらの鉄単原子層ワイヤでは，磁化容易軸方向は異なるものの，磁壁幅が狭いという点が共通である。従来，磁性体の磁壁幅を議論する際に使われてきたマイクロ磁性体の考え方では，磁気異方性の強さを表すパラメータや系の体積を用いて磁壁幅を求めることができる。ここでの観測結果は，磁性体が原子サイズに近くなるとこの考えが適用できなくなることを示している。単原子層膜の磁壁の構造を理解する上で新たに

考慮しなければならないことは，隣接するスピンの向きに大きな影響を与える DM 相互作用である．さらに，DM 相互作用の大きさを決める要素の一つに，薄膜と基板との界面におけるスピン軌道相互作用がある．基板がタングステンとモリブデンの二つの場合を比べると，スピン軌道相互作用はタングステンの場合の方が強いので，界面での DM 相互作用もタングステンの方が強い．したがって，観測されたような狭い磁壁幅を理解するためには，基板の影響と DM 相互作用をミクロに取りいれた理論の発展が必要となる．

W(110) 上のマンガン単原子層ワイヤでは，らせんスピン構造の転移温度 T_N はワイヤの [001] 方向の幅に依存する[63]．これは通常の STM を用いた観察で調べられた．この表面にはらせんスピン構造があるため，表面電子状態密度はスピンの向きに依存している．したがって，微分コンダクタンス像の観察により，らせんスピン構造の有無を知ることができる．その結果，幅が 60 nm 以上の場合には T_N は 230 K であるが，それよりも幅を狭くすると T_N が下がり，幅が 20 nm では 200 K 程度になることがわかった．一方，[001] 方向の幅が同じであれば，T_N は [1$\bar{1}$0] 方向の幅には依存しない．第一原理計算によるとマンガン単原子層膜では [001] 方向にはスピン結合が弱いことが示されており，この方向のワイヤ幅が狭くなると磁気秩序が熱揺らぎのために壊れやすくなる．一方の [1$\bar{1}$0] 方向では，ワイヤの端はスピンが面垂直方向に向きやすく，らせんスピン構造が安定化される．

4.4.2 単一磁区ナノドット

小さな強磁性体はすべてのスピンが同じ向きを向いている単一磁区となり超常磁性を示す．超常磁性とは，一つの強磁性体があたかも一つの巨大な自由スピンであるかのよう振る舞う現象である．現実の小さな強磁性体が自由スピンとして振る舞うのは高温だけであり，温度が低くなり熱エネルギーと磁性体全体の磁気異方性エネルギーが同程度となると，磁化の向きは異方性によって決まるようになる．この現象はブロッキングと呼ばれ，これを特徴付けるブロッキングエネルギー E_B は，磁気異方性パラメータ K_A と磁性体の体積 V の積

$$E_B = K_A V \tag{4.2}$$

である．体積が小さくなればこのエネルギーが下がるので低温までブロッキ

ングが起きず，磁化の向きは熱で揺らぐ．このモデルでは，熱揺らぎによる磁化の向きの変化率は，

$$\nu = \nu_0 \exp\frac{-E_\mathrm{B}}{k_\mathrm{B}T} \quad (4.3)$$

と書ける．ここで，ν_0 は試行周波数と呼ばれる定数，k_B はボルツマン定数である．

個々の磁性体のこの変化率は，SP-STM を用いて測定することができる．磁化容易軸が面垂直である Mo(110) 基板上の単原子層の鉄島では，垂直磁化の時間変化が 13 K で測定された[68]．鉄島の磁化反転の様子は，図 4.15 の一連の SP-STM 像に示されている．この図の明暗はスピンの向きを表しており，島 a と b の矢印の位置に示されているように，同じ島の磁化を検出しているうちに突然磁化が反転している．また，ワイヤの場合と同じように，隣り合う島同士は反強磁性的に結合している[69]．図 4.15 の a,b 島間にはその相互作用が観察でき，各々の島の磁化の向きが時間変化しているとともに，隣島同士では磁化の向きが反対である時間が多い．一方，島 c は磁化が変化せず，島 d も磁化変化率が小さい．この二つの島は距離が離れているために，島の磁化の向きには相関がない．これらの鉄島の磁化変化率の詳しい解析を行うと，上で示した変化率の体積依存性は円形に近い島ではほぼ成り立つ．しかし，細長い島の磁化変化率は，同じ体積のほぼ円形の島と比べて一桁以上高いことがわかった．これは，細長い島の磁化反転過程は，円形の島のように磁気異方性エネルギーで決められて島全体で生じるものではなく，島への磁壁侵入によって生じているからである．島の幅の狭い場所への磁壁侵入のエネルギー E_W は，島全体の磁気異方性エネルギーに比べて小さい．

W(110) 面上の単原子層薄膜の島では，島の形状に依存した磁壁侵入がさらに詳しく解析された[70]．SP-STM 観察によると，30 原子以上の大きさの島では，磁壁侵入とその伝搬が磁化反転率を決めている．観察された磁化反転率は島の形状に依存し，その温度依存性は

$$\nu = \nu_0 \exp\frac{-E_\mathrm{W}}{k_\mathrm{B}T} \quad (4.4)$$

と活性化型である．この結果は，侵入した磁壁が島内を異方的かつ結晶軸方向にはランダムに伝搬することで説明できる．細長い島ほど磁壁の伝搬の

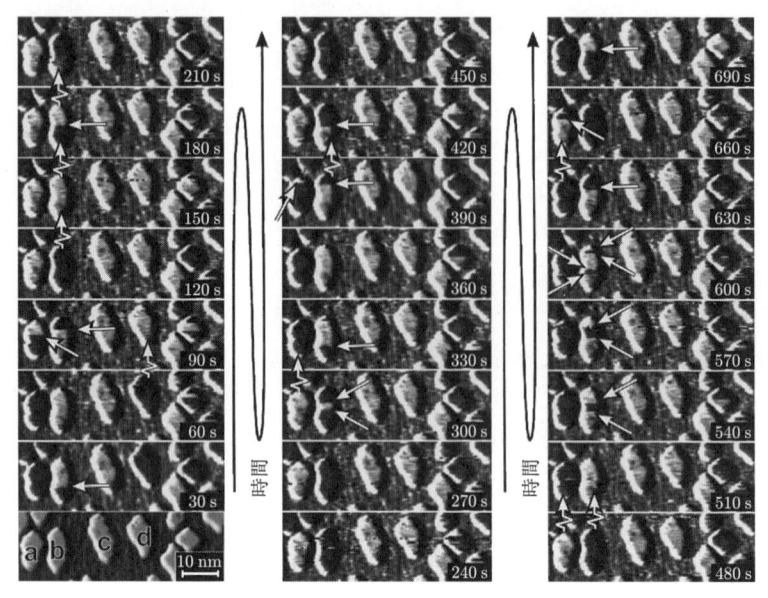

図 4.15 Mo(110) 基板上の単原子層の鉄島の垂直磁化の時間変化[69]。測定温度は 13 K。図の明暗はスピンの向きを表している。探針が島 a, b の矢印で示されている位置に来たときにそれらの島の磁化が反転した。

途中で逆方向に磁壁が戻り磁壁が消えてしまう確率が増えるので，結果として島全体の磁化反転率が低くなる。ただし，30 原子以下の大きさの島では，このモデルでは説明できない磁化反転率が観測されており，そのような場合には島全体が一度に磁化反転していると考えた方がよい。

4.4.3 単一原子のスピン検出

磁性原子を金属表面にまばらに蒸着した試料では，孤立した原子のスピン方向が SP-STM によって観察できる。磁性金属の磁化方向とその表面上の原子スピンの向きが強磁性的になるか反強磁性的になるかという問題は，薄膜界面での磁気結合と同じように興味深い。Cu(111) 面のコバルト単原子層の上では，鉄原子とクロム原子のスピンの磁気結合が調べられている[71]。このコバルト単原子層の磁化は表面垂直方向を向いている。その上に低温で蒸着されたこれらの原子のスピンも表面垂直方向を向いており，コバルト膜と鉄原子は強磁性的に，クロム原子は反強磁性的に結合していることがわかった。

Pt(111) 表面の上では，コバルト原子とコバルト薄膜間の表面平行方向の距離に依存して符合の振動する磁気相互作用が測定されている[72]．この表面にコバルトを室温で少量蒸着すると，基板のステップ近くには単原子膜ができる．さらに，コバルトを 25 K で少量蒸着すると，コバルト単原子膜から離れたプラチナの清浄表面上に孤立した原子を配置できる．コバルト単原子膜は表面垂直方向に磁化容易軸のある強磁性を示し，SP-STM ではその磁化ヒステリシスを測定することができる．一方，プラチナ表面上の孤立したコバルト原子は，表面垂直方向に外部磁場を掃引すると，その磁気モーメントの向きは外部磁場に追従して変化し，自由なスピンとして振る舞う．しかし，コバルト薄膜からの距離が数 nm 以内にあるコバルト原子の場合には，スピンの反転にヒステリシスが観察された．原子スピンの保磁力は単原子膜と原子間の距離が長くなるほど小さくなり，原子スピンの向きは，コバルト薄膜の近くでは薄膜の磁化方向と反平行であり，少し離れると平行になり，さらに離れた場合には，再び反平行となる．このように薄膜と孤立原子との磁気相互作用が 1.5 nm 周期で振動することから，この原因は基板を介した RKKY 相互作用と考えられている．ただし，この振動の周期はプラチナのフェルミ波数から求めたものより長い．また，この系では，孤立したコバルト原子の磁化曲線から個々の原子の磁気モーメントが測定されている．その平均値は XMCD で測定した値と等しいが，磁気モーメントの値には場所に依存したばらつきが見られ，その原因はよくわかっていない．

4.4.4 単一原子の近藤効果

金属表面に置かれ孤立した磁性原子には近藤効果[73]が期待できる．近藤効果は，原子に局在した電子のスピン S と基板金属中に拡がった電子のスピン s との間の反強磁性的な交換相互作用，$H = JSs$ によって生じる．ここで，J は交換相互作用の強さである．近藤効果が生じているとき，高温では磁性原子に局在磁気モーメントがあり，低温の基底状態は磁気モーメントがない近藤一重項と呼ばれる状態になる．この状態では，磁性原子の磁気モーメントと基板の伝導電子の磁気モーメントが反強磁性的に結合し，全体として磁気モーメントが消失している．また，基底状態では，フェルミ準位付近の電子状態密度が，磁性原子がない場合の金属状態よりも大きくなる．

金属表面上で，この近藤効果による電子状態密度の変化が STS によって

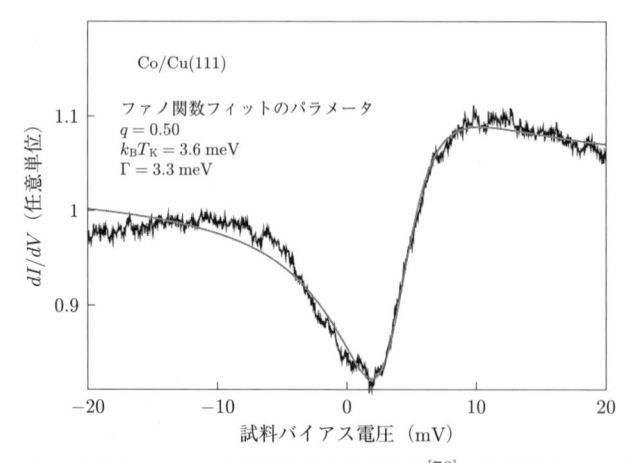

図 4.16 Cu(111) 面上のコバルト原子が示す近藤効果[76]。近藤温度 T_K より十分低温で微分コンダクタンスのバイアス電圧 V 依存性を測定すると，$V = 0$ 付近に近藤一重項状態に特徴的なスペクトルが現れる。このスペクトルは，1.2 K で測定された。実線は，ファノ効果を取り入れてフィットしたスペクトル形状関数 $\rho(V) = A(\rho_0 + (q+\varepsilon)^2/(1+\varepsilon^2))$。ここで，$\varepsilon = (eV - k_B T_K)/\Gamma$ で，一部のフィッティングパラメータは図に与えられている。

観察されている[74,75]。図 4.16 は，Cu(111) 表面上のコバルト原子のトンネルスペクトルである[76]。近藤一重項状態ではフェルミ準位付近の電子状態密度が高いので，微分コンダクタンスは $V = 0$ 付近で大きくなると予想されるにもかかわらず，逆に小さくなっている。これは，以下のようにファノ効果[77]によるものである。表面には近藤効果によってできたフェルミ準位付近の一重項状態と連続な金属状態と二つの状態がある。このために，STM 探針との表面間のトンネル過程が 2 種類あり，この二つが干渉して，ファノ効果が生じる。図 4.16 の実線はファノ効果から導かれるスペクトル形状関数

$$\rho(V) = A\left(\rho_0 + \frac{(q+\varepsilon)^2}{1+\varepsilon^2}\right) \qquad (4.5)$$

であり，実験結果にパラメータフィットしたものである。ここで，$\varepsilon = (eV - k_B T_K)/\Gamma$，$A$ と ρ_0 は定数，q はファノ効果の形状因子，T_K は近藤効果を特徴づける近藤温度，Γ はエネルギー幅を決めるパラメータである。このような STS におけるファノスペクトル形状は，貴金属表面上の遷移金属原子や 4f 磁性原子でも観察できる。そして，スペクトル形状の解析により，T_K を求めることができる。

近藤温度 T_K は，磁気モーメントが消失し，近藤一重項状態によるフェルミ準位付近の電子状態密度が大きくなり始める特徴的な温度であり，磁気相互作用 J と局在したエネルギー準位に依存する。表面に吸着した磁性原子は，周囲の原子の数が金属中の磁性原子よりも少なく，金属電子との相互作用が小さい。そのために，T_K はバルクと比べて低くなる。また，同じ磁性金属が吸着した表面でも面方位が異なると隣接する原子の数も異なり，T_K も変化する。たとえば，Cu(001) 面と Cu(111) 面上のホローサイトに吸着したコバルト原子を比べると，三つの銅原子と隣接する Cu(111) 面の方が T_K は低く 54 K であり，Cu(001) 面では 88K である[78]。同様に，Cu(001) 面に埋め込まれたコバルト原子は，より多くの隣接する銅原子があり，T_K はバルクの値 530 K に近い 400 K になる[79]。一方，Cu(111) 面上のコバルト原子を一つ含む銅クラスターの T_K は必ずしも隣接する原子数に系統的に依存しない[80]。このことは，隣接する原子数だけを使った近藤効果の議論は不十分であり，定量的な議論には相互作用について詳しい考察が必要であることを示している。

金属状態電子と孤立磁性原子との相互作用を制御した実験も行われている。図 **4.17** の $B = 0$ の場合のトンネルスペクトルは，窒素吸着 Cu(001) 面上のコバルト原子の近藤効果を表している[76,81]。Cu(001) 面上には窒素が 0.5 ML まで吸着し表面構造は c(2 × 2) となる。この表面は規則的な表面ナノ構造をとるので興味がもたれ，これを使ったいろいろな研究がなされている[82]。コバルト原子は，挿入図のように銅原子の上にある。窒素が吸着したために，コバルト原子のスピンと基板の自由電子との相互作用は弱くなり，T_K は清浄表面の 88K から 2.6K まで低下している。また，STM 探針と基板の自由電子とのトンネル確率が小さいので，ファノ効果による非対称性も小さくなっている。

図 4.17 の $B = 0$ のトンネルスペクトルには，$V = 6\,\text{mV}$ 付近で増大している。これは，非弾性トンネル効果によって，トンネル電子からコバルト原子にエネルギーが移動し，コバルトのスピンが変化した結果と考えられる[81]。コバルト原子の全スピンは 3/2 であり，表面に吸着するとスピンは 1 軸性の磁気異方性をもつ。そして，そのスピン励起状態では，基底状態と比べて磁気異方性軸方向へのスピン成分が大きい。このとき，トンネル電子のエネルギーが大きくなると，そのエネルギーを使って基底状態からこのス

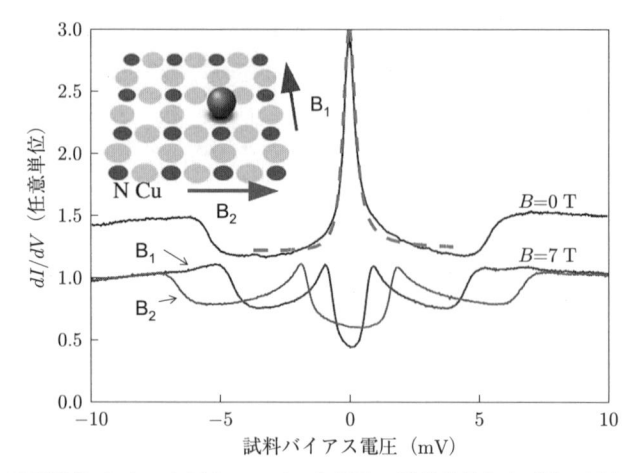

図 4.17 窒素吸着 Cu(001) 面上のコバルト原子の近藤効果およびその面内磁場による変化を示す STS の結果[76,81]。二つの方向の外部磁場 7T におけるデータが示されている。破線は，ファノ効果のスペクトル形状関数へのフィッティングの結果。測定は 0.5 K で行われた。挿入図は，窒素吸着 Cu(001) 面およびその銅原子に吸着したコバルト原子（球）のモデルと磁場の方向を示している。濃い灰色の楕円は基板表面の窒素原子，薄い灰色の楕円は銅原子である。

ピン励起状態への遷移が可能となり，非弾性トンネル過程が生じる。その結果として，微分コンダクタンスが増大する。磁場中のスペクトルでは，近藤一重項によるピークは分裂し，非弾性トンネル効果によってスピンが変化するエネルギーしきい値も変化している。これらの測定結果も，コバルトの全スピンが 3/2 であり 1 軸性の磁気異方性をもつことで説明できる。スピンが 1/2 よりも大きな原子による近藤効果では，このように磁気異方性の影響が大きく現れ，近藤一重項は外部磁場によって壊れてしまう[83]。

4.5 磁性を調べる方法

最後に，これまで紹介した実験に使用された表面磁性を調べる手法について簡単に説明する。ここで取り上げることのできなかった実験手法については，文献 [1-3] を参照してほしい。

4.5.1 スピン偏極走査型プローブ顕微鏡 (SP-SPM)[18]

スピン偏極 STM では，タングステン探針の先端に鉄やガドリニウムなど

の強磁性金属あるいはクロムなどの反強磁性金属を蒸着して，スピン偏極トンネル電流を作り出している．これまでに，磁性研究のための SP-STM としていくつかの方法が開発されてきたが，この方法が再現性もよく，現在では，磁性の研究に広く用いられている方法である．

鉄を蒸着した探針先端の磁化は外部磁場がないときに表面平行方向を向いている．一方，クロムを蒸着した探針先端の表面クロム原子のスピンの向きは，試料表面垂直になる．強磁性体を蒸着した探針と比べたとき，反強磁性体であるクロムを探針に蒸着すると，磁性体が試料表面に作る磁場を小さくできるという利点がある．また，クロムは反強磁性であるので，通常の超伝導磁石で発生できる外部磁場を加えても，極低温では探針先端のスピンの向きは変化しない．したがって，試料の磁化がどのように外部磁場に依存するかを測定する目的に適している．一方，鉄を蒸着した探針では，磁化方向が外部磁場の方向を向く．このことを使えば，外部磁場がないときには表面平行方向の試料磁化に感度がある探針として利用し，表面垂直方向の外部磁場中では垂直方向の試料磁化に感度があるようにすることもできる．これは，反強磁性体表面の磁化測定に使用されている．

原子分解能をもつ AFM(atomic force microscopy) としては，探針を表面垂直に振動させるノンコンタクト (NC)AFM と呼ばれるものがある．この手法では，探針はカンチレバーの共振周波数で振動させ，探針先端が表面から原子間力を受けることによる共振周波数の変化を検出している．この探針は通常シリコンでできており，その先端に鉄を蒸着したものが磁性の研究に用いられている．このスピン偏極 AFM では，STM の場合と同じように探針に磁場をかけないと蒸着された鉄薄膜は表面平行方向に磁化容易軸があり，このまま使用すれば表面平行方向の磁化に対して感度がある．この探針の軸方向に 5T 程度の磁場をかけると，蒸着された鉄薄膜の磁化が回転して表面垂直方向になる．この状態で表面を観察すれば，表面垂直方向の磁化に対して感度がでる．

4.5.2 線形磁気光学カー効果 (SMOKE) 測定[84]

磁性体表面で偏光した光が反射する際に，表面の磁化の方向に依存して偏光面が回転する[85]．これは，固体の光学遷移がスピンに依存しているからである．この反射光磁気光学カー効果を用いると，外部磁場を掃引すること

による強磁性薄膜の磁化反転過程を超高真空中で検出できる。この方法では，大気中で反射光の偏光面を測定すればよいので，超高真空中に複雑な装置を入れる必要がなく，簡便に磁性を調べることができる。ただし，磁気異方性を測定するために結晶方位に対して外部磁場の向きを変える場合など，超高真空中の試料位置での磁場発生には工夫が必要である。

4.5.3　スピン偏極低速電子回折 (SPLEED)[86]

低速電子回折は表面構造の研究に広く使われている。この手法において入射電子をスピン偏極させると，表面でのスピン軌道相互作用のために，その回折の際に電子スピンの向きが変化する。さらに磁性体表面の場合には，入射電子と表面電子との間に交換相互用があるので，この回折過程は表面の磁化に依存するようになる。これらを利用して，表面磁気配列を調べる方法が，スピン偏極低速電子回折である。強磁性体の研究では，スピン依存効果だけを抽出するために，試料磁化の向きを反転しスピン軌道相互作用に起因する回折の変化を取り除かなければならない。

4.5.4　スピン分解光電子分光 (SRPES)[87]

スピン分解光電子分光は，通常の光電子分光において光電子のスピン向きの検出を行う手法である。光源として真空紫外光を用いて角度分解光電子分光を行えば，磁性を担っているフェルミエネルギー近傍のスピン分解バンド構造を明らかにすることができる。光電子のスピン分解測定には，モット散乱を利用したモット検出器が一般的に使われている。この検出器では，磁性体表面から放出された光電子を静電エネルギー分光器によってエネルギー分解した後に数十 keV に加速して，金などのスピン軌道相互作用の大きな物質に照射する。すると，光電子のスピンの向きに依存して電子散乱方向に異方性が生じる。ただし，スピン分解の検出効率は 1/1000 以下と大変低いので，高いエネルギー分解能のスピン分解スペクトルを得るためは，強い励起光と長時間の測定が必要である。高いスピン分解効率を得る方法の一つとして，磁性体表面でのスピン偏極低速電子散乱をスピン検出に用いる方法が発展している[88,89]。

4.5.5 軟 X 線磁気円 2 色性 (XMCD) 測定[90]

軟 X 線領域の光吸収断面積は，原子内殻からフェルミエネルギー直上の非占有状態への遷移で大きくなるので，軟 X 線吸収分光は非占有電子状態を調べる重要な方法である．強磁性体では非占有電子状態密度が磁化の向きに依存しているので，左右の円偏光軟 X 線吸収スペクトルに強度差が現れる．この内殻からのスピン依存光学過程を調べることにより，強磁性体の元素に特定された磁気モーメントを測定することができる．実験は光のエネルギーを連続的に変化できるシンクロトロン放射光を用いて行われる．この方法の最大の特徴は，複数の元素からなる系で元素ごとに分解して磁気モーメントや自発磁化の有無を調べることができることである．特に，遷移金属の 2p から 3d への遷移や希土類金属の 3d から 4f への遷移吸収端においては，断面積が大きく，差分スペクトルも比較的容易に測定できる．軌道磁気モーメントとスピン磁気モーメントの比 M_L/M_S を求めるためには，軟 X 線吸収の双極子遷移の選択則を使う．遷移金属磁性体では 3d の，希土類磁性金属では 4f の電子占有率がスピンの向きによって大きく異なり，また軌道磁気モーメントはそれらの占有率分布に大きく依存している．選択則から，磁気量子数の変化が +1 または −1 の遷移だけが許されることになるので，左右の円偏光吸収による内殻吸収スペクトルには差が観測され，それは終状態 (3d または 4f) 電子占有率の関数となっている．これを考慮してデータを解析すると，M_L/M_S を実験的に求めることができる．

4.5.6 磁気第二高調波発生 (MSHG)[91]

空間反転対称性が破れている系に光を入射すると，2 次の光学過程により第二高調波が発生する[85]．このため，たとえバルクの対称性が良い結晶においても表面で反射された光には第二高調波が含まれており，その観測は表面電子状態を調べる有力な手段となる．この 2 次光学過程は，4.5.2 項で述べた線形磁気カー効果と同様に，表面での磁化方向と入射光偏光に依存する．このことを利用すると，磁性体表面での反射第二高調波の強度や偏光回転を検出することにより，表面磁性を調べることができる．特に空間反転対称性のある結晶では，第二高調波は表面でのみ発生するので，表面第一層の磁気情報だけを取り出すことができる．一般に第二高調波は微弱なので，エ

ネルギー密度の高い入射光としてパルスレーザー光を使用する。そして，この方法は，二つの光パルスを用いたポンププローブ法による磁化ダイナミクス測定へと発展している。

4.5.7 スピン偏極電子エネルギー損失分光 (SPEELS)[92]

電子エネルギー損失分光を用いると素励起を調べることができる。通常の電子エネルギー損失分光と同じような装置を用いて，スピン偏極した電子を試料表面に入射し，反射した電子の波数とエネルギーを測定する。入射スピン方向の異なる場合のスペクトルを比較解析することにより，スピン波の分散関係を調べることができる。

引用・参考文献

[1] J. A. C. Bland and B. Heinrich (Eds.): "Ultrathin Magnetic Structures I-IV" (Springer, 1994, 2005).
[2] M.Wuttig and X. Liu: "Ultrathin Metal Films, Magnetic and Structural Properties" (Springer, 2004).
[3] C.A.F. Vaz, J.A.C. Bland and G. Lauhoff: Rep. Prog. Phys. **71**, 056501 (2008).
[4] 永宮健夫："磁性の理論"（吉岡書店，1987）p.96.
[5] 永宮健夫："磁性の理論"（吉岡書店，1987）p.69.
[6] 永宮健夫："磁性の理論"（吉岡書店，1987）p.141.
[7] C. S. Arnold and D. P. Pappas: Phys. Rev. Lett. **85**, 5202 (2000).
[8] Ph Kurz, G. Bihlmayer and S. Blügel: J. Phys.: Condens. Matter **14**, 6353 (2002).
[9] E. D. Tober, F. J. Palomares, R. X. Ynzunza, R. Denecke, J. Morais, Z. Wang, G. Bino, J. Liesegang, Z. Hussain and C. S. Fadley: Phys. Rev. Lett. **81**, 2360 (1998).
[10] M. Bode, M. Getzlaff, A. Kubetzka, R. Pascal, O. Pietzsch and R. Wiesendanger: Phys. Rev. Lett. **83**, 3017 (1999).
[11] S.F. Alvarado, M. Campagna, F. Ciccacci and H. Hopster: J. Appl. Phys. **53**, 7920 (1982).
[12] Yi Li and K. Baberschke: Phys. Rev. Lett. **68**, 1208 (1992).
[13] U. Gradmann: J. Mag. Mag. **100**, 481 (1991).
[14] V. L. Moruzzi, P. M. Marcus and P. C. Pattnaik: Phys. Rev. B **37**, 8003 (1988).
[15] V. L. Moruzzi, P. M. Marcus and J. Kübler: Phys. Rev. B **39**, 6957 (1989).
[16] Y. Tsunoda, N. Kunitomi and R.M. Nicklow: J. Phys. F **17**, 2447 (1987).
[17] A. M. N. Niklasson, B. Johansson and H. L. Skriver: Phys. Rev. B **59**, 6373

(1999).
[18] R. Wiesendanger: Rev. Mod. Phys. **81**, 1495 (2009).
[19] M.T. Kief and W.F. Egelhoff, Jr.: Phys. Rev. B **47**, 10785 (1993).
[20] F. Nouvertné, U. May, M. Bamming, A. Rampe, U. Korte, G. Günterodt, R. Pentcheva and M. Scheffler: Phys. Rev. B **60**, 14382 (1999).
[21] C. M. Schneider, P. Bressler, P. Schuster, J. Kirschner, J. J. de Miguel and R. Miranda: Phys. Rev. Lett. **64**, 1059 (1990).
[22] P. Poulopoulos, P. J. Jensen, A. Ney, J. Lindner and K. Baberschke: Phys. Rev. B **65**, 064431 (2002).
[23] A. Ney, P. Poulopoulos and K. Baberschke: Europhys. Lett **54**, 820 (2001).
[24] M. Tischer, O. Hjortstam, D. Arvanitis, J. Hunter Dunn, F. May, K. Baberschke, J. Trygg, J. M. Wills, B. Johansson and O. Eriksson: Phys. Rev. Lett. **75**, 1602 (1995).
[25] P. Srivastava, F. Wilhelm, A. Ney, M. Farle, H. Wende, N. Haack, G. Ceballos and K. Baberschke: Phys. Rev. B **58**, 5701 (1998).
[26] T. Nakagawa, Y. Takagi, Y. Matsumoto and T. Yokoyama: J. J. of Appl. Phys. **47**, 2132 (2008).
[27] R. Vollmer, M. Etzkorn, P. S. Anil Kumar, H. Ibach and J. Kirscher: Phys. Rev. Lett. **91**, 147201 (2003).
[28] A. T. Costa, R. B. Muniz and D. L. Mills: Phys. Rev. B **70**, 054406 (2004).
[29] Müller, P. Bayer, C. Reischl, K. Heinz, B. Feldmann, H. Zillgen and M. Wuttig: Phys. Rev. Lett. **74**, 755 (1995).
[30] K. Heinz, S. Müller and L. Hammer: J. Phys. Condens. Matter **11**, 9437 (1999).
[31] A. Biedermann, R. Tscheließnig, M. Schmid and P. Varga: Phys. Rev. Lett. **87**, 086103 (2001).
[32] A. Biedermann: Phys. Rev. B **80**, 235403 (2009).
[33] M. Straub, R. Vollmer and J. Kirschner: Phys. Rev. Lett. **77**, 743 (1996).
[34] D. Li, M. Freitag, J. Pearson, Z. Q. Qiu and S. D. Bader: Phys. Rev. Lett. **72**, 3112 (1994).
[35] D. Qian, X. F. Jin, J. Barthel, M. Klaua and J. Kirschner: Phys. Rev. Lett. **87**, 227204 (2001).
[36] K. Amemiya, S. Kitagawa, D. Matsumura, T. Yokoyama and T. Ohta: J. Phys. Condens. Matter **15**, S561 (2003).
[37] H. L. Meyerheim, J.-M. Tonnerre, L. Sandratskii, H. C. N. Tolentino, M. Przybylski, Y. Gabi, F. Yildiz, X. L. Fu, E. Bontempi, S. Grenier and J. Kirschner: Phys. Rev. Lett. **103**, 267202 (2009).
[38] W. Keune, A. Schatz, R. D. Ellerbrock, A. Fuest, Katrin Wilmers and R. A. Brand: J. Appl. Phys. **79**, 4265 (1996).
[39] M. Donath, M. Pickel, A.B. Schmidt and M. Weinelt: J. Phys. Condens. Matter. **21**, 134004 (2009).
[40] J. Miyawaki, A. Chainani, Y. Takata, M. Mulazzi, M. Oura, Y. Senba, H. Ohashi and S. Shin: Phys. Rev. Lett. **104**, 066407 (2010).
[41] F. Huang, M. T. Kief, G. J. Mankey and R. F. Willis: Phys. Rev. B **49**, 3962

(1994).
[42] K. Amemiya, E. Sakai, D. Matsumura, H. Abe, T. Ohta and T. Yokoyama: Phys. Rev. B **71**, 214420 (2005).
[43] A. Ney, A. Scherz, P. Poulopoulos, K. Lenz, H. Wende, K. Baberschke, F. Wilhelm and N. B. Brookes: Phys. Rev. B **65**, 024411 (2002).
[44] H. J. Elmers, T. Furubayashi, M. Albrecht and U. Gradmann: J. Appl. Phys. **70**, 5754 (1991).
[45] N. Weber, K. Wagner, H. J. Elmers, J. Hauschild and U. Gradmann: Phys. Rev. B **55**, 14121 (1997).
[46] A. Kubetzka, O. Pietzsch, M. Bode and R. Wiesendanger: Phys. Rev. B **63**, 140407(R) (2001).
[47] E. Y. Vedmedenko, A. Kubetzka, K. von Bergmann, O. Pietzsch, M. Bode, J. Kirschner, H. P. Oepen and R. Wiesendanger: Phys. Rev. Lett. **92**, 077207 (2004).
[48] S. Meckler, N. Mikuszeit, A. Preßler, E. Y. Vedmedenko, O. Pietzsch and R. Wiesendanger: Phys. Rev. Lett. **103**, 157201 (2009).
[49] Kh. Zakeri, Y. Zhang, J. Prokop, T.-H. Chuang, N. Sakr, W. X. Tang and J. Kirschner: Phys. Rev. Lett. **104**, 137203 (2010).
[50] M. Heide, G. Bihlmayer and S. Blügel: Phys. Rev. B **78**, 140403 (2008).
[51] L. Udvardi and L. Szunyogh: Phys. Rev. Lett. **102**, 207204 (2009).
[52] W. Wulfhekel, F. Zavaliche, F. Porrati, H. P. Oepen and J. Kirschner: Europhys. Lett. **49**, 651 (2000).
[53] H. J. Elmers and J. Hauschild: Surf. Sci. **320**, 134 (1994).
[54] A. Kubetzka, P. Ferriani, M. Bode, S. Heinze, G. Bihlmayer, K. von Bergmann, O. Pietzsch, S. Blügel and R. Wiesendanger: Phys. Rev. Lett. **94**, 087204 (2005).
[55] M. Bode, E. Y. Vedmedenko, K. von Bergmann, A. Kubetzka, P. Ferriani, S. Heinze and R. Wiesendanger: Nature Materials **5**, 477 (2006).
[56] K. von Bergmann, M. Bode and R. Wiesendanger: Phys. Rev. B **70**, 174455 (2004).
[57] J. Malzbender, M. Przybylski, J. Giergiel and J. Kirschner: Surf. Sci. **414**,187 (1998).
[58] A. Kukunin, J. Prokop and H. J. Elmers: Phys. Rev. B **76**, 134414 (2007).
[59] P. Ferriani, K. von Bergmann, E. Y. Vedmedenko, S. Heinze, M. Bode, M. Heide, G. Bihlmayer, S. Blügel and R. Wiesendanger: Phys. Rev. Lett. **101**, 027201 (2008).
[60] S. Heinze, M. Bode, A. Kubetzka, O. Pietzsch, X. Nie, S. Blügel and R. Wiesendanger: Science **288**,1805 (2000).
[61] M. Bode, M. Hennefarth, D. Haude, M. Getzlaff and R. Wiesendanger: Surf. Sci. **432**, 8 (1999).
[62] M. Bode, M. Heide, K. von Bergmann, P. Ferriani, S. Heinze, G. Bihlmayer, A. Kubetzka, O. Pietzsch, S. Blügel and R. Wiesendanger: Nature **447**, 190 (2007).
[63] P. Sessi, N. P. Guisinger, J. R. Guest and M. Bode: Phys. Rev. Lett. **103**,

167201 (2009).
- [64] M. Bode, O. Pietzsch, A. Kubetzka, S. Heinze and R. Wiesendanger: Phys. Rev. Lett. **86**, 2142 (2001).
- [65] M. Pratzer, H. J. Elmers, M. Bode, O. Pietzsch, A. Kubetzka and R. Wiesendanger: Phys. Rev. Lett. **87**, 127201 (2001).
- [66] J. Prokop, A. Kukunin and H. J. Elmers: Phys. Rev. Lett. **95**, 187202 (2005).
- [67] A. Kukunin, J. Prokop and H. J. Elmers: Phys. Rev. B **76**, 134414 (2007).
- [68] J. Prokop, A. Kukunin and H. J. Elmers: Phys. Rev. B **73**, 014428 (2006).
- [69] M. Bode, A. Kubetzka, K. von Bergmann, O. Pietzsch and R. Wiesendanger: Microsc. Res. Tech. **66**, 117 (2005).
- [70] S. Krause, G. Herzog, T. Stapelfeldt, L. Berbil-Bautista, M. Bode, E. Y. Vedmedenko and R. Wiesendanger: Phys. Rev. Lett. **103**, 127202.(2009).
- [71] Y. Yayon, V. W. Brar, L. Senapati, S. C. Erwin and M. F. Crommie: Phys. Rev. Lett. **99**, 067202 (2007).
- [72] F. Meier, L. Zhou, J. Wiebe and R. Wiesendanger: Science **320**, 82 (2008).
- [73] 永宮健夫：" 磁性の理論"(吉岡書店，1987) p.144.
- [74] V. Madhavan, , W. Chen, T.Jamneala, M. F. Crommie and N. S. Wingreen: Science **280**, 567 (1998).
- [75] J. Li, W.-D.Schneider, R. Berndt and B. Delley: Phys. Rev. Lett. **80**, 2893 (1998).
- [76] M. Ternes, A. J. Heinrich and W. -D. Schneider: J. Phys. Condens. Matter **21**, 053001 (2009).
- [77] U. Fano: Phys. Rev. **124**, 1866 (1961).
- [78] N. Knorr, M. A. Schneider, L. Diekhöner, P. Wahl and K. Kern: Phys. Rev. Lett. **88**, 096804 (2002).
- [79] N. Quaas, M. Wenderoth, A. Weismann and R.G. Ulbrich: Phys. Rev. B **69**, 201103 (2004).
- [80] N. Néel, J. Kröger, R. Berndt, T. O. Wehling, A. I. Lichtenstein and M. I. Katsnelson: Phys. Rev. Lett. **101**, 266803 (2008).
- [81] A.F. Otte, M. Ternes, K. von Bergmann, S. Loth, H. Brune, C. P. Lutz, C. F. Hirjibehedin and A. J. Heinrich: Nature Physics **4**, 847 (2008).
- [82] F. Komori, S. Ohno and K. Nakatsuji: Prog. in Surf. Sci. **77**, 1 (2004).
- [83] R. Žitko, R. Peters and Th. Pruschke: Phys. Rev. B **78**, 224404 (2008)
- [84] S.D. Bader: J. Mag. Matter. **100** (1991) 440.
- [85] 佐藤勝昭：" 光と磁気"（朝倉書店，2000）．
- [86] R. J. Celotta, D. T. Pierce, G. -C. Wang, S. D. Bader and G. P. Felcher: Phys. Rev. Lett. **43**, 728 (1979).
- [87] P. D. Johnson: Rep. Prog. Phys. **60** (1997) 1217.
- [88] F. U. Hillebrecht, R. M. Jungblut, L. Wiebusch, Ch. Roth, H. B. Rose, D. Knabben, C. Bethke, N. B. Weber, St. Manderla, U. Rosowski and E. Kisker: Rev. Sci. Instru. **73**, 1229 (2002).
- [89] 奥田太一：表面科学 **30**, 312 (2009).
- [90] J. Stöhr: J. Electron. Spectrosc. Relat. Phenom. **75**, 253 (1995).
- [91] Th. Rasing: J. Mag. Mag. Matter. **175**, 35 (1997).

[92] H. Ibach, D. Bruchmann, R. Vollmer, M. Etzkorn, P.S. Anil Kumar and J. Kirschner: Rev. Sci. Instrum. **74**, 4089 (2003).

第5章

化学的特性

　固体表面の化学的特性は反応に関わるものと安定性，疎水・親水性などのその他の性質とに大別できるが，いずれも表面を構成する物質の種類（化学組成），2次元構造，さらには欠陥の種類・量などによって影響される。まず5.1節では反応性以外の代表的な表面化学特性について述べ，ついで5.2節では触媒反応を代表とする表面化学反応について述べる。

5.1 化学的安定性，疎水性・親水性およびそれらの制御

5.1.1 化学的安定性

　物質の化学的安定性を議論する場合，物質がおかれた環境を規定する必要がある。有機物（高分子を含む）材料の場合は空気中の酸素による酸化が問題になることが多く，金属や半導体においては水溶液への溶解や空気中での腐食などが重要である。このような環境での化学的安定性を議論するためには，おかれた環境における物質そのものの熱力学的安定性が最も重要な因子であるが，それに加えて環境と接している表面特有の熱力学的，速度論的問題を考慮する必要がある。ここでは表面の効果が特に顕著な金属や半導体などの無機物について主として議論する。

5.1 執筆：魚崎浩平・野口秀典

表 5.1 無機塩の溶解のエンタルピー,エントロピー,自由エネルギー(298 K)([1] の Table 11.2 を改変)。

	$\Delta H_{\mathrm{soln}}/\mathrm{kJ}/-\mathrm{mol}$	$-\mathrm{T}\Delta S_{\mathrm{soln}}/\mathrm{kJ}/-\mathrm{mol}$	$\Delta G_{\mathrm{soln}}/\mathrm{kJ}/-\mathrm{mol}$
LiCl	-37.0	-3.1	-40.1
NaCl	3.9	-12.9	-9.0
KCl	17.2	-22.4	-5.2
LiBr	-48.8	-6.4	-55.2
NaBr	-0.6	-16.3	-16.9
KBr	19.9	-26.5	-6.6
KOH	-57.6	-3.8	-61.4

(1) 溶解の熱力学

イオン結晶や有機物の結晶が溶媒に溶解したり,表面で潮解するのは結晶状態に比べて溶解状態の方がエネルギー的に安定なためである。たとえばイオン結晶 MX において,M^+ と X^- は格子エネルギー(クーロン力)で拘束されているが,水に触れると M^+ と X^- の水和エンタルピーと溶解に伴うエントロピーの増加の両方の寄与により,溶解が進む。

$$\mathrm{MX} + (n+m)\mathrm{H_2O} \rightarrow M^+(\mathrm{H_2O})_n + X^-(\mathrm{H_2O})_m \tag{5.1}$$

表 5.1 はいくつかのハロゲン化アルカリ塩について 298 K における ΔH_{soln},$-\mathrm{T}\Delta S_{\mathrm{soln}}$ および ΔG_{soln} をまとめたものであり,ここで ΔH_{soln} は格子エネルギーと水和エンタルピーの差で与えられる溶解に伴うエンタルピー変化であるが,熱的には発熱も吸熱もあり,エントロピー項の重要性がわかる。

一方,金属や半導体の溶解には酸化還元過程が含まれることが多い。たとえば亜鉛などイオン化傾向が大きな金属は水に触れると金属は陽イオンに酸化され溶解し,水(プロトン)が還元され水素を生成する。**表 5.2** は種々の金属/金属イオン(M/M^{n+})反応 $M \rightleftarrows M^{n+} + ne^-$ の標準水素電極($a_{H^+} = 1$,$p_{H_2} = 1\,\mathrm{atm}$)基準の標準電極電位 E° であり,反応 (5.2) の

$$M^{n+} + \frac{n}{2}H_2 \rightarrow M + nH^+ \tag{5.2}$$

の標準反応自由エネルギー ΔG° と次式で関係づけられる。

表 5.2 種々の金属/金属イオンの標準電極電位。

M/M^{n+}	$E°$/V	M/M^{n+}	$E°$/V
Li/Li$^+$	−3.03	Ni/Ni^{2+}	−0.23
K/K$^+$	−2.93	Sn/Sn^{2+}	−0.14
Ca/Ca^{2+}	−2.87	Pb/Pb^{2+}	−0.13
Na/Na$^+$	−2.71	Fe/Fe^{3+}	−0.04
Mg/Mg^{2+}	−2.37	(H$_2$/H$^+$	0)
Al/Al^{3+}	−1.66	Bi/Bi^{3+}	0.31
Zn/Zn^{2+}	−0.76	Cu/Cu^{2+}	0.34
Cr/Cr^{3+}	−0.74	Ag/Ag$^+$	0.80
Fe/Fe^{2+}	−0.44	Pd/Pd^{2+}	0.99
Cd/Cd^{2+}	−0.40	Pt/Pt^{2+}	1.20
Co/Co^{2+}	−0.28	Au/Au^{3+}	1.50

$$\Delta G° = -\mathrm{n}FE° \tag{5.3}$$

M^{n+} の活量が a$_{M^{n+}}$ の場合の標準水素電極（a$_{H^+}$ = 1，p$_{H2}$ = 1 atm）基準の電極電位 E は次式（ネルンストの式）で与えられ，

$$E = E° + \frac{RT}{nF}\ln(a_{M^{n+}}) \tag{5.4}$$

E が負の場合，式 (5.1) の逆反応，つまり水素発生を伴う金属の溶解が自発的に起こる。pH が増加すると，H$_2$/H$^+$ の可逆電位が 60 mV/pH 負に移動する。この値が E より負となると溶解反応の ΔG が正となり，自発的な金属の溶解は起こらない。同様に E が正の場合は標準状態においても溶解反応の ΔG が正となり，自発的な金属の溶解は起こらない。しかし，これらの場合でも可逆電位が E より正（還元されやすい）の物質が存在すれば溶解が進行する。

$$M + \frac{n}{4}O_2 + nH^+ \rightarrow M^{n+} + \frac{n}{2}H_2O \tag{5.5}$$

$$M + \frac{n}{2}O_2 + nH^+ \rightarrow M^{n+} + \frac{n}{2}H_2O_2 \tag{5.6}$$

たとえば完全脱気状態では溶解が起こらない銅も酸素が存在すれば，酸素の還元を伴いながら溶解（腐食）する。

さらに E° が非常に正の値をとり，溶解が起こりにくい貴金属でもハロゲン化物イオンが溶液中に存在すると，より安定な金属錯イオンの形成により溶解状態が安定され溶解が進みやすくなる。たとえば塩化物イオンが存在する場合，E° が以下に示すように単純な M/M^{n+} の場合に比べて，大幅に (0.38〜0.5 V) 負にシフトし，溶解反応が起こりやすくなることがわかる。

$$Pd + 4Cl^- \rightleftarrows PdCl_4^{2-} + 2e^- \quad (E^\circ = 0.62 \text{ V}) \tag{5.7}$$

$$Pt + 4Cl^- \rightleftarrows PtCl_4^{2-} + 2e^- \quad (E^\circ = 0.73 \text{ V}) \tag{5.8}$$

$$Au + 4Cl^- \rightleftarrows AuCl_4^- + 3e^- \quad (E^\circ = 1.00 \text{ V}) \tag{5.9}$$

(2) 表面の効果と表面エネルギー

以上の議論はすべて熱力学的考察であり，固体バルクの溶解に関わるものである。つまり，表面の効果は一切考慮されていない。固体の化学的性質が，直接外界と接している表面の構造や特性に影響されることは直感的にも明らかである。実際同じ物質であっても，露出面の構造によって，物質との相互作用（吸着など）や溶解速度が大きく異なることはよく知られている。たとえば Si の (110)，(100)，(111) 面の 30% KOH(70°) 溶液中での溶解（エッチング）速度は 1.46, 0.80, 0.005 μm/min であり[2]，(111) 面が非常に安定なことがわかる。同様の結果が種々の物質の溶解において報告されている。図 5.1 に示すように，面に依存した溶解速度を反映して，(100) 面が露出した結晶は溶解の進行とともに徐々に形状を変え，最終的には (111) 面が露出した結晶となる。このような面による溶解速度の違いを利用した異方性溶解はナノ構造形成に応用されている。

では，このような表面の効果は何に起因するのであろうか。固体内部の原子が 3 次元的に隣接原子で取り囲まれているのに対して，表面の原子は外界と接しているため，隣接原子の数が少なくなり，安定性が低くなる。さらにその程度が表面構造に依存するため面に依存することになる。面心立方格子 (fcc) の結晶について具体的に考えてみる。この場合，固体内部の原子は図 5.2(a) に示すように 12 個の原子と直接接している。図 5.3 に三つの低指数の構造を示したが，表面原子密度が (111)>(100)>(110) であることがわかる。内部の原子も考慮する必要があり，図 5.2(b) に (100) 面が切断した場合を示すが，内部の原子に比べて 4 個少ない 8 個の原子と接していることがわかる。同様に (111) 面は 9 個，(110) 面は 7 個の原子と接してお

5.1 化学的安定性，疎水性・親水性およびそれらの制御　177

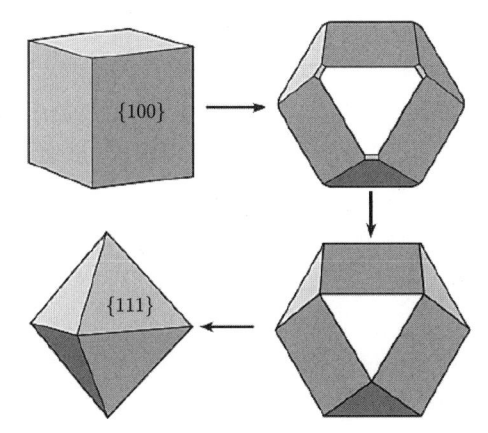

図 5.1 (100) 面が露出した結晶の異方性溶解。

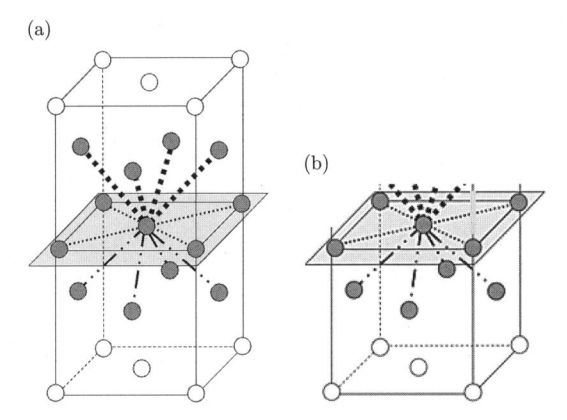

図 5.2 fcc 結晶の (a) 内部および (b) (100) 面での原子と隣接原子との結合。

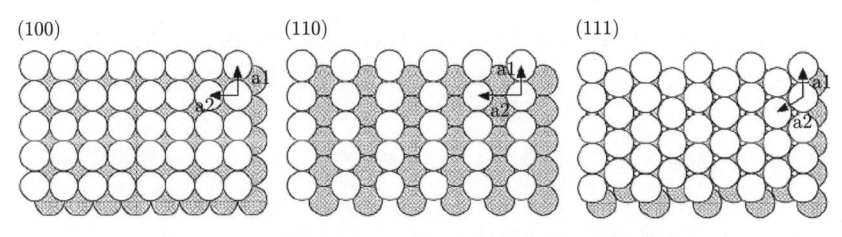

図 5.3 fcc 結晶の (100)，(110) および (111) 面の構造。

り，内部の原子に比べ各々3，5個少ない原子と接していることになり，表面が内部に比べて不安定であること，また面毎の安定性と対応している。

固体表面の化学的特性を定量的に理解する上で，表面エネルギーの概念が重要である。表面エネルギー γ は単位面積の新しい表面を創り出すのに必要なエネルギーであり，

$$\gamma = \left(\frac{\partial G}{\partial A}\right)_{\mathrm{T,P}} \tag{5.10}$$

で与えられる。ここで G は表面のギブス自由エネルギー，A は表面積である。これは表面張力と同じ定義である。表面張力は N/m で与えられるが，N は J/m であるから，J/m^2 で表現でき，単位面積あたりのエネルギーとなる。

固体を切断すると二つの表面が生じるが，その際表面に露出される原子の結合数が減少する，つまり原子-原子結合が切断される。第一近似ではこの結合エネルギーのみが表面エネルギーに寄与すると考えることができる。切断された結合の数を N_{b}，結合エネルギーを ε_{b}，単位面積あたりの原子数を ρ_{a} とすると，表面エネルギーは

$$\gamma = \frac{N_{\mathrm{b}}\varepsilon_{\mathrm{b}}\rho_{\mathrm{a}}}{2} \tag{5.11}$$

で与えられる。ε_{b} は1モルあたりの昇華エンタルピー ΔH_{sub} と

$$\Delta H_{\mathrm{sub}} = \frac{z N_{\mathrm{A}} \varepsilon_{\mathrm{b}}}{2} \tag{5.12}$$

で関係づけられる。ここで z は固体内部の結合数（fcc の場合は 12），N_{A} はアボガドロ数である。

DFT による表面エネルギーの計算も行われており，図 **5.4** のように，

$$\gamma_{\{110\}} > \gamma_{\{100\}} > \gamma_{\{111\}}$$

であることが示されている[3]。さらに広範な原子についても計算が行われている[4]。

液体の表面張力が比較的正確に測定可能であるのに対して，固体の表面エネルギーを測定するのは困難であり，気液界面エネルギーの値を用いて予測する方法[5]，へき開法[6]，高温での変形などによる測定が行われているが，

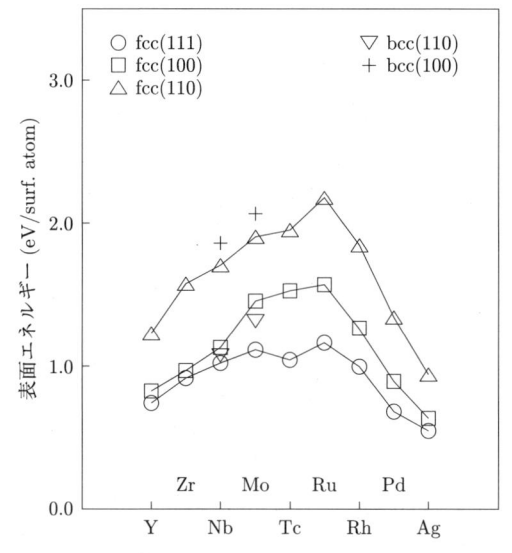

図 5.4 DFT 計算により求めた 4d 金属の表面エネルギー。

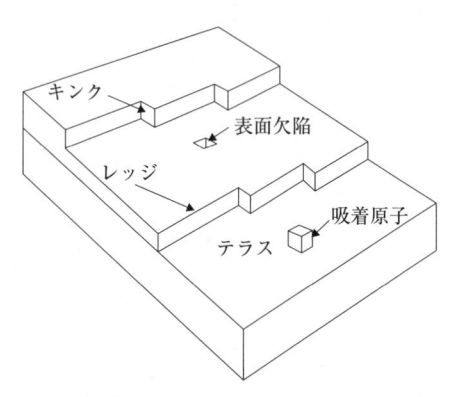

図 5.5 表面でのテラス, ステップ, キンクなど。

精度も低い。多くの金属について表面エネルギーがまとめられている[7]。また, Si や Ge などの共有結晶についても測定が行われている[6]。

実在表面や粒子の表面には表面エネルギーが小さい (熱力学的に安定な) 低指数面が主として露出しているが, ステップやキンクなどの欠陥も存在する (図 5.5)。

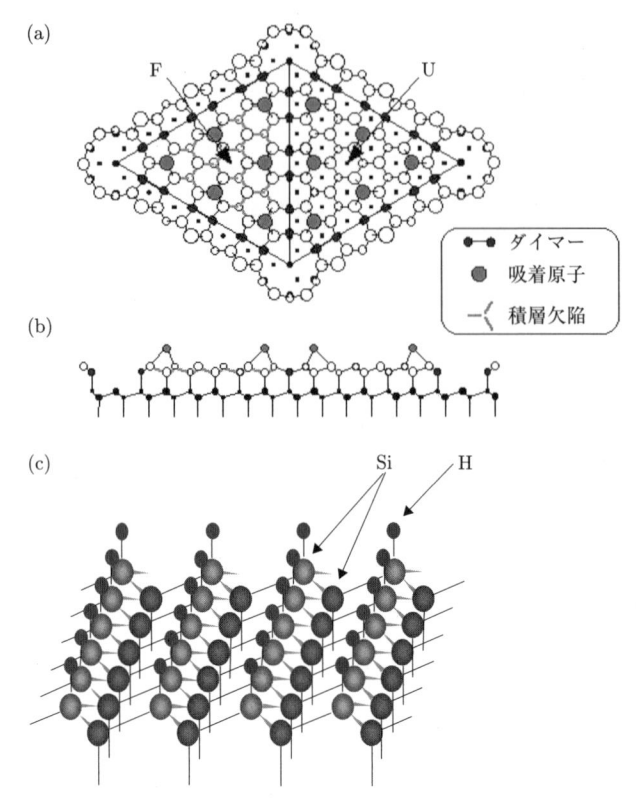

図 5.6 Si(111)-(7×7) の (a) 表面，(b) 断面構造，(c) Si(111)-(1×1) 構造。

(3) 吸着による表面の安定化

切断して現れた表面の表面エネルギーは高く，表面原子間の結合や原子の移動によって安定化が起こる。これを表面再構成（再配列）と呼ぶ。たとえばシリコンはダイヤモンド構造をとっているが，(111) 面を Si-Si の共有結合が切断され，Si· が表面に存在することになるが，その高い表面エネルギーを緩和するために隣接した Si· 同士が結合し，図 5.6 に示す再配列 (Si(111)-(7×7)) 構造をとる。しかし，フッ化アンモニウム溶液でエッチングすることによって水素で終端され，内部と同じ Si(111)-(1×1) 構造が安定化される。

最も表面エネルギーの低い金属の (111) 面でも再構成は起こる。Au(111) 面は 22 個の原子の上に 23 個の原子が存在する Au(111)-($22 \times \sqrt{3}$) 構造をとり，STM 像に周期的な凹凸（ヘリングボーン）構造が見られる（図

図 5.7 Au(111)-(22 × √3) 構造の (a) STM 像と (b) 模式図。

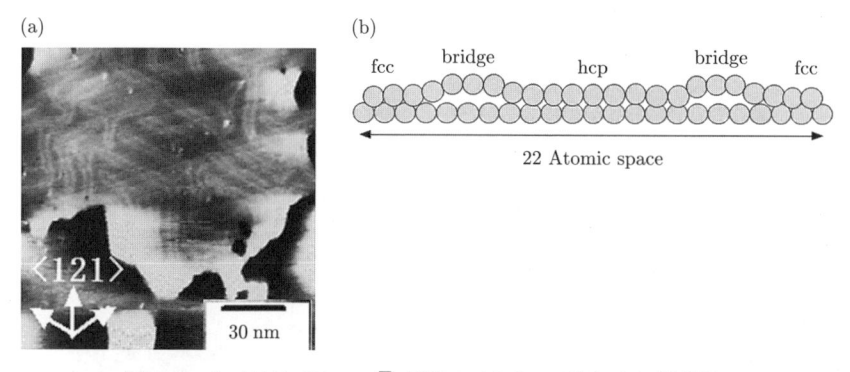

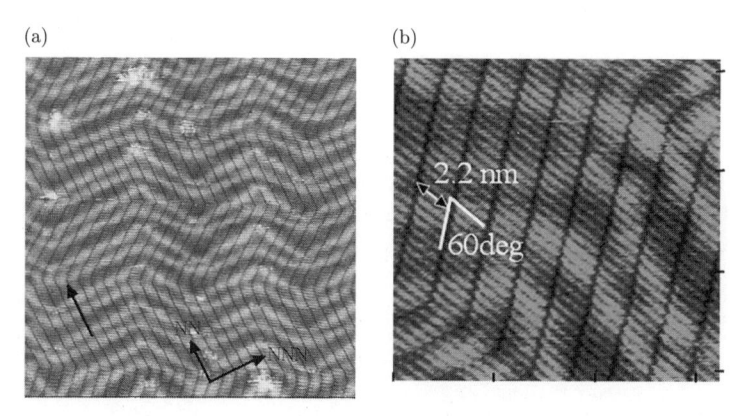

図 5.8 Au(111) 表面のヘキサデカン中での STM 像。(a) 60 nm × 60 nm, (b) 15 nm × 15 nm。

5.7)。この構造は安定で真空中のみならず空気中や溶液中でも見られるが，溶液中での電位の印加やチオールの化学吸着によって Au(111)-(1 × 1) 構造となる。しかし，ヘキサデカン中で測定した STM 像（図 5.8）において，Au(111)-(22 × √3) 再配列構造を示すヘリングボーン構造と個々の吸着ヘキサデカン分子が明確に観察されており，相互作用が弱い物理吸着では再配列構造が維持されることがわかる[8-10]。

金属の溶解過程においても吸着は大きな影響を与える。たとえば銅単結晶の塩化物イオンを含む希硫酸溶液中での溶解速度が面に依存し，しかもその順序が塩化物イオン濃度が 10^{-3} M 以下では (110)>(100)>(111) であるのに対して，10^{-3} M 以上では (111)>(100)>(110) と変化すること，そし

182　第 5 章　化学的特性

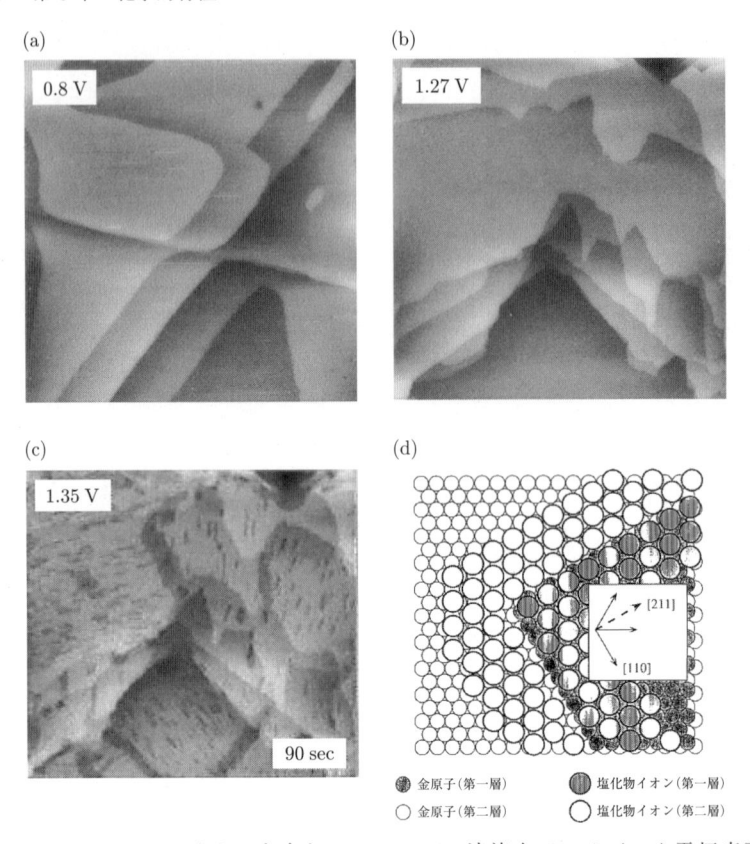

(a) 0.8 V

(b) 1.27 V

(c) 1.35 V　90 sec

(d)　[211]　[110]

● 金原子(第一層)　　　◍ 塩化物イオン(第一層)
○ 金原子(第二層)　　　◌ 塩化物イオン(第二層)

図 5.9　1 mM の Cl− イオンを含む 0.1 M HClO$_4$ 溶液中での Au(111) 電極表面の (a) 0.8 V，(b) 1.27 V，(c) 1.35 V での STM 像 (1 μm × 1 μm) および (d) Au(111) 表面への Cl− の吸着構造。

てその原因が塩化物イオンの吸着によることが報告されている[11]。また，図 5.9 は 1 mM の塩化物イオンを含む 0.1 M 過塩素酸溶液中での Au(111) 面の電気化学的溶解過程をその場 STM で追跡した結果である。溶解が起こらない 0.8 V では (111) テラスと [110] 方向のステップラインが見られるが，電位をより正にしていくとステップからの 2 次元的溶解が起こる。溶解進行後のステップラインは [211] 方向となっている。さらに電位を正にするとテラスからの溶解も起こるが，その際の溶解方向も [211] 方向である。
　溶解反応は

$$Au + 4Cl^- \rightarrow AuCl_4^- + 3e^- \tag{5.13}$$

で示されるが，異方性溶解の結果は塩化物イオンの吸着を考えると理解できる．塩化物イオンは Au(111) 表面に Au(111)-($\sqrt{3} \times \sqrt{3}$)R30° 構造で吸着しており，電位が比較的負の領域では表面エネルギーが高いステップエッジからのみ溶解が進む．その際塩化物イオンの吸着方向，つまり金の原子列から 30°ずれた [211] 方向に沿って溶解が進む．より電位が正に（過電圧が大きく）なると，より安定なテラスでの溶解も進むが，この場合の溶解方向も Au(111)-($\sqrt{3} \times \sqrt{3}$)R30° 構造を反映したものとなる．同様の吸着に起因した異方性溶解が種々の系について報告されている[12]．

5.1.2 表面の親水性・疎水性

固体表面がいろいろな液体によって「ぬれる」「はじく」の現象は，日常生活でもしばしば見られる重要な界面現象の一つである．たとえば，防水加工したレインコートやテフロン加工したフライパンの上に水を垂らすと水滴は丸い形になるが，きれいに洗浄したガラスや金属の表面では拡がって平らになる．このように液体が固体表面をぬらしたり，はじかれたりする現象を「ぬれ」と呼び，水にぬれる表面を「親水性表面」，水をはじく表面を「疎水性表面」と呼ぶ．固体表面のぬれは表面の化学的性質と表面の粗さ（凹凸）によって決まる．

(1) 平坦な固体表面のぬれ

図 **5.10** は固体表面上に水滴が置かれた状態を示している．液滴の形状を決定しているのは，固体の表面張力 γ_S，液体の表面張力 γ_L，水と固体間の界面張力 γ_{SL} のつり合いである．図に示すように，これら三つの力が 1 点で交わる接触点でつり合う．そのつり合いの式をヤングの式と呼び，式 (5.14) で表される[13]．

$$\gamma_S = \gamma_{SL} + \gamma_L \cos\theta \tag{5.14}$$

ここで θ は「接触角」と呼ばれ，固体表面と接触点から引いた液滴表面との接線とのなす角で，液体側の角度で定義される角度であり，固体表面のぬれ性を示す尺度となる．接触角が小さいほどぬれやすく，大きいほどぬれにくいことになる．種々の固体表面での接触角の例を表 **5.3** に示した．ヤン

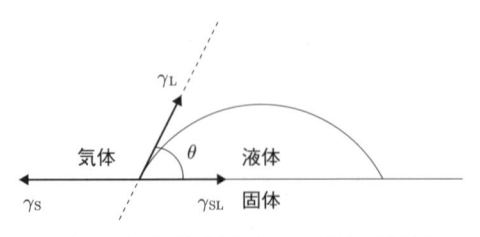

図 5.10 固体表面上における液滴の接触角。

表 5.3 接触角の例。

固体表面	液滴	接触角
グラファイト	水	70°
ポリエチレン	水	86°
ナイロン	水	92〜96°
ポリテトラフルオロエチレン	水	108〜113°
パラフィン	水	110°
パラフィン	n-プロパノール	22°
パラフィン	ベンゼン	70°

グの式を支配しているのは表面張力 (γ_S, γ_L) と界面張力 (γ_{SL}) であり，これらは物質固有の物理量である．つまり固体表面のぬれは固体および液体の組み合わせで決まる．

(2) 界面活性剤とぬれ

　車のフロントガラスやサイドミラーの曇りは，汚れにより表面張力 (γ_S) が低下し，水との界面張力 (γ_{SL}) の方が勝り水蒸気が凝集する際，接触角の大きな水滴になってしまう．この水滴が光を散乱し窓ガラスが曇る．現在，主に市販されているガラスの曇り止めの成分は，アルコール，および界面活性剤である．界面活性剤が水の表面張力を下げることによって表面のぬれが促進される．このような界面活性剤によるぬれの促進は，日常生活や産業界で広く利用されている．界面活性剤は水の表面および固／液界面に吸着し，これらの表面（界面）エネルギーを低下させる．式 (5.14) の右辺の二つの項が共に小さくなる結果，水滴は固体の表面張力に引っ張られ，接触角が小さくなりぬれが促進される（図 5.11）．

5.1 化学的安定性，疎水性・親水性およびそれらの制御　185

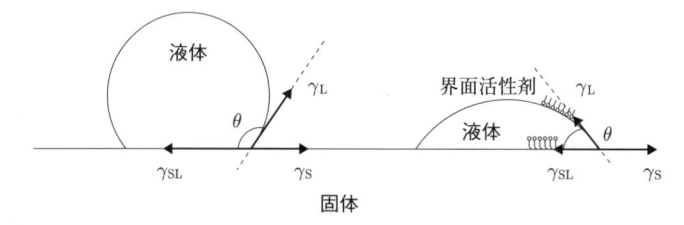

図 5.11　界面活性剤によるぬれの促進。

$\theta < 90°$

$\theta > 90°$

図 5.12　接触角 θ の異なる液体の平滑面および凹凸面でのぬれ。

(3) 凹凸表面のぬれ

表面粗さなどによる微小な凹凸がある面では，平滑面の場合に比べて実質的な表面積が大きくなるため，ぬれが強調される。たとえば同じ物質について平滑面とのこぎり歯状の凹凸面とのぬれを考えてみる（図 5.12）。

平滑面での接触角 θ が 90° より大きい液体を凹凸表面に滴下した場合，液体と固体との接触面の端が凹凸面の下り部分にあるとき，見かけの接触角 θ' は θ より大きくなり，ぬれが阻害される。一方，接触角 θ が 90° より小さい液体を凹凸表面に滴下した場合は，液滴の端が凹凸面の上り部分にあるとき，見かけの接触角 θ' は θ より小さくなり，ぬれが促進される。つまり，ぬれにくい表面は面を粗くするとますますぬれにくくなり，ぬれやすい表面はさらにぬれやすくなることを示している。このような凹凸構造上に置かれた液体がその固体表面と完全に接触する場合，Wenzel の理論により数式化される[14,15]。表面張力は単位面積あたりの表面自由エネルギーのことであり，微細な凹凸によって表面積が R 倍大きくなったとすると，式 (5.14) 中の固体の表面張力 γ_S，水と固体間の表面張力 γ_{SL} を R 倍した次式

図 5.13 の模式図:

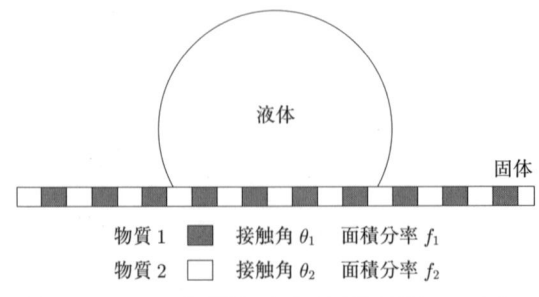

物質 1 ■ 接触角 θ_1 面積分率 f_1
物質 2 □ 接触角 θ_2 面積分率 f_2

図 5.13 二つの物質相からなる固体表面上でのぬれ。

(5.15) を得る。

$$\cos\theta' = R(\gamma_S - \gamma_{SL})/\gamma_L = R\cos\theta \tag{5.15}$$

ここで，θ' は粗い表面上での接触角である。R は実際の表面積の見かけの表面積に対する比であり，常に 1 より大きな正の数であるから，$\cos\theta$ が正（$\theta < 90°$）か負（$\theta > 90°$）かによって，$\cos\theta'$ はより大きな正または負の値をとる。ただし，表面の粗さが大きくなると R が大きくなり，$\cos\theta'$ が 1 以上になるため，疎水性表面では，比較的表面粗さが小さい場合でないとこの理論は成立しない。

表面粗さを徐々に増大させると表面凹部には液体が浸入していかず，液体と空気との界面が形成される。このように液滴の下に空気の層がある場合には，Cassie の理論が適用される[14,16]。Cassie の理論では，固体表面に 2 種類の物質 1 と 2 から成る微細な相を仮定し，その各々の相と液体との接触角を θ_1，θ_2 とすれば（図 **5.13**），次式 (5.16) が成り立つ。

$$\cos\theta' = f_1\cos\theta_1 + f_2\cos\theta_2 \tag{5.16}$$

ここで，f_1，f_2 は固体表面上での物質 1 と物質 2 が占める割合で，$f_1 + f_2 = 1$ である。θ_1，θ_2 はそれぞれの成分の接触角である。物質 2 を空気として，水との接触を考えると，空気に対する水接触角を 180° とみなせるため，式 (5.16) は次式 (5.17) となる。

$$\cos\theta' = f_1 - 1 + f_1\cos\theta_1 \tag{5.17}$$

適切な表面凹凸を形成させて空気との接触割合を高めることにより高接触角すなわち，撥水性（疎水性）表面が得られる。

5.1.3 表面修飾による化学特性の制御

固体表面の化学的特性は単原子，分子レベルでの修飾によって大きく変化する。たとえば金属表面に異種金属を単原子層以下析出させることによって電極触媒活性の制御が行われている。しかし，分子の多様性から，より幅広い特性の機能性表面が創成可能である分子修飾の試みが圧倒的に多い。高分子被覆やラングミュア-ブロジェット (LB) 膜の利用は比較的古くから行われているが，最近では基板原子と分子を直接化学結合させ，修飾することが安定性，制御性などの観点から注目されている。図 **5.14** に三つの代表的な表面の化学的修飾法を示した。

第一の方法は金属酸化物や酸化物半導体などの表面の -OH 基と分子のトリメトキシシリル ($-Si(OCH_3)_3$) 基やトリクロロシリル ($-SiCl_3$) 基とのシランカップリング反応を利用するもので[17]，たとえばガラス表面の疎水化に用いられる。基板の表面張力あるいは表面エネルギーが増加すると，接触角は小さくなり，親水性が増加する。一方，基板の表面張力が減少すれば，接触角が減少し，撥水性となる。表面張力の小さな物質として，フッ素化炭素 ($-CF_2-CF_2-$) 系や炭化水素 ($-CH_2-CH_2-$) 系分子が挙げられる。親水性表面をこういった官能基を有する化合物で覆うことで疎水性が向上するが，これらの官能基を含む高分子で表面を単純に覆うだけでは，すぐに性能が低下する。親水性表面は一般に -OH 基をもっているので，フッ素化炭素基や炭化水素基をもったシランカップリング剤を，以下に示すように，シランカップリング剤の末端の -Si-OR 基と -OH 基とを加水分解反応させることによって，共有結合を介して，安定な分子層を表面に構築可能である（図

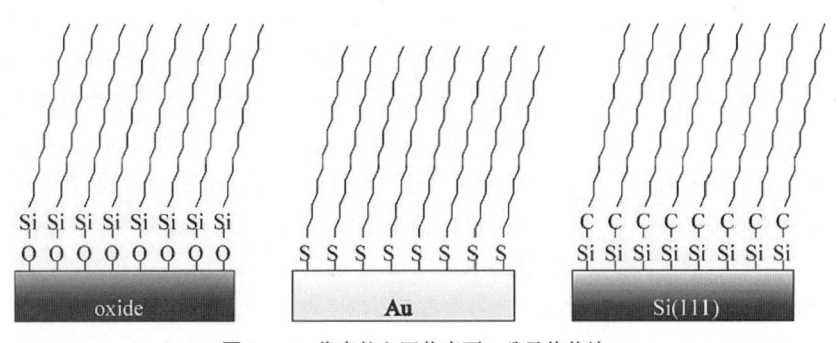

図 **5.14** 代表的な固体表面の分子修飾法。

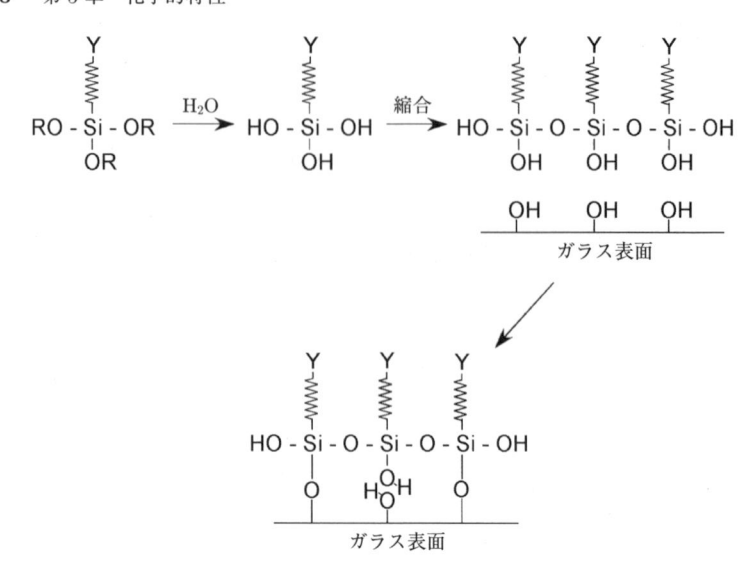

図 5.15　シランカップリング反応による固体表面修飾。

5.15)。シランカップリング法は親水・疎水性の制御の他，界面の接着性改良，帯電防止性，抗菌性の付与など非常に幅広く応用されている。

　第二の方法はチオール (SH) 基と表面原子との反応を利用するもので[18]，金，銀，銅，白金などの金属や，透明電極としてよく利用されている ITO (indium tin oxide) などの酸化物，また最近では化合物半導体までもが基板として利用されている。シランカップリング反応では基板に –OH の存在が必要であること，また分子内縮合反応と表面水酸基との競争反応のため，反応制御が困難であるのに対して，チオールを用いる場合は，金，銀，銅，白金などの金属原子へのチオール基の配位結合（化学吸着）による結合形成であり，また分子間の結合を考慮する必要がないことから反応の制御が比較的容易である。チオール分子を含む溶液中に基板を浸漬するだけで金属 –S 結合が形成され，アルキル鎖同士の相互作用で高度に配列した分子層が形成される（図 5.16）。しかし，高度に構造制御された分子層の形成には表面の清浄性が重要であり，また ITO や化合物半導体への分子層形成では結合の詳細は不明である。さらに，Au(111) 面などでは表面再構成構造がチオール単分子層の形成に伴って解消され，(1 × 1) 構造に戻るため，金属原子の放出が起こり，単純な化学吸着と考えることはできない。チオール修飾は主として伝導物質に適用されることが多く，センサーや分子素子などへの応用が

図 5.16 チオール分子の分子層形成。

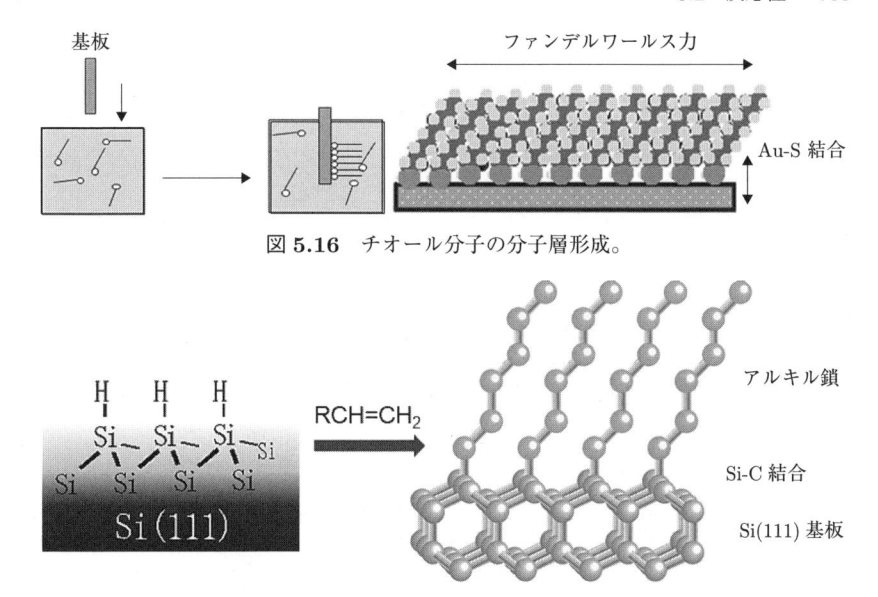

図 5.17 水素終端シリコンとアルケンによる分子層形成。

検討されている。

　第三の方法は水素終端シリコンとアルケン，グリニヤ試薬，有機リチウム化合物などを高温，光照射下あるいはラジカル開始剤とともに反応させることで，Si-C 共有結合で分子層をシリコン表面に形成するものである（図 5.17）[19]。この場合は，シリコンと炭素が同族であることから，Si-C 結合の安定性が高いこと，またシリコンテクノロジーとの融合が容易であることから種々の応用が期待されている。

5.2 反応性

5.2.1 表面化合物

　多くの金属表面に酸素分子を接触させると金属表面は酸化される。この場合，酸素分子は金属表面に化学吸着し，次に酸素分子内の結合が切れて酸素 2 原子が金属原子と結合する。これはまさに反応であるので，発生する熱，

5.2 執筆：中村潤児

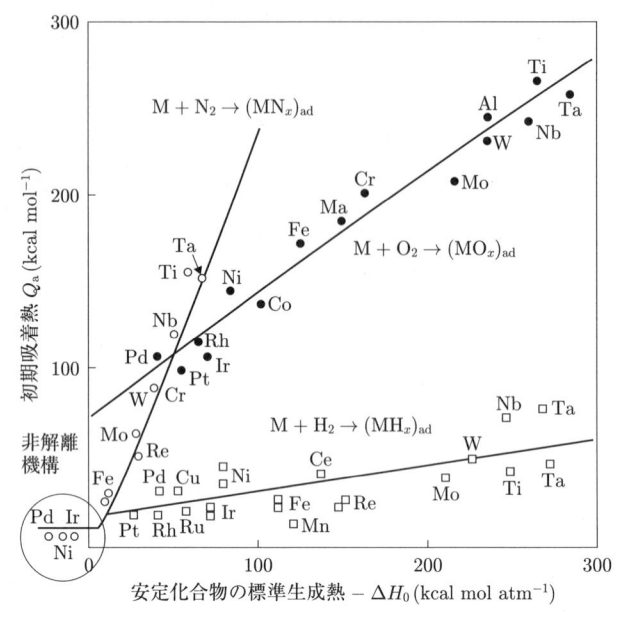

図 5.18 種々の金属表面での N_2，O_2 および H_2 の吸着熱と対応する安定化合物の標準生成熱との関係。

すなわち吸着熱は反応熱に等しい。このように，酸素分子の化学吸着は，金属表面の金属原子と酸素分子が反応して金属表面酸化物が生成する反応とみなすことができる。図 5.18 は化学反応としての見方が正しいことを意味しており，金属表面における酸素，窒素および水素の初期吸着熱と，それらに相当する金属酸化物および金属窒化物の標準生成熱との直線的な関係を示している[20]。ここで，初期吸着熱とは，吸着量をゼロに外挿したときの吸着熱である。測定した吸着熱と相当する化合物の生成熱との間にほぼ直線関係が成り立つ。その値の大きさからも，化学吸着が化学反応であるといえる。酸素の吸着熱に着目しよう。Pt，Pd，Rh，Ir は酸化物の標準生成熱 ($-\Delta H$) は比較的小さい。酸化物を作りにくい金属であるからである。これらの金属表面での酸素の吸着熱は予想通り小さい。一方，酸化物の標準生成熱 ($-\Delta H$) が大きい Ta，Ti，Nb，Al などでは酸素の吸着熱も大きいことがわかる。窒化物や水素化物に関しても同じことがいえる。すなわち金属バルクの化学的性質が金属表面のそれとよく対応するということである。図 5.18 は，分子が解離して吸着する場合（解離吸着）の結果であるが，非解

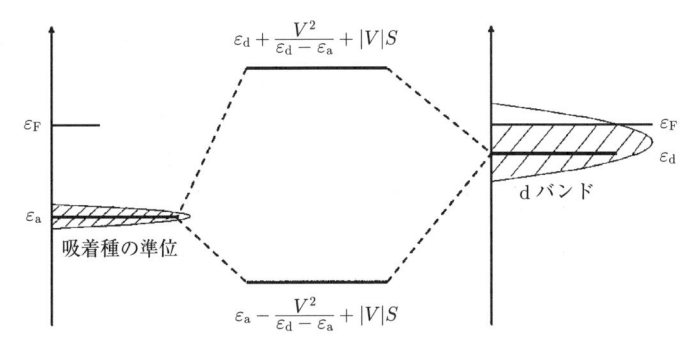

図 5.19 吸着種と d 電子の相互作用。ε_a は吸着種のエネルギー準位，ε_d は d バンド中心，V は軌道間の相互作用行列要素（ホッピング積分），S は重なり積分。

離吸着の場合にも類似の相関が見られる。たとえば，金属カルボニル化合物の標準生成熱と CO の吸着エネルギーの間に直線的関係がある[20]。

吸着エネルギーという言葉が使われることがあるが吸着熱と同じものと考えてよい。吸着熱の大きさを広く把握しておくと役に立つ。図 5.18 に示されるように，酸素の吸着熱は 100〜250 kcal mol^{-1} 程度と大きい値を示す。これは，酸素分子が解離吸着して，酸素原子が表面に強く吸着するためである。Pt，Pd，Rh などの貴金属表面での酸素吸着熱は比較的小さいが，Cr，Mo，W などでは酸素吸着熱が大きい。強く吸着した酸素を取り除く，すなわち脱離させるには高温が必要になる。一方，水素の吸着熱は比較的小さく，20〜50 kcal mol^{-1} 程度である。水素原子と金属との結合は，酸素の場合と比べて，より弱いものといえる。一般に，吸着熱が 10 kcal mol^{-1} 以上の場合を化学吸着と呼ぶ。一方，化学結合をつくらない物理吸着の吸着熱は小さい。たとえば Ni 表面での Xe の吸着熱は 5 kcal mol^{-1} と極めて小さい。

金属表面の反応性は，フェルミ準位近傍の d バンドの性質によって支配される。特に，d バンドの電子が詰まっている部分の中心 (d band center) の位置によって分子や原子との結合エネルギーが変化する。図 5.19 に示すように吸着原子と金属原子が混成軌道を形成するものと考えてよい。Au，Ag，Cu などは d バンド中心がフェルミ準位から離れたところに位置するが，Fe，Co，Ni などはフェルミ準位の近傍に位置する。d バンド中心の位置が変われば，結合性軌道のエネルギー準位が変わる。吸着エネルギーは，吸着前後での電子のエネルギーの総和量で決まるので，吸着前後で電子の分

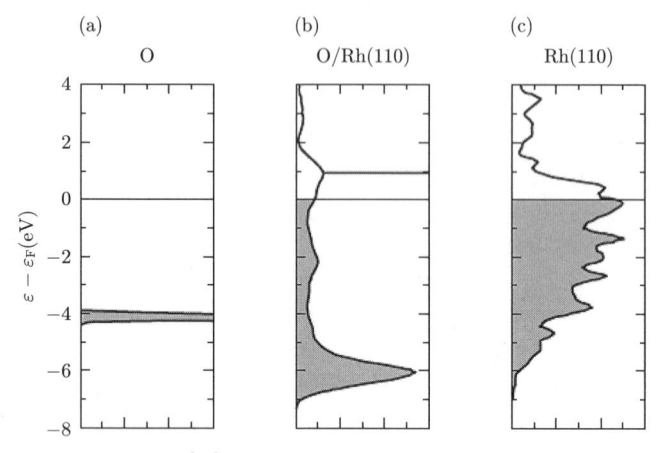

図 5.20 第一原理計算結果[21]。(a) 酸素原子の p 軌道のエネルギー準位，(b) Rh の軌道と相互作用した酸素原子の軌道，(c) Rh(110) の d 軌道。

布がどのようになっているかを見るとよい。

具体的に説明しよう。図 5.20 は酸素原子が Rh(110) 表面に吸着したときの電子状態の変化を示している。酸素 p 軌道と Rh(110) のフェルミ準位 (ε_F) 近傍のバンド構造がそれぞれ左右に示してある。真ん中は，酸素原子の p 軌道が表面バンド構造と混成してできた軌道である。混成軌道には電子がフェルミ準位まで満たされる。この混成軌道において，フェルミ準位の下，$-6\,\mathrm{eV}$ のところにあるピークは酸素原子と Rh 原子との結合を意味する結合性軌道である。一方，フェルミ準位上側 $+1\,\mathrm{eV}$ 付近のピークは酸素 p 軌道と Rh の d 軌道の混成で生じた反結合性軌道である。もともとの酸素 p 軌道のピーク ($-4\,\mathrm{eV}$) より下に位置する結合性軌道に電子が多く詰まれば結合は強まる効果があり，$-4\,\mathrm{eV}$ よりも上の軌道に電子が多く詰まれば結合を切断する効果が生まれる。その両者のバランスで吸着エネルギーは決まる。

そこで，なぜ金 (Au)，銀 (Ag)，銅 (Cu) といった金属の酸素の吸着エネルギーが小さいかを図 5.21 を見ながら考えてみよう。図中，薄い塗りつぶしが金属の局所状態密度 (LDOS) であり，濃い塗りつぶしが金属と結合した（混成した）酸素 p 軌道の局所状態密度である。Au, Ag, Cu では結合性のピークは $-5\sim-7\,\mathrm{eV}$ に見られるが，$-1\sim-2\,\mathrm{eV}$ のところに反結合性の大きなピークが見られる。前述のように，この反結合性軌道は酸素原子

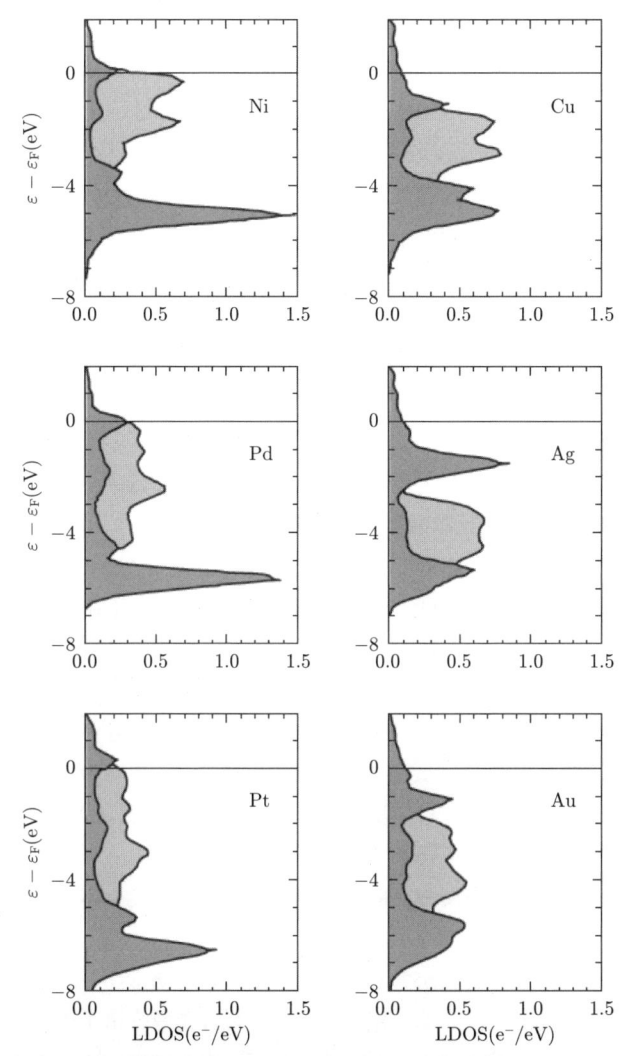

図 5.21 Ni, Cu, Pd, Ag, Pt, Au の d 軌道の電子構造（薄い塗りつぶし）と酸素原子の電子構造（濃い塗りつぶし）[21]。

p 軌道の $-4\,\mathrm{eV}$ よりも上位にあるので結合を不安定させることを意味する。そのため Au, Ag, Cu で酸素の吸着エネルギーは小さいのである。一方，Ni, Pd, Pt では，$-5\sim-7\,\mathrm{eV}$ に結合性の大きなピークが見られ，フェルミ準位近傍の不安定な反結合性のピークは小さい。安定な結合性準位に電

子が多数含まれることから酸素の吸着エネルギーは大きくなる。このように吸着エネルギーは，混成軌道の概念で説明される。さらに，Au，Ag，Cu グループと Ni，Pd，Pt グループで見られる大きな違いを説明しよう。図 5.21 を見ると，Au，Ag，Cu グループでは，d バンド（薄い塗りつぶし）の中心がフェルミ準位から下方に離れたところに状態密度が大きいピークがあるが，Ni，Pd，Pt のグループでは，フェルミ準位近傍の状態密度が大きい。このような d 軌道の準位がフェルミ近傍にあるほど原子と強い結合を形成する。金属の sp バンドの幅は広く，d バンドと重なりあっているが，拡がっているがゆえに結合に寄与する混成軌道を形成しない。すなわち，主として d バンドが結合に関係する。しかし Au，Ag，Cu グループのフェルミ準位近傍 sp バンドの電子は，吸着原子の混成軌道の電子と反発（パウリ反発）することになり，吸着エネルギーを低下させる効果をもたらす。

ここで面白いのは，吸着酸素の状態が金属の種類によって異なる点である。図 5.21 の濃い塗りつぶしの酸素原子の軌道を見ると，Ni，Pd，Pt のグループでは下方に 1 本のピークがあるが，Au，Ag，Cu のグループではピークが 2 本見える。このことは前者のグループの酸素がアニオン的で，後者のグループの酸素が共有結合的であることを示唆する。すなわち，大きな DOS の結合性軌道と小さな DOS の反結合性軌道からなる場合はアニオン的で，結合性軌道と反結合成軌道の DOS が同程度の場合は共有結合的と推察される。このように金属表面の酸素原子の状態について議論するのに，このような理論計算は便利である。

以上に述べた内容は金属の表面反応性の一般的傾向であるが，もう一つの重要な視点は表面の微視的な反応性である。すなわち，同じ金属であっても表面構造が異なると反応性が著しく変化することである。これが，表面反応の特長である。たとえば，第一原理計算で得られた酸素原子や水素原子などの吸着エネルギーを表 5.4 に示す。Cu(111)，Cu(100)，Cu(110) 表面における H_2O，H，OH，CO，O の最も安定な吸着サイトにおける吸着エネルギーを示している。吸着エネルギーは表面構造によって異なることがわかる。また，すべての吸着種に対してある指数面，たとえば Cu(110) 面が最も安定ということにはならない。酸素吸着の場合，Cu(100) の 4 原子のすきまサイト (four-fold hollow site) に存在する酸素原子の吸着エネルギーが最も大きい。表面化合物の微視的な構造まで考える必要があり，それがまさ

表 5.4 第一原理計算で求めた Cu 低指数面における吸着エネルギー[22]。

(単位：eV)

	Cu(111)	Cu(100)	Cu(110)
H_2O	0.22	0.25	0.38
H	2.73	2.38	2.61
OH	3.26	3.51	3.62
CO	1.14	0.83	1.03
O	5.30	5.77	5.45

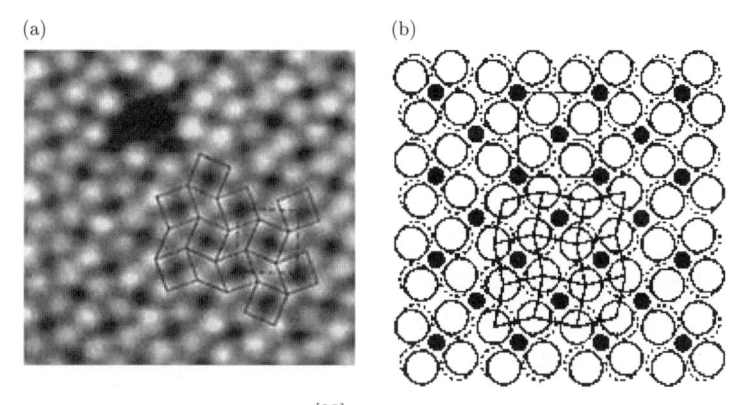

図 5.22 (a) C/Ni(100) の STM 像[23]，(b) モデル（黒丸は炭素原子，白丸は Ni 原子）。

に表面反応性の複雑さであり，面白さなのである。

化学吸着は表面原子と結合して表面化合物を生成する過程とみなすことができることを述べてきた。次に，生成した表面化合物が表面特有な構造を示す例を示そう。

よく知られた例として，Ni の表面と炭素原子が反応して Ni 炭化物が表面に生成する際の表面再構成がある。図 5.22 に示すように，Ni(100) 表面の Ni4 原子のすきまサイトに炭素が存在すると Ni(100) の正方格子が回転したような構造になる。STM 像で正方形の格子が時計回りと反時計回りに回転したような構造になっている。そのため，この再構成は "clock reconstruction" などと呼ばれている。モデルに示すように，その正方形の中心に炭素原子が存在する。再構成の原因は，炭素が Ni 原子と結合して，Ni 炭化物が生成し Ni-Ni 間の距離が大きくなり，格子の増大に伴うひずみを緩和する

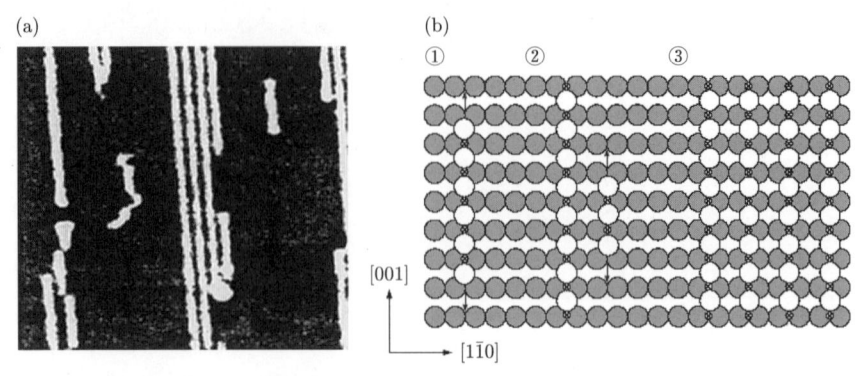

図 **5.23** (a) Cu(110) 表面上の O-Cu-O-Cu 鎖の STM 像，(b) STM 像のモデル図（小さな黒丸が酸素原子である）[24]。

ように Ni 原子の位置が動いたためである。炭素と結合する Ni 原子はもはや金属的な Ni 原子とは異なる。

次に，1 次元的な表面化合物の例を示そう。図 **5.23** は，Cu(110) 表面に酸素分子を解離吸着させたときの STM 像である。長い間 Cu 表面の酸化の研究がなされてきたが，STM の研究で驚くようなことがわかった。1 次元的な金属酸化物の構造が示されたのである。STM 像に示すように，Cu-O-Cu-O-Cu-O- と，Cu 原子と酸素原子が直線状につながっていることがわかった。まるで，高分子のようであり，擬分子 (pseudo molecule) などと呼ばれている。表面特有の化合物である。O/Ag(110) および O/Ni(110) でも 1 次元鎖が見られる。(-Ag-O-) 鎖の場合は，鎖同士が反発し互いに離れるが，(-Cu-O-) 鎖は被覆率の小さいところから鎖が互いに寄り合う。この鎖の形成過程には，原子の輸送過程 (mass transport) が含まれる。ステップエッジから銅または銀原子が鎖先端の成長部位へと供給されチェーンは伸びていくが，その輸送過程が律速と考えられている。

5.2.2 触媒作用

固体触媒の概念を理解する上で主要なポイントが三つある。それは，(i) 表面反応が種々の素過程から構成されること，(ii) 活性点が何かということ，(iii) 触媒活性はどのようにして決められるかということである。

第一に，固体表面で起こる触媒作用は以下のような素過程から構成される。

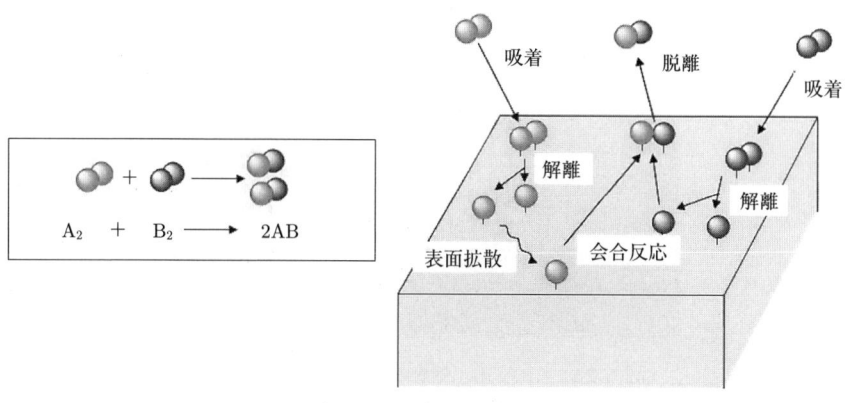

図 5.24　触媒反応を構成する表面素過程。

　　　　(a) 吸着，(b) 解離，(c) 表面拡散，(d) 会合反応，(e) 脱離
固体表面に分子が吸着するところから触媒反応がはじまる。次に吸着した分子の結合が切断される。これが解離である。解離で生成する吸着種は表面で拡散し，異種の吸着種と表面で反応する。これが会合反応（または表面反応）である。最後に生成した分子が表面から飛び去る。これが脱離である。一般に，複数の分子が吸着し，種々の吸着種が解離したり，会合反応をしたりするので，固体表面の状況は大変複雑である。

　当然のことながら，一連の素過程がすべて進むことによって，触媒反応が進行する。逆に，どれか一つの素過程が止まれば，触媒作用は示さないことになる。触媒作用とは，反応の速度を増大させるものであるから，(a)〜(e)のいずれの素過程も容易に進行するようでなければならない。その様子は図 5.24 で示されるが，表面を舞台として反応が進行するところが特徴である。3 次元空間での反応と異なり，吸着によって 2 次元の表面に分子を集め，分子の密度が高い状態で反応が進行する。すなわち，分子同士の出会う確率が増大する。

　触媒反応の概念における次なるポイントは，活性点である。工業触媒は普通微粒子にして使用される。固体物質を切断すれば必ず表面が現れるので，切断を繰り返していけば，表面積は増大してゆき，固体物質は微粒子化する。特に高価な Pt や Rh など貴金属触媒では，0.5 nm〜数十 nm のサイズの微粒子にして使用される。図 5.25 の TiO_2 に担持した Rh 粒子は 5 nm 位のサイズである。この図を見ると粒子が角張っていることがわかる。これ

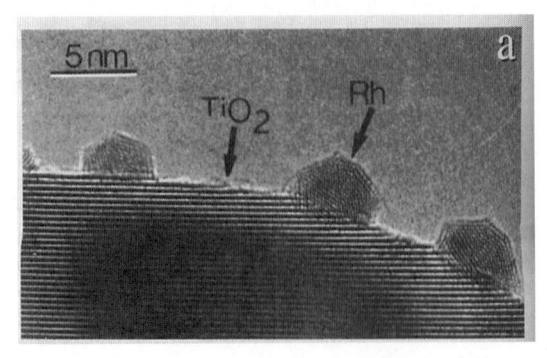

図 5.25 Rh/TiO$_2$ 触媒の電子顕微鏡写真[25]。

は微粒子が小面（ファセット面）からなることを意味している。

　Rh の場合，低指数面が熱力学的に安定であり，安定性の序列は，(111)＞(100)＞(110) である。微粒子の表面は主としてこれらの面から構成されている。粒子サイズが比較的大きくなると，(111) を多く使った粒子面を作るが，サイズが小さくなると (111) 面を中心に使った組み合わせが難しくなり，(100) や (110) などの割合が増大する。このように触媒粒子の表面構造は均一ではない。ここで活性点とは何かという問題が生じる。素過程がどの表面で起こるかということである。(111) 面で反応が起こるのか，(110) で起こるのか，またはどの面でも反応が起こるのか，また，異なる面が出会うエッジのところで反応が起こることも考えられる。すなわち触媒反応はどこで進行するのかということである。すべての素過程が同じところで起こるとは限らない。複数のサイトで起こることもある。金属触媒の場合，特にステップエッジ（階段状の表面欠陥）など欠陥部位が解離の活性点になることがしばしばある。図 5.26 の STM 実験は NO が Ru(0001) 表面のステップエッジで解離することを明確に示した例である。この二つの STM 像は，超高真空 STM 装置内で，NO を Ru(0001) 表面に室温で触れさせた後，6 分後に測定したもの (a) と 2 時間後に測定したもの (b) である。斜めに走るのがステップエッジであり，その他の部分はテラス（平坦部）である。ステップ付近の黒丸は解離で生じた窒素原子であり，ステップエッジから離れたところどころに写る線状のものが酸素原子である。酸素原子が表面をすばやく拡散するため，STM の走査が追いつかず線状に映り，ステップエッジから離れたところに散在することがわかる。一方，窒素原子はゆっくりと表

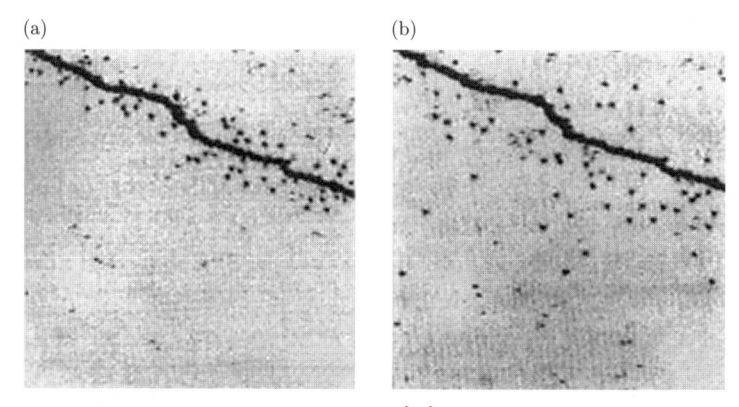

図 5.26 Ru(0001) 表面での NO 分子の解離[26]。0.1 L の NO に露出して (a)6 分後の STM 像，(b) 2 時間後の STM 像。

面拡散し，2 時間後にはステップエッジからより離れていることがわかる。この結果は，NO の解離がステップエッジで起こったことを意味する。この STM 研究が報告される前までは，Ru(0001) 表面で NO は解離すると考えられていたが，実際には，(0001) 面のごく少量のステップエッジで解離していたのである。すなわちステップエッジのない Ru(0001) で NO は解離しない。この原因は，ステップエッジの Ru 原子の d バンド幅が狭くなり，その結果，d バンド中心がよりフェルミ準位に近くなるためである。

固体触媒の概念に関する最後のポイントは，触媒活性である。触媒作用とは反応速度を増大させることを意味する。したがって，速度論を詳しく調べることが重要である。速度論の問題とはまた反応メカニズムの問題でもある。速度が大きくなるように素過程を組み合わせた反応メカニズムが構築されるとき，触媒活性が大きくなる。素過程の速度は，その速度定数で評価される。

ここでは，アンモニア合成反応の速度論とメカニズムについて述べよう。アンモニア合成は固体触媒反応として最もよく知られたものの一つである。発熱反応であり，反応に伴い分子数が減少する反応である。ゆえに低温，高圧が平衡論的に有利である。鉄が触媒となることがよく知られている。

$$N_2 + 3H_2 \rightarrow 2NH_3 \tag{5.18}$$

鉄触媒表面でのアンモニア合成反応は以下のような素過程からなる。

$$N_2 + * \rightarrow N_{2,a} \tag{5.19}$$

$$N_{2,a} + * \rightarrow 2N_a \tag{5.20}$$

$$H_2 + 2* \rightarrow 2H_a \tag{5.21}$$

$$N_a + H_a \rightarrow NH_a + * \tag{5.22}$$

$$NH_a + H_a \rightarrow NH_{2,a} + * \tag{5.23}$$

$$NH_{2,a} + H_a \rightarrow NH_{3,a} + * \tag{5.24}$$

$$NH_{3,a} \rightarrow NH_3 + * \tag{5.25}$$

ここで，$*$は表面の空きサイトであり，下付きのaは吸着状態を表す。まず，(5.19)：窒素分子は鉄の表面に吸着し ($N_{2,a}$)，次いで(5.20)：窒素分子は窒素原子 (N_a) 二つに解離する。(5.21)：水素分子も鉄表面で解離して水素原子 (H_a) 二つを生成する。(5.22)：窒素原子 (N_a) と水素原子 (H_a) は表面で拡散，衝突，表面反応の過程を通してNH_aを生成する。次いで(5.23)：NH_aとH_aから$NH_{2,a}$を生成し，(5.24)：$NH_{2,a}$とH_aから$NH_{3,a}$を生成する。最後に，(5.25)：吸着状態にある$NH_{3,a}$が気相へと脱離していく。これらの素過程に対してそれぞれ速度定数が存在する。その定数は次式のように前指数因子Aと活性化エネルギーEで表される。

$$k = A\exp(-E/RT) \tag{5.26}$$

表面科学実験によって，アンモニア合成の素過程(5.19)〜(5.25)に対するAやEの測定・解析がなされている。そのような解析はミクロキネティクスと呼ばれる。ここではアンモニア合成のミクロキネティクスについて述べる。

まず，反応の頻度因子Aの意味について概説しよう。これはいわばエントロピー項である。分子が反応する際に，ある特別な向きで衝突しなければならない場合，頻度因子Aは小さくなることは想像できよう。自由に運動する分子の状態と，反応直前のある特別の方向に運動する状態とのエントロピーの差を考えると，エントロピーは減少するものとみなせる。逆にどんな向きでも衝突しても反応しえるならばAは大きくなる。絶対反応速度論は，反応物Xと遷移状態$X^{\ddagger}$は平衡にあって（平衡定数$K^{\ddagger}$），遷移状態の濃度$[X^{\ddagger}]$に遷移状態が壊れる頻度$\nu^{\ddagger}$（回/sec）をかけたものが反応速度

に等しいとする理論である。そうすると次式に示すように頻度因子がエントロピー項であることがわかる。ここで反応物と遷移状態の間のギブス自由エネルギー，エンタルピーおよびエントロピーそれぞれの変化を $\Delta G^{\ddagger}$, $\Delta H^{\ddagger}$, $\Delta S^{\ddagger}$ とする。

$$K^{\ddagger} = [X^{\ddagger}]/[X] = \exp(-\Delta G^{\ddagger}/RT) = \exp(\Delta S^{\ddagger}/R)\exp(-\Delta H^{\ddagger}/RT) \tag{5.27}$$

$$反応速度 r = \nu^{\ddagger}[X^{\ddagger}] = \nu^{\ddagger}\exp(\Delta S^{\ddagger}/R)\exp(-\Delta H^{\ddagger}/RT)[A] \tag{5.28}$$

アンモニア合成の場合，窒素分子の解離速度が小さい。これは (5.19) の素過程に対する頻度因子 A が極めて小さいためである。窒素分子が解離するためには，窒素分子の結合軸 (N≡N) を表面に平行にして鉄表面に吸着しなければならない。すなわち，窒素原子が二つとも鉄原子と結合した状態を経て N≡N 結合が切れる。このような吸着状態をサイドオン (side on) 吸着と呼ぶ。窒素のサイドオン吸着状態は不安定である。つまり，吸着エネルギーが小さい（吸着熱 $-\Delta H$ が小さい）。したがって，673 K という高い温度でアンモニア合成を行わせる場合を考えると，反応中の $N_{2,a}$ の被覆率（吸着平衡被覆率）は大変小さくなる。さらに，サイドオンという特定の状態になるということは，吸着に伴うエントロピー変化 ΔS が極めて小さいということになる。すなわち頻度因子 A が小さくなる。$N_{2,a}$ の状態を経なければ解離は起こらないことを考えると，ΔH と ΔS の二つの要因によって，窒素分子の解離速度が遅くなることがわかる。

次に，図 **5.27** は Fe(111) 表面でのアンモニア合成に対するポテンシャルエネルギーダイアグラムである。各素過程の活性化エネルギーや反応熱の測定から得られた結果である。

ここで律速である N_2 分子の解離を見てみると，非常に小さい活性化エネルギー (21 kJ/mol) であることがわかる。窒素の解離吸着が律速なので，活性化エネルギーは大きいと想像する人がいるかもしれない。しかし事実はそうではなく，先に述べたように熱力学的にサイドオン吸着の状態を取りにくいためであり（$-\Delta H$ と ΔS が小さい），そのため反応中のサイドオン吸着 $N_{2,a}$ の被覆率が極めて小さいためである。図 5.27 において，解離で生じた N_a と H_a のところが最も安定である。これが，逐次 NH_a, $NH_{2,a}$,

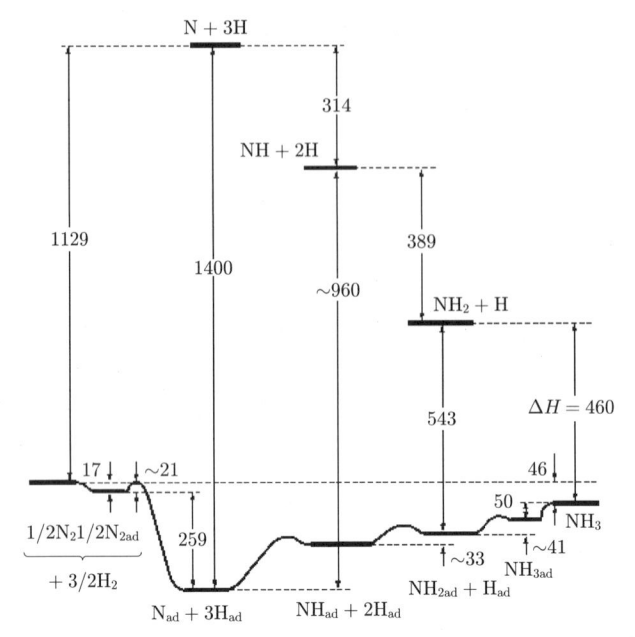

図 5.27 Fe(111) 表面でのアンモニア合成に対するポテンシャルエネルギーダイアグラム（エネルギー単位は kJ/mol)[27]。

$NH_{3,a}$ へと水素化されるが，次第にエネルギーレベルが高くなり，46 kJ/mol で吸着する NH_3 分子が脱離する．

このようなエネルギーダイアグラムによって触媒の特性を理解することができる．たとえば，タングステンを触媒に用いると窒素分子は容易に解離するが，生成した N_a と H_a のエネルギーレベルは低く，NH_a 生成に対する活性化エネルギーは大きくなる．すなわち窒素原子がタングステンと強く結合しすぎて水素とは反応しにくくなるということである．この窒素原子の安定性は 5.2.1 項で述べた表面化合物の安定性に対応するもので，d バンド中心が重要である．しかし，白金を触媒とすると，N_a と H_a のエネルギーレベルは高くなるが，N_2 分子の解離過程が遅くなる．どの金属が触媒として活性を示すかという説明で，昔からよく言われてきたことは，「分子の吸着が強すぎず，弱すぎず，適度な強さの吸着が良い」ということである．1910 年頃に Sabatier がそのように考えているが，触媒作用の本質を言い当てている．吸着が強すぎると，ポテンシャルダイアグラムにおける状態は安定化し，引き続く素過程の活性化エネルギーは高くなってしまう．さらに悪いこ

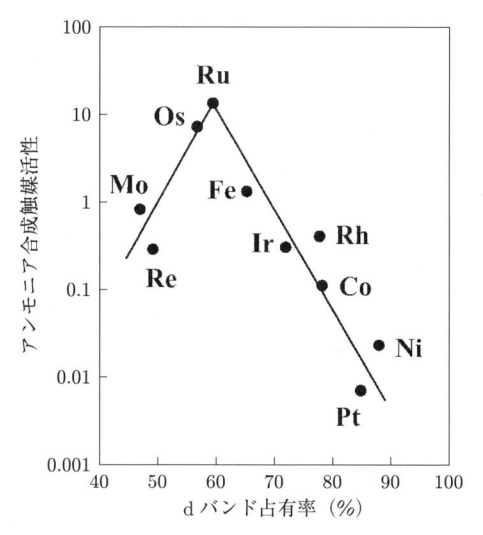

図 5.28　アンモニア合成触媒活性とdバンド占有率の関係[28]。

とに，その安定吸着種が表面を占有し，他の反応分子が吸着できなくなる。「強すぎず，弱すぎず」という考え方を表すものとして，しばしば火山型プロット (volcano plot) と呼ばれる実験結果が示されてきた。図 5.28 はその一例であるが，アンモニア合成の触媒活性を金属触媒の種類によって比較した結果である。横軸はdバンド占有率（これはdバンドの中心と対応）であるが，左側の金属では吸着が強く，右側のほうは吸着が弱い傾向がある。窒素原子や窒素分子が強く吸着する Mo や Re は活性が低い。また，それらの吸着が弱い Rh や Pt もまた活性が低い。その中間の Os，Ru，Fe の活性が高いことがわかる。

金属触媒の反応の場合，どのくらいが強い結合で，どれくらいが弱い結合かというセンスを身に付けるとよい。CO の吸着エネルギーでいうと，吸着が弱い Cu の場合は 70 kJ/mol 程度であるが，吸着の強い Pt では 130 kJ/mol 程度である。非常にラフな見積もりであるが便利な吸着エネルギーの推定方法がある。昇温脱離実験で脱離ピーク温度に 0.06 をかけると吸着エネルギー（kcal/mol 単位）に近くなるというものである。Pt 表面に吸着した CO は昇温脱離実験において 500 K 付近で脱離するので，吸着エネルギーは 30 kcal/mol(=130 kJ/mol) と見積もられる。

最後に，触媒活性の表面構造依存性について述べよう。Fe 触媒によるア

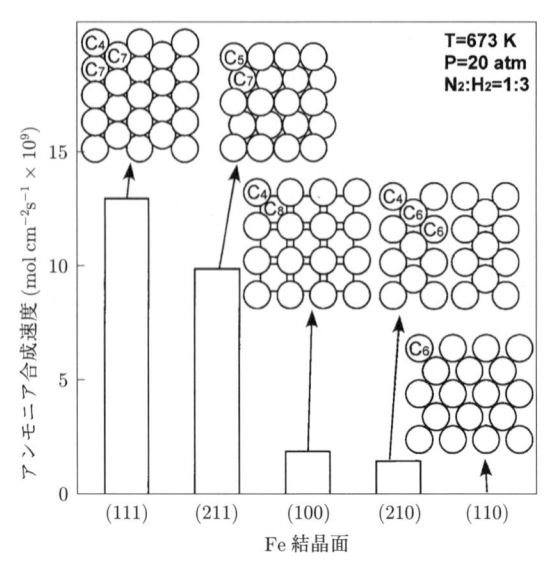

図 5.29　アンモニア合成反応に対する種々の Fe 結晶面の触媒活性（アンモニア分子生成速度）。

ンモニア合成反応において，触媒活性が Fe 表面の構造によって著しく変化することが知られている。図 5.29 に見られるように，Fe(111) や Fe(211) 表面は，Fe(100)，Fe(210)，Fe(110) 表面と比較して活性が高い。この違いは窒素分子の解離のしやすさに起因している。このように触媒の表面構造によって触媒活性が著しく異なる場合を構造敏感 (structure sensitive) と呼んでいる。この場合，Fe(111) と Fe(211) の表面は原子密度が小さいが，単に密度が小さい面が活性であるのではない。たとえば，Fe(210) 面はより疎な面であるが活性は著しく小さい。Somorjai らは 7 配位の C_7 サイトの Fe 原子がある表面が活性であると報告している。窒素分子の解離で生成する窒素原子がこの C_7 サイトを占有するものと考えられている。

　銅触媒による水性ガスシフト反応も構造敏感であり，Cu(110) のほうが Cu(111) よりも活性である。一方，Pt 触媒による CO の酸化反応や Ni 触媒によるメタネーション反応は表面構造に鈍感 (structure insensitive) であることが知られている。ここで注意すべきは，構造敏感や構造鈍感の性質は反応条件によって変化しうることである。律速過程が著しく構造敏感である場合は，触媒活性も構造敏感として観測される。ところが，圧力や温度が大

きく変化して律速過程が構造鈍感な素過程に切り替わる場合がある．Pt 触媒による CO の酸化反応でも 1 気圧程度の反応条件では構造鈍感であるが，真空実験で高温の場合には構造敏感として観測される．一般には，工業触媒の反応条件における表面構造依存性が重要であろう．

5.2.3　表面反応の活性化エネルギー

表面科学実験と第一原理計算との比較検討から，触媒作用を含めて，表面の化学的性質がよくわかるようになってきた．ここでは第一原理計算によって理解が進んでいる活性化エネルギーの本質について述べる．

はじめは Cu 触媒による水性ガスシフト反応の例である．この反応は CO を酸化すると同時に H_2 を生成する工業的に重要な反応である．

$$CO + H_2O \rightarrow CO_2 + H_2 \tag{5.29}$$

反応メカニズムは次式に示されるように，H_2O が解離し，生じた表面酸素原子 O_a が CO と反応するという，いわゆるレドックス機構で起こることがわかっている．水性ガスシフト反応の速度と，H_2O 解離の速度がほぼ同じであり，両反応の活性化エネルギーも同じであるという実験事実から結論された．

$$H_2O \rightarrow H_2O_a \tag{5.30}$$

$$H_2O_a \rightarrow OH_a + H_a \tag{5.31}$$

$$2OH_a \rightarrow O_a + H_2O_a \tag{5.32}$$

$$CO \rightarrow CO_a \tag{5.33}$$

$$CO_a + O_a \rightarrow CO_2 \tag{5.34}$$

$$2H_a \rightarrow H_2 \tag{5.35}$$

ここで興味深いのは，酸素原子 O_a の生成過程である．OH_a が直接，$OH_a \rightarrow O_a + H_a$ のように解離するのではない．OH_a 同士が表面で衝突し片方の OH_a の H がもう片方へと移って，O_a と H_2O_a が生成するのである．このような OH_a 同士の反応は他の金属表面（Pt，Rh，Pd など）でも容易に進行する．OH_a と $OCH_{3,a}$（メトキシ）から O_a と CH_3OH が生成する反応も類似のプロトン移動である．これは記憶すべき表面素過程である．

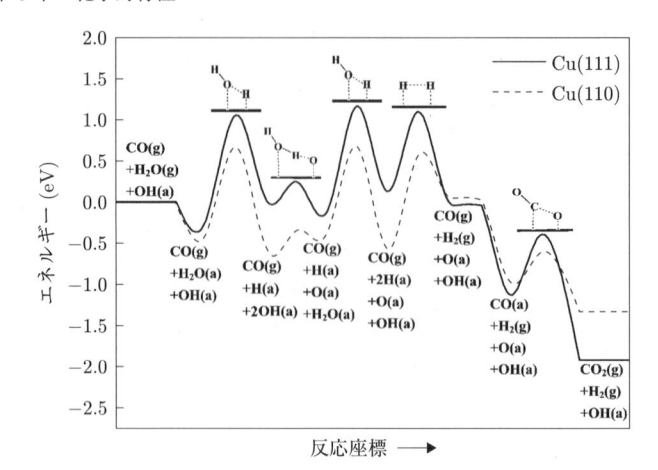

図 5.30 第一原理計算で求めた Cu(110) と Cu(111) での水性ガスシフト反応に対するポテンシャルダイアグラム[22]。

この OH_a の 2 分子反応は，次式のように H_2O が触媒になっているようにも見える。

$$H_2O(1) + H_2O(2) \to OH_a(1) + OH_a(2) + 2H_a \to O_a(1) + H_2O(2) + H_2 \tag{5.36}$$

$H_2O(1)$ と $H_2O(2)$ のように二つの水分子があるとすると，一つは $O_a(1)$ まで解離するが，もう一つは $H_2O(2)$ に戻っている。

図 5.30 は，第一原理計算によって求められた，このメカニズムに対するポテンシャルエネルギーダイアグラムである。Cu(110) と Cu(111) について計算された。OH_a の解離は OH_a の 2 分子反応によるものであるので，図中の他の状態に OH_a を加えている。この第一原理計算結果は，実験結果で得られたポテンシャルエネルギーダイアグラムとよく一致した。すなわち，水性ガスシフト反応の律速は H_2O の解離であり，また逆反応である逆水性ガスシフト反応の律速は CO_2 の解離である。各素過程の活性化エネルギーの値も実験値とよく一致した。

Cu 触媒での水性ガスシフト反応は，構造敏感であることが，実験および理論計算で明らかになり，その原因は，H_2O の解離が表面構造に敏感であるためである。Cu(111) および Cu(110) における H_2O の解離の活性化エネルギーは，それぞれ，実験値が 1.23 eV, 0.87 eV であり，計算値は 1.28

H₂O/Cu(111)

図 5.31 Cu(111) 表面における H_2O の解離の遷移状態[29]。

eV，1.05 eV となった．かなり計算結果が信頼できることを意味している．ここで 1 eV = 23.06 kcal/mol である．

重要なことは，実験値と理論計算値が合うならば，次に理論計算を使って実験で得られていない表面反応のメカニズムの詳細がわかるのではないかという期待である．

たとえば，これまで明らかになっていない素過程の活性化エネルギーの本質に迫ることである．つまり，活性化エネルギーとは何か，ということである．図 5.31 は Cu(111) 表面において H_2O の解離の遷移状態を計算したときの構造である．H_2O 分子の二つの O-H 結合のうち一つは 1.34 Å であり，もう一つは 0.99 Å である．H_2O 分子の O-H 結合長は 0.96 Å であるので，1 本は切れていることが明らかである．すなわち，ポテンシャルダイアグラムにいくつもの山があるが，H_2O 解離過程の山の頂上，すなわち遷移状態において O-H 結合は切れているのである．Cu(100) 表面でも，Cu(110) 表面でも同様であり，H_2O 分子の一つの O-H 結合は切れている．H_2O 解離の活性化障壁を登っていく間，H_2O の O 原子はすでに Cu 原子と結合しており，徐々に H 原子が Cu 原子と結合を形成してゆくが，山頂到達前に O-H 結合は切れて Cu-H 結合が生じている．すなわち遷移状態で OH_a と H_a が生じている．そこで，計算によって，次式のように遷移状態におけるエネルギーの内訳を調べた．左辺は遷移状態の H_2O のエネルギーと Cu のエネルギーを合わせたトータルエネルギーであるが，これを右辺のように H_a と OH_a の吸着エネルギーおよびその二つの相互作用エネルギーに分割

した。

$$E_{\mathrm{TS}} + E_{\mathrm{Cu}} = E_{\mathrm{Ha}} + E_{\mathrm{OHa}} + E_{\mathrm{Ha/OHa}} \tag{5.37}$$

ここで H_2O 解離の活性化エネルギーが大きい Cu(111)(1.28 eV) と, 小さい Cu(110)(1.05 eV) について比べてみると, OH_a の吸着エネルギーは, Cu(111) で 2.44 eV, Cu(110) で 2.90 eV と計算された。すなわち OH_a の吸着の強さは Cu(110) のほうが大きい。この OH_a の安定性が H_2O 解離の活性化エネルギーの違い (0.23 eV) に反映していることがわかった。このことから H_2O の O 原子がより強く Cu 原子と結合すると, より O-H 結合が切れやすくなると結論することができる。

もう一つの計算結果の例を示そう。Pt 表面での CO 酸化の活性化エネルギーに関するものである。

Pt(111) 上での吸着酸素 (O_a) と吸着 CO(CO_a) から二酸化炭素分子 (CO_2) が生成する反応は次式のように表される。

$$CO_a + O_a \rightarrow CO_2 \tag{5.38}$$

この反応の速度論に関しては歴史的に多くの研究がなされており, CO_a や O_a の吸着エネルギーや, 反応の活性化エネルギーが実験で精密に測定されてきた。さらに, 実験による測定値が第一原理計算の結果とよく一致することが確かめられた。

図 **5.32** は Pt(111) 表面に, CO_a と O_a が吸着している様子を示している。CO_a は Pt 原子の真上, すなわちオントップサイトに, O_a は 3 個の Pt 原子のくぼみサイトに吸着している。この状態から, CO_a と O_a が反応して CO_2 を生成する過程を示したのが図 **5.33** である。第一原理計算では, このように原子の位置を変えながら全エネルギーを計算することによって, 最も反応が起こりやすい経路を見出しながらポテンシャルダイアグラムを作成する。この図を見ると, まず (a) から (b) および (c) の過程において CO_a がオントップサイトからブリッジサイトへ移動する。次に, (d) において CO_a がブリッジサイトから O_a に隣接する Pt 原子のオントップサイトに移動する。これと同時に O_a は 3 原子くぼみサイトからブリッジサイトへ移行する。さらに, (e), (f), (g), (h) のように CO_a と O_a が近づき CO_a が生成する。

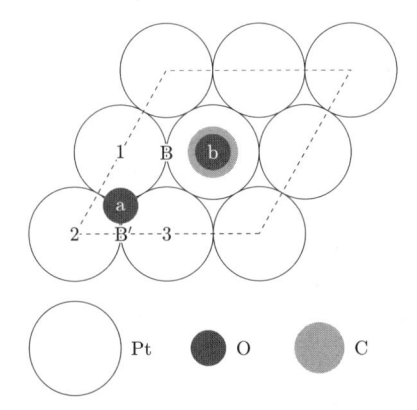

図 5.32　Pt(111) 上の Pt3 原子くぼみサイトの O_a とオントップサイトの CO_a[29]。

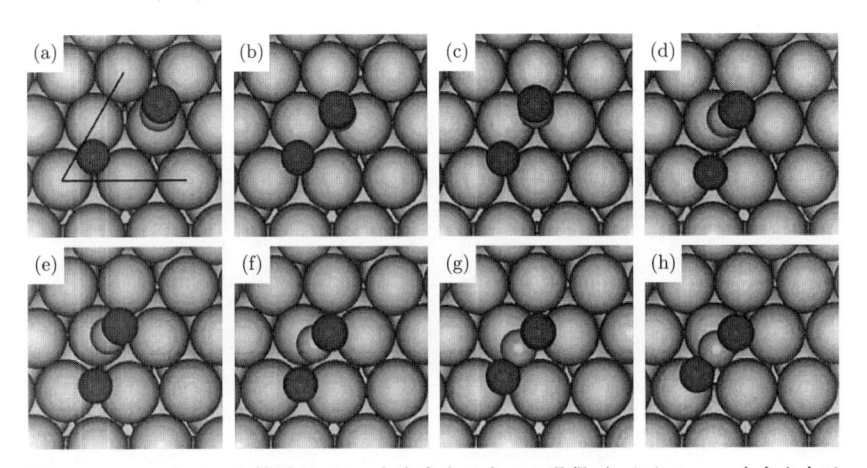

図 5.33　CO_a と O_a が接近し CO_2 を生成するまでの過程（a から h へ。大きな丸は白金原子，黒丸は酸素原子，小さな白丸が炭素原子）[29]。

(a)〜(h) の八つの過程における結合切断および結合生成さらに全エネルギー変化をそれぞれ示したものが図 5.34 である．図中，$\rho_{\min}$(O-Pt) は，図 5.33 における Pt 原子 1 と O_a の結合に対する電子密度であり，この値が大きいと結合していることに対応する．O_a と，CO_a の C との間における電子密度が $\rho_{\min}$(C-O) である．横軸は CO_a の C と O_a の距離であるので，O_a と CO_a が近づくことは図の右から左へ向かう方向に対応する．(e) でエネルギーが 1 eV になったところが反応の遷移状態であり，この高さは活性化エネルギーに相当する．これは反応の活性化エネルギーの実験値とよく一

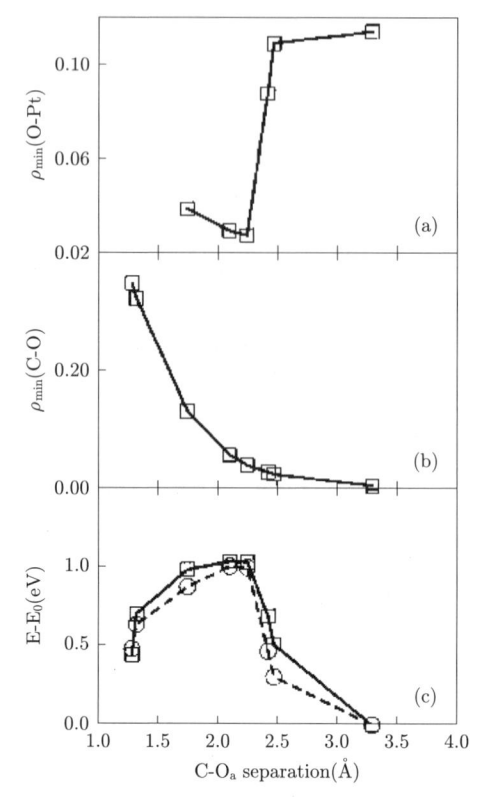

図 5.34 CO_a と O_a の距離に対する電子密度変化と全エネルギー変化[29]。

致する。

問題は，この活性化エネルギーの中身であるが，右から 2 点目の 2.5 Å の点は，CO がブリッジサイトに移った点であり，オントップサイトよりも 0.3〜0.5 eV 高くなる。さらに (d), (e) のように CO_a が O_a に近づきオントップサイトへ移ったときに遷移状態 (1.0 eV) に達するが，このときに ρ_{min}(O-Pt) が激減することから，O_a は Pt 原子 1 との結合が切れてブリッジサイトに移動したことがわかる。CO_a が存在しない場合，3 原子くぼみサイトの O_a はブリッジサイトの O_a よりも 0.6 eV 安定である。また，O_a が存在しない場合，オントップサイトの CO_a がブリッジサイトに移動するために必要なエネルギーは極めて小さい。すなわち，活性化エネルギーのかなりの部分は，O_a を Pt3 原子のくぼみサイトからブリッジサイトに移動さ

せるエネルギーに対応する。遷移状態では CO_a と O_a はまだ結合していないが、その後、$\rho_{min}(C\text{-}O)$ が増加し始め CO_a と O_a の結合が徐々に形成し始めることがわかる。

以上のことから、CO_a と O_a の反応においての活性化エネルギーのかなりの部分は Pt と O_a の間の結合を切断することにあることがわかった。これは直感的にも理解できるであろう。すなわち、表面金属原子と強く結合する吸着原子を反応で取り除く場合には、その結合を切断するエネルギーが必要である。

5.2.4 まとめ

金属表面の反応性について主要なポイントについて述べた。表面の化学、すなわち表面反応を学ぶ上では、表面と分子が反応して表面化合物が生成するという見方がまず重要である。マクロな視点では、金属の種類による表面化合物の安定性の違いを、金属のdバンド中心と分子軌道との混成によって理解できる。一方、ミクロな視点では、表面化合物の安定性が、表面構造によって変わることに着目すべきである。

次に、触媒作用のメカニズムについて述べた。触媒反応は種々の表面素過程から構成される。どのサイトで、どのような速度で素過程が進行するかを解析することによって、触媒のメカニズムを理解することができる。表面科学の研究によって、主要な触媒反応のメカニズムがかなりわかってきている。素過程の速度解析によって触媒活性を理解することをミクロキネティクスと呼ぶが、触媒作用の本質を理解するために必須である。ミクロキネティクスでは速度定数の測定・解析が必要であるが、そのなかで活性化エネルギーのみならず頻度因子も重要であることを述べた。

最後に第一原理計算によって反応性の本質が理解され始めていることを述べた。遷移状態に至る過程の吸着分子の動きをスナップショットで見ていくと、活性化エネルギーの中身がわかることを述べた。今後、さらに本質的な理解が深まるであろう。

引用・参考文献

[1] J. E. McMurry and R. C. Fay: "Chemistry Fifth Edition"(Prentice Hall, 2008) p.1216.
[2] K. Sato, M. Shikida, Y. Matsushima, T. Yamashiro, K. Asaumi, Y. Iriye and M. Yamamoto: Sens. Actuators A **61**, 87(1998).
[3] M. Methfessel, D. Hennig and M. Scheffler: Phys. Rev. B **46**, 4816(1992).
[4] L. Vitos, A.V. Ruban, H.L. Skriver and J. Kollar: Surf. Sci. **411**, 186(1998).
[5] W. R. Tyson and W.A. Miller: Surf. Sci. **62**,267(1977).
[6] R. J. Jaccodine: J. Electrochem. Soc. **110**(6), 524(1963).
[7] F.R. de Boer, R. Boom, W.C.M. Mattens, A.R. Miedema and A.K. Niessen: "Cohesion in Metals"(North-Holland, 1988).
[8] K. Uosaki and R. Yamada: J. Am. Chem. Soc. **121**, (16), 4090(1999).
[9] R. Yamada and K. Uosaki: J. Phys. Chem. B **104**(25),6021(2000).
[10] R. Yamada and K. Uosaki: Langmuir **16**(10), 4413(2000).
[11] S. M. Mayanna and T. H. V. Setty: Corrs. Sci. **14**, 691(1974).
[12] S. Ye, C. Ishibashi and K. Uosaki: Langmuir **15**(3), 807(1999).
[13] T. Young: Trans. Faraday Soc., 96A, 65 (1805).
[14] 辻井薫："超撥水と超親水-その仕組みと応用-"（米田出版，2009）．
[15] R. N. Wenzel: Ind. Eng. Chem **28**(8), 988(1936).
[16] A. B. D. Cassie and S. Baxter: Trans. Faraday Soc., **40**, 546 (1944).
[17] J. Sagiv: J. Amer. Chem. Soc. **102**, 92(1980).
[18] R. G. Nuzzo and D. L. Allara: J. Am. Chem. Soc. **105**, 4481(1983).
[19] M. R. Linford and C. E. D. Chidsey: J. Am. Chem. Soc. **115**, 12631(1993).
[20] I.Toyoshima and G.A.Somorjai: Catal.Rev.-Sci.Eng., **19**, 105(1979).
[21] B.Hammer and J.K.Norskov: Adv.Catal. **45**, 71(2000).
[22] G.Wang and J.Nakamura: J.Phys.Chem.Lett. **1**, 3053(2010).
[23] C. Klink, L. Olesen, F. Besenbacher, I. Stensgaard, E. Laegsgaard and N.D. Lang: Phys. Rev. Lett. **71**, 4350(1993).
[24] F.Besenbacher and J.K.Norskov: Progress in Surface Science **44**, 5(1993).
[25] A.D.Logan, E.Braunschweig, A.K.Datye and D.J.Smith: Langmuir **4**, 827 (1988).
[26] T.Zambelli, J.Wintterlin,J.Trost and G.Ertl: Science **273**, 1688(1996).
[27] G. Ertl: "Catalytic Ammonia Synthesis; Fundamentals and Prcatice", ed. by J. R. Jennings, (Plenum Publishing, 1991) p.109.
[28] A.Ozaki and K.Aika: "Catalysis vol.1", eds. by J.Anderson and M.Boudart, (Springer-Verlag, 1981) p.87.
[29] A.Alavi, P.Hu, T.Deutesch, P.L.Silverstrelli and J.Hutter: Phys.Rev.Lett., **80**, 3650(1998).

第6章

表面の素励起

6.1 はじめに

　我々の住む物質世界は無数の相互作用する粒子から形成されている。1 cm^3 程度の大きさの固体にはアボガドロ数（6.02×10^{23} 個）のオーダーの膨大な数の原子が含まれ，それらが電子によって結合し様々な性質を示す。そのような系を記述するには多粒子系のシュレーディンガー方程式とそれらの粒子間の相互作用ポテンシャルが必要である。原理的に N 粒子系の配置空間の波動関数には必要なすべての情報が含まれているはずではあるが，この膨大な系のシュレーディンガー方程式を直接解くことは，現在のスーパーコンピューターをもってしても非現実的である。このような多数の原子や電子からなる系を容易に取り扱うために，他の手法，つまり第二量子化，量子場の理論，グリーン関数法などが用いられ，様々な性質を統一的に理解するために素励起の概念が生まれた。素励起 (elementary excitation) は原子や電子などの集団運動を量子力学的に記述する手段として生まれた概念であり，固体中を一定の運動量とエネルギーをもって運動する準粒子 (quasi-particle) として振る舞う。固体物理学の多くの現象は，互いに弱くしか相互作用しないような素励起が，外場により生成・消滅すると仮定することで表現できることがわかっている。宇宙線などの極めて高エネルギーの粒子線

第6章執筆：長尾忠昭

を除いて，通常の物質はイオンと電子からなると考えてよい．したがって，物質世界で起こる動的な現象はほとんどの場合この二つの粒子に関わる素励起現象に帰することができる．これらの粒子の集団運動を表す素励起としては，結晶格子の原子（イオン）の集団振動であるフォノン (phonon)，電子の集団の振動（電荷密度分布の振動）であるプラズモン (plasmon)，半導体中の価電子の励起を表すエキシトン (exciton)，電子スピンの揺らぎを表すマグノン (magnon) などがある．たとえばフォノンを例にとると，結晶格子におけるイオンの振動励起の振幅が小さい場合，イオン間のお互いの結合を調和ポテンシャルと近似して記述できる．N 個のイオンからなる格子を基準座標系を用いて表すと $3N$ 個の線形振動子となり，固有角振動数 ω_i として

$$E = \sum_{i=0}^{3N} \hbar\omega_i \left(n_i + \frac{1}{2} \right) \tag{6.1}$$

によってこの系のエネルギースペクトルが与えられる．ここで，n_i は i 番目のエネルギーで，$\hbar\omega_i$ の状態に存在する素励起の個数を表している．低温の場合，この振動の励起状態は結晶の中を平面波の形で相互作用をせずに自由に伝搬するフォノンの集まりとして表現される．温度が高くなるとフォノンの数は増え，次第にフォノン同士の散乱，消滅，新しいフォノンの生成など，いろいろな過程が生じ現象は複雑になってゆく．これは，温度とともに振動振幅が増え相互作用ポテンシャルの非調和項の効果が次第に大きくなり，状態間の遷移確率が生じ始めることに対応する．素励起はその系が全体として示す性質を表すものであり，このため，素励起（準粒子）の数は成分粒子そのものの数とは異なるし，また，素励起の統計性も成分粒子のそれとは異なる．たとえばイオン格子の場合，構成するイオンのスピンが整数か半整数かに関わらず，そのフォノンは常にボース統計に従う．

素励起には，固体バルクで見られるものとは異なり表面やナノ構造物質でしか生成しないものがある．これら表面特有の素励起は表面科学の重要な問題を構成し，また，ナノ材料科学における機能設計とも密接に関わるため近年重要度を増している．たとえば，表面の存在によって初めて存在する，表面フォノンや表面プラズモン，あるいは表面エキシトンなどである．また，フェルミレベル以上に励起された粒子が生成されるという意味で，表面電子

バンドの間の 1 電子励起や光電子放出なども，表面固有の素励起といえる。表面フォノンは，固体表面やナノ構造物質の構造安定性や相転移・融解現象と密接に関わり，エレクトロニクスデバイスとしても古くからマイクロ波遅延素子やフィルタなどが研究されてきた。また近年は，微細化するトランジスタや熱電素子等の性能を左右する現象として注目され，定量的な解析が重要視されるようになってきた。表面プラズモンは，ナノ構造材料の形状，つまり構造物と外界との境界条件によりその性質を柔軟に制御でき，フォトニクス素子や化学分析・ライフサイエンスにおける応用研究が大いに進展している。ナノスケール光導波路，表面プラズモンレーザー，表面増強ラマン散乱，表面増強赤外吸収などがその例であり，そこでは表面プラズモンと光との混成モードである表面プラズモンポラリトンが中心的役割を果たしている。本章ではこれらの表面の原子や電子の多体系が主役を演じる素励起の理論的側面，実験的側面について実例を用いながら紹介する。

6.2 表面フォノン

6.2.1 バルクフォノンと表面フォノン

1910 年前後の初期の結晶格子の動力学における中心課題が，固体の比熱の温度変化を説明することであったことはよく知られている。Einstein は，結晶内の各原子が独立に一定の振動数で振動するとして，量子仮説と組み合わせて，固体の比熱が高温で古典値，低温で急激に 0 になることを定性的に示した。このアインシュタイン模型の自然な拡張として，独立振動子間に相互作用を取り入れて結合系の基準振動を考える試みは，その後 Debye と Born-von Karman によって独立に行われた。Debye の理論では連続弾性体近似がとられ，弾性波の量子，つまり音響フォノンの集まりを考えることによって，低温の T^3 に比例する比熱と高温の Dulong-Petit 則で決まる一定比熱を内挿する式が導ける。一方，Born-von Karman の理論では，格子の離散性が重視されているので，各基準振動のエネルギー分散関係が議論でき，たとえば音響分枝と光学分枝の違いを説明することができる[1-3]。

微視的・離散的な結晶格子の動力学が威力を発揮し始めたのは，中性子非弾性散乱の実験が始まった 1962 年頃である。それまでの格子動力学の研究

においては，実際の観測量と理論との比較は極めて間接的であった．たとえば原子間のポテンシャルを仮定し，フォノンのエネルギー分散関係を求めても，それは観測できる量ではなく，それからさらに振動数分布に読み替え，それを用いて種々の物理量を計算することで初めて実験と比べられる結果に到達した．したがって，最初に仮定したポテンシャルがどれほど真実に近いかを判断するには，非常に迂遠で乏しい情報しか利用できなかった．しかし，中性子非弾性散乱法の登場によって，フォノンのエネルギー分散関係が実験的に求められるようになると，Born-von Karman 流の理論を用いて各原子間のポテンシャルについても情報を直接得ることができるようになり，フォノン分光と呼ばれる一大研究領域が誕生した．

ところで，3次元的な周期構造をもつバルク結晶と異なり，固体表面では，一方向の周期性がある場所で突然破れるため，一般に，固体表面の原子配列構造・電子状態は固体内部のものとは大きく異なる．格子振動においても，結合の数がバルクと比べて半減すること，原子配列構造がバルクの構造と異なること，結合の強さがバルクの値から変化すること，などを反映して，表面特有のフォノンが出現する．固体表面に局在するフォノン（表面フォノン）に関する研究は理論的研究が先行し，続いて表面感度の高い低速粒子線を用いた実験手法が開発され，表面フォノン分光とも呼ばれる研究領域が確立した．たとえば，10〜50 eV 程度の低速電子や数十 meV のエネルギーをもった He 原子はブリルアンゾーンと同程度の大きさの波数ベクトル (wave vector) をもつため，表面フォノンのエネルギー分散関係をブリルアンゾーンの全域にわたって測定できる．これはバルクフォノンに対する中性子線散乱に匹敵するメリットであり，光を用いた手法にはない大きな特徴である．粒子線を用いて測定したフォノン分散関係を Born-von Karman 流の微視的理論を用いて再現することにより，表面最外層での結合状態，吸着構造などに関する微視的な情報を得ることができる．以下では低速電子を用いた高分解能電子エネルギー損失分光 (high-resolution electron energy loss spectroscopy, HREELS) による研究を例にとり，表面フォノン研究の実際を紹介したい[3-6]．

6.2.2　表面フォノンの測定原理

図 **6.1** は一般的な HREELS 装置の模式図である[4,5]．熱フィラメントで

6.2 表面フォノン 217

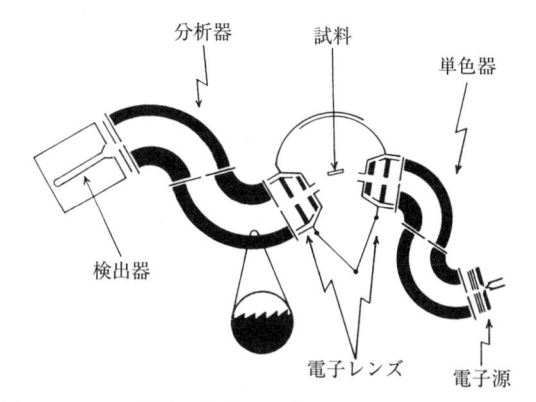

図 6.1 一般的な HREELS 装置の模式図。迷走電子によるノイズを低減するために，多数のスリットを通過させ，電極壁面にも壁面での反射電子が検出器へ向かわないよう鋸歯状の加工を施してある。また，分析器側のサイズを単色器に対して拡大して（つまり分析器直前のスリットサイズも拡大して）シグナル強度を向上させている。

発生した電子線は 2 段型の単色器にて 1 meV のオーダーにまでエネルギーフィルタリングされ，数〜数十 eV の速度で試料に入射する。その後試料にて散乱・反射した電子線は 2 段型の（1 段型の場合もある）エネルギー分析器に入った後に電子増倍管に入り，分析器を最後まで透過した電子がシグナルとして検出される。単色器の電位を固定し，エネルギー分析器の電位を単色器に対して変化させることで，最後まで通過する電子線のエネルギーを選別しスペクトルを記録する。試料反射後の電子線のシグナル強度は微弱であり電流計では計測不可能なため，放射線計測の要領で電子を一個一個計測する。入射（あるいは出射）電子線の角度を変化させることで，電子線の波数ベクトルを変えフォノンに与える運動量を変化させることができる。

フォノンの散乱過程では，波数ベクトルおよびエネルギーに関して次の保存則が成り立つ．

$$K = k_s - k_i = G \pm q \tag{6.2}$$

$$\hbar\omega = E_s - E_i = \pm\hbar\omega_q \tag{6.3}$$

ここで，k_i, k_s 入射電子および反射電子の運動量，E_i, E_s は入射電子および反射電子のエネルギー，G は逆格子ベクトルである。高温では結晶中のフォノン密度が高く，散乱過程において 2 個以上のフォノンが関与する確

率が高くなる。この過程では散乱に関与するフォノンのエネルギーおよび波数ベクトルの自由度が保存則の数を超えるため，エネルギーの連続した散乱が任意の方向に生じる。一方，1フォノン過程は保存則 (6.2)，(6.3) の制約により離散的な散乱が生じ，ある角度ではあるエネルギーのみに鋭いピークを生じ，連続的な背景を与えるフォノン過程と容易に区別することができる。しかし，数 eV から数百 eV 程度のエネルギーの電子は固体中へは侵入できないので，表面垂直方向の周期性が破れ，散乱の保存則が弱まる。したがって保存則 (6.2) は次のようになる。

$$\bm{K}_{||} = \bm{k}_{\mathrm{s}||} - \bm{k}_{\mathrm{i}||} = \bm{G}_{||} \pm \bm{q}_{||} \tag{6.4}$$

ここで，$_{||}$ は各ベクトルの表面平行成分であることを意味する。入射電子および反射電子のエネルギー E_i，E_s と励起した表面フォノンの運動量ベクトル $\bm{q}_{||}$ との関係は，保存則 (6.3)，(6.4) から次のように表される。

$$q_{||} = \sqrt{\frac{2mE_\mathrm{i}}{\hbar}}(\sin\theta_\mathrm{s} - \sin\theta_\mathrm{i}) \tag{6.5}$$

ただし，θ_i，θ_s は試料垂直方向に対する電子線の入射および反射角である。一般に表面フォノンの励起エネルギーは入射エネルギーに比べて無視できるくらいに小さいので，$E_\mathrm{i} \sim E_\mathrm{s}$ とできる。式 (6.5) から求めた $q_{||}$ に対して測定した表面フォノンのエネルギー $\hbar\omega$ をプロットすることでフォノンのエネルギー分散関係を得ることができる。

6.2.3 表面フォノンの解析方法

ここでは，上記のようにして得たフォノンのエネルギー分散関係を解析する手法の一例として，Born-von Karman 流の微視的なフォノン理論による解析方法を説明する[2,3,6]。以下の手法は3次元結晶だけでなく表面のシミュレーションにも直接適用可能である。表面の効果は，3次元結晶の1方向を有限とし，超薄膜結晶（スラブ結晶，slab crystal）とすることで取り入れ可能であり，バルクでも表面でも以下の式をそのまま適用できる。

調和ポテンシャルで結合した図 **6.2** のような結晶を考え，平衡位置が $\bm{r}_k^l$ にある原子の質量を M_k，α 方向の変位を $\bm{u}_\alpha(l,k)$ とすると，調和近似のもとに運動方程式は

6.2 表面フォノン

$\boldsymbol{r}_k^l$ (l番目単位胞，k番目の原子)

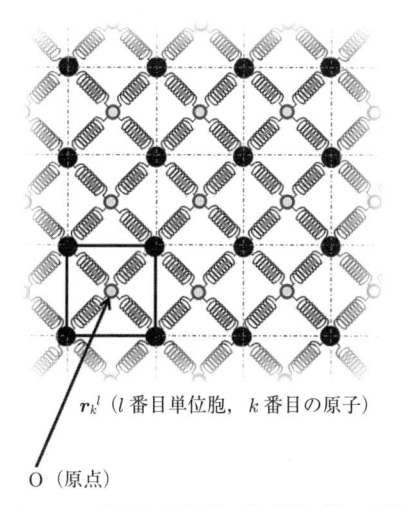

O (原点)

図 **6.2** 調和ポテンシャルで結合した結晶の模式図（第一近接の結合のみ図示）。

$$M_k \frac{d^2 u_\alpha(l,k)}{dt^2} = -\sum_{l'}\sum_{k'}\sum_{\beta} \Phi_{\alpha\beta}(l-l', kk') u_\beta(l', k') \quad (6.6)$$

で与えられる。$\Phi_{\alpha\beta}(l-l', kk')$ は $\boldsymbol{r}_{k'}^{l'}$ にある原子を β 方向に対して単位長さだけ変位させたときに $\boldsymbol{r}_k^l$ にある原子に対して α 方向に働く力を表す。たとえば注目する原子間の結合に対する伸縮方向や接線方向の力定数（バネ定数に相当）を用い，$\boldsymbol{r}_{k'}^{l'}$ の原子に働く復元力の α 方向成分の総和をとることで求まる。ここで l は単位胞の番号，k は単位胞内の原子の番号である。$\Phi_{\alpha\beta}(l-l', kk')$ が $\boldsymbol{r}_k^l$ によらず $l-l'$ だけの関数になっているのは結晶の並進対称性の表れである。この対称性のために式 (6.6) の解として，

$$\boldsymbol{u}_\alpha(l,k) = \frac{1}{\sqrt{M_k N}} \sum_{\boldsymbol{q}} Q_{\boldsymbol{q}} \varepsilon_{k\alpha}(\boldsymbol{q}) \exp(i\boldsymbol{q}\boldsymbol{r}_k^l - \omega_{\boldsymbol{q}} t) \quad (6.7)$$

の形のものが許される。ただし，$\boldsymbol{q}$ はフォノンの波数ベクトルである。したがって，式 (6.6) は $\boldsymbol{u}_\alpha(l,k)$ についての運動方程式から $\boldsymbol{\varepsilon}_{k\alpha}(\boldsymbol{q})$ についての永年方程式に帰着する。

$$\sum D_{\alpha\beta}(\boldsymbol{q}, kk') \varepsilon_{k'\beta}(\boldsymbol{q}) = \omega^2(\boldsymbol{q}) \varepsilon_{k\alpha}(\boldsymbol{q}) \quad (6.8)$$

ここで，$D_{\alpha\beta}(\boldsymbol{q}, kk')$ は動力学行列 (dynamical matrix) と呼ばれ，

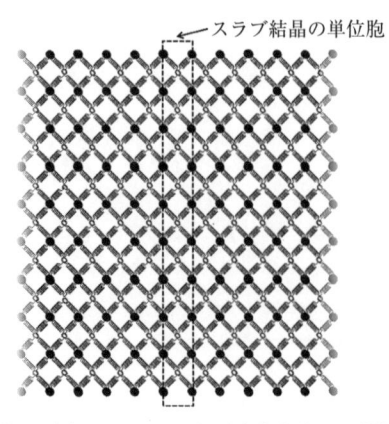

図 6.3 スラブ結晶の格子動力学モデル．表面垂直方向に周期性がないため，破線で示される長細い単位胞となる．原子間の相互作用は力定数と呼ばれ，表面から 1, 2 原子層の範囲では，バルクと異なる値をとる．

$$D_{\alpha\beta}(\boldsymbol{q}, kk') = \frac{1}{\sqrt{M_k M_{k'}}} \sum_{l} \Phi_{\alpha\beta}(l, kk') \exp(i\boldsymbol{q}(\boldsymbol{r}_k^l - \boldsymbol{r}_{k'}^l)) \qquad (6.9)$$

で定義される．式 (6.8) からわかるようにフォノンの変位ベクトル $\varepsilon_{k\alpha}(\boldsymbol{q})$ およびフォノンの振動数の 2 乗 $\omega^2(\boldsymbol{q})$ は動力学行列の固有値問題の固有ベクトルおよび固有値として求まる．

すでに述べたように，表面フォノンの解析の場合には表面平行方向の周期はそのままで，表面垂直方向の周期をなくして結晶の厚さを有限に設定することになる．つまり，図 **6.3** のようにスラブの上表面から下表面までの大きさをもつ細長い単位胞となる．スラブ結晶の厚さが小さくなると，上下表面のフォノンの干渉が生じ，バルク部分のフォノンの状態密度が離散的になる．このような，ナノ薄膜のサイズ効果（あるいはフォノン閉じ込め効果）はそれ自体，大変興味深いテーマである．一方で，半無限系とみなせるバルク結晶表面の実験と比較する場合は，スラブをできる限り厚くすべきことに注意したい．

6.2.4　表面フォノン解析の具体例

続いて，具体的な表面フォノン解析の例を見てみよう[4,7,8]．ここでは，アルカリ金属を吸着させた Al(111) 表面を取り上げる．バルクのアルミニ

ウム，アルカリ金属は代表的な自由電子金属であり，その電子状態や格子振動が最もよく研究されている材料の一つである．また，金属表面へのアルカリ金属吸着系も，表面科学において系統的に研究され続けてきた最も古い研究対象である．たとえば，1923 年の Langmuir の研究に代表されるように，アルカリ金属の吸着とともに金属表面の仕事関数が著しく減少することが見出され，電子ビーム技術の観点から，吸着メカニズムと化学結合状態の研究がなされた．なかでも Al(111) 表面のアルカリ金属吸着系は，最も典型的な系の一つであり，長らくその吸着構造は，それまで自然とされていた 3 配位サイトであると考えられていた．しかし，1990 年代に LEED の I-V 解析や SEXAFS により，Na は 3 配位サイトではなく，下地 Al 原子を追い出して吸着する「置換サイト」構造をとることが報告され，理論・実験の両側面から興味を集めた．以下では，最初にバルク Al，続いて清浄 Al(111) 表面，そして Na 吸着 Al(111) 表面のフォノンの計算例を順に紹介してゆく．

式 (6.9) に基づき動力学行列を作成し，この固有値問題を解いてフォノンのエネルギーと変位ベクトルを求める．バルク Al については，Stedman らによって得られた中性子の非弾性散乱法によるフォノンの測定データが存在する．計算で得られたフォノン分散をバルクフォノン分散に対してフィッティングし，力定数を求めた後，これをスラブ結晶のバルク部分の力定数とし

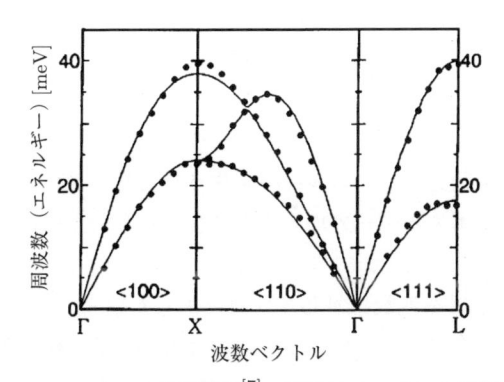

図 6.4 バルク Al のフォノンの分散関係[7]．縦軸はフォノンの周波数（エネルギー），横軸はフォノンの波数．黒丸は中性子非弾性散乱による測定データ．実線は第二近接までの力定数を用いて計算したフォノン分散関係．この計算で求めた力定数をスラブ内部の力定数として用いた．

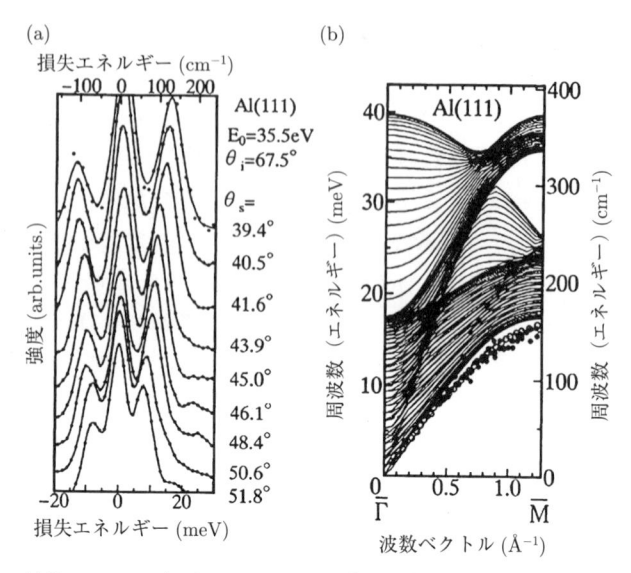

図 6.5 (a) 清浄 Al(111) 表面の HREELS の角度分解スペクトル。表面音響フォノン (Rayleigh モード) のゲイン, ロスピークが観測される[7]。(b) 清浄 Al(111) 表面のフォノン分散関係の実験結果と計算結果。黒丸は HREELS, 白丸は He 散乱の結果。バルクフォノンバンド直下のバンドギャップに Rayleigh モードがソフト化して現れる[7]。

て用いた。図 6.4 はそのフィッティングの結果である。ここでは第一近接, 第二近接の Al-Al 間結合に平行なバルク力定数 (剛体球をつなぐバネに相当) である α_1, α_2 と結合に垂直なバルク力定数 β_1, β_2 を求めた。単純なモデルにもかかわらず, 実験との一致は非常に良い。

図 6.5(a) は HREELS の角度分解スペクトルである。ゼロロスピークの左側は電子線がフォノンからエネルギーを受け取るゲインピーク, 右側が電子線がフォノンを励起してエネルギーを失うロスピークである。波数ベクトルの増大に伴ってエネルギーの増大する音響モード的な表面フォノンである Rayleigh モードが観測される。図 6.5(b) は, 測定で得られたフォノンピークのエネルギー位置を波数に対してプロットしたフォノン分散関係である。黒丸は HREELS 測定によるプロット, 白丸は He 原子線散乱測定によるプロットであり当然両者は一致している。実線は 31 原子層 (厚さ 7.014 nm) のスラブ結晶に対して計算したフォノン分散関係である。電子線と He 線の結果はほぼ同じ分散曲線に乗っており, 実験と計算との一致も非常に良

表 **6.1** バルクフォノンの格子動力学計算によって求めたバルク力定数と，スラブ計算によって求めた表面力定数。

バルク力定数 (N/m)	表面力定数 (N/m)
$\alpha_1 = 20400$	$\alpha_{1s} = 20400$
$\beta_1 = -1800$	$\beta_{1s} = 0$
$\alpha_2 = 3000$	$\alpha_{2s} = 3000$
$\beta_2 = -400$	$\beta_{2s} = 0$

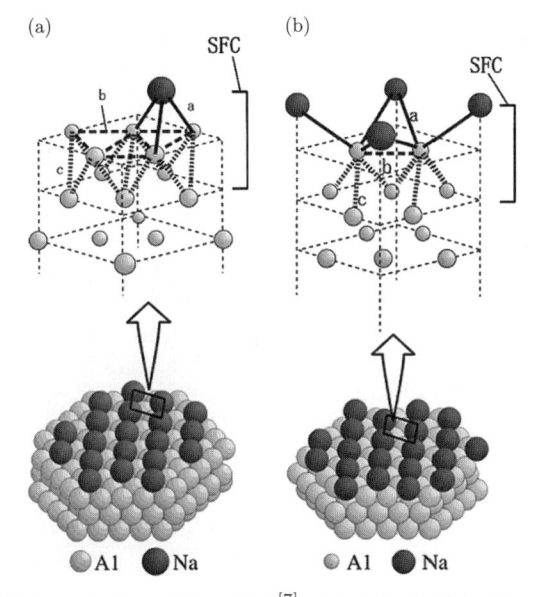

図 **6.6** Na 吸着 Al(111) 表面の構造モデル[7]。(a) 3 配位吸着サイト。(b) 置換吸着サイト。実線 a，破線 b，点線 c の結合に対して力定数を調整し，フォノンのフィッティングを行った。SFC は表面の力定数を表す。

い。この結果を得るためには，表面の結合のうち，結合に垂直な表面力定数 β_{1s}, β_{2s} をゼロとしている（表 **6.1**）。表面とバルクとの結合状態の違いはこの力定数の違いに反映されているが，結合に平行な表面力定数 α_{1s}, α_{2s} の値はバルクと変わらないため，Al(111) 表面の結合はバルクの結合から大きくは変化していないとみなされる。

続いて，図 **6.6** は Al(111) 表面に Na が 1/3ML 吸着した Al(111)-($\sqrt{3} \times \sqrt{3}$)R30°-Na 表面の構造モデルの候補を示している。左側が 3 配位のサイ

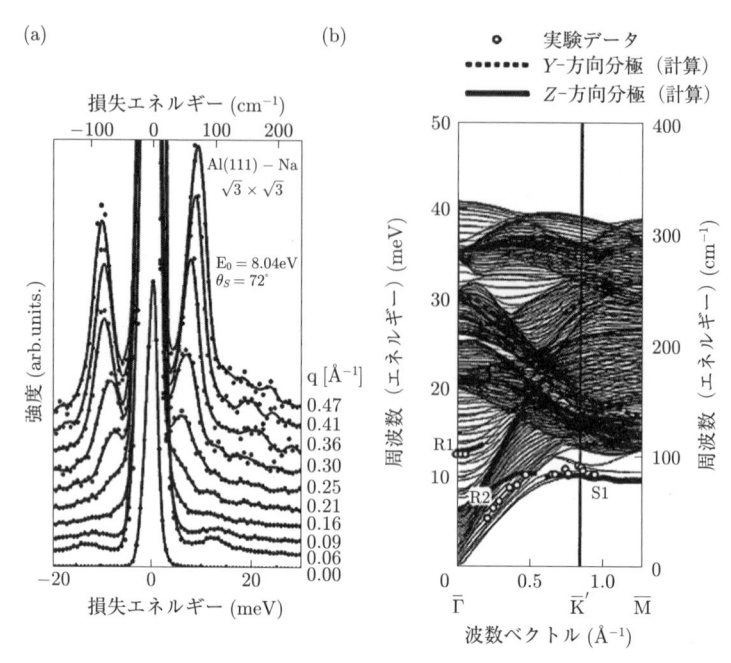

図 6.7 (a) Na 吸着 Al(111) 表面の HREELS の角度分解スペクトル[7]。(b) HREELS 測定から得られたフォノン分散関係（白丸）とスラブ計算から得られたフォノン分散関係。細い実線はバルク内部のフォノンバンド（バルクバンドの表面垂直方向への射影に対応）であり，表面に大きな振動振幅をもつ表面フォノンは太い線で示されている[7]。

ト，右側が置換サイトの構造である．右側の構造は最外層の Al 原子が 3 個に 1 個抜け，代わって Na 原子が入る構造であり，LEED や SEXAFS によって支持された構造である．Na-Al 間の最近接結合の方向を見ると前者はより鉛直に近い方向に立っており，後者は表面方向に寝ている．

図 **6.7** は Na を Al(111) 表面に Na が 1/3ML 吸着した Al(111)-($\sqrt{3} \times \sqrt{3}$)R30°-Na 表面の HREELS の角度分解スペクトルとフォノン分散関係である．図 6.7(a) には波数の増加とともに高エネルギー側に増加するロスピークが観測される．これは，清浄表面の Rayleigh モードに似ている．3 配位吸着サイトの場合には，Na の振動は Na 原子に局在しやすく，伝搬しにくいため，分散がないモードとなることが予想できる．このため，図 6.6 の置換吸着モデルである可能性が高い．実験結果をエネルギー分散関係として白丸でプロットすると（図 6.7(b)），清浄表面のフォノンに似て分散し

表 **6.2** 置換吸着モデルの表面構造をもつスラブ結晶の格子動力学計算によって求めた表面力定数。

結合	表面力定数 (N/m)
a	18800
b	20400
c	30600

ているが，バルクフォノンバンドの射影の中に入っていることがわかる。これは純粋な表面モードではなく，バルクモードと混成する表面共鳴モードであることを意味している。波数がゼロ近傍，つまり鏡面反射方向近傍には 12.5 meV に R1 モードが観測される。このモードは波数とともに急激に強度が減少するため，大きな分極を伴うことが示唆される（双極子散乱機構）。つまり Al-Al 間ではなく，分極の大きい Na-Al 原子間で振動するモードである可能性が高い。

実際に格子動力学計算を行うと，3 配位吸着の場合は力定数，原子の位置を変化させても 12.5 meV と 3 meV に平坦な非分散性のモードが現れるのみで，R2 モードは再現できない。一方，置換吸着構造では，実験結果をうまく再現できる（この場合の表面力定数を表 **6.2** に示す）。図 6.7(b) に置換吸着モデルの計算結果を実験データに重ねて示した。表面原子が Z 方向（表面垂直方向）と Y 方向（表面平行方向）に大きく変位するモードを，それぞれ太い実線と太い破線としてプロットした。観測した R1，R2 モードは太い実線と一致し，表面垂直方向に大きな変位をもつモードであることがわかる。

図 **6.8**(a) は Na 層を最外第 1 層 ($l = 1$) として，第 4 層まで計算したフォノンの振動振幅の 2 乗を，エネルギーに対してプロットしたものである。これは，各層のフォノンの局所状態密度に対応する。波数は $q_{\parallel} = 0$ である。$l = 1$ で大きなピークを形成する 12.5 meV のモードは Na に振幅が局在したフォノンであることがわかる。これと同じエネルギーの第 1 層目以降の Al の振動振幅を見ると，ほとんど振幅がなく，このフォノンは最外層の Na が単独で表面垂直方向に振動するモードであることがわかる。エネルギー的にはバルクフォノンの位置と重なっているが，バルクフォノンとの混成の度合いは低い。図 6.8(b) に各原子の振動振幅の模式図を示す。

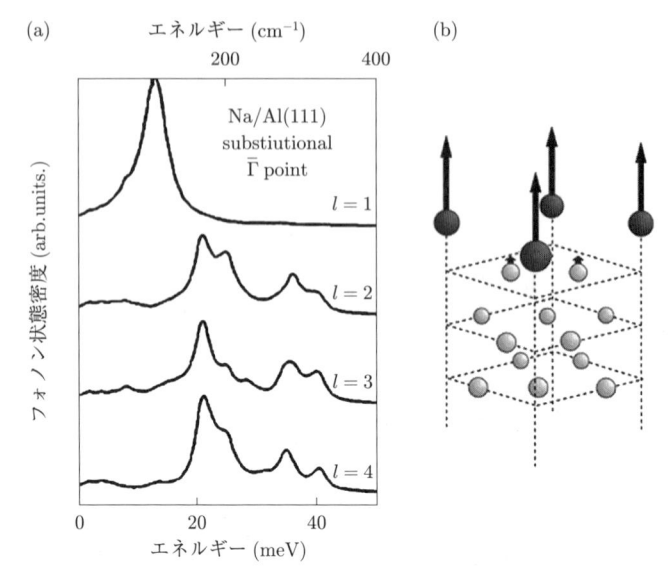

図 6.8 (a) 波数 $q_∥ = 0$ における，表面第 1〜第 4 層までのフォノンの状態密度分布。第 1 層 ($l = 1$)，12 meV 近傍に大きな振動振幅をもつものが R1 のフォノンである。$l = 2$ 以降にはバルクフォノンによる状態が表れている[7]。(b) R1 モードの変位ベクトルの模式図。Al はほとんど動かずに Na 原子が表面垂直方向に大きく変位する[7]。

このように，最外層の構造や結合状態によってフォノンの振動エネルギーが敏感に変化するため，これらのフォノンの測定からは表面最外層に関する微視的な情報が得られる[4,6]。他の例として，たとえば NaCl 型結晶の表面である TiC(100) 面の表面フォノンなどが知られている。最外 Ti 原子が最外炭素原子に対して沈み込んでいるランプリング (rumpling) 構造となっていることが報告されている[8]。

6.3 表面プラズモン

電子やイオンが多数集まり，それらが電磁力により相互作用しながら集団運動をし，全体として興味深い性質を示す場合，これらを総称してプラズマと呼ぶ。プラズマの例としてよく知られたものに，核融合プラズマ，実験室での電離気体，自由電子レーザーなどがあり，また，身近な例として蛍光灯の内部もプラズマ状態にあるといえる。金属の中にも膨大な数の伝導

電子が詰まっており，これも一種のプラズマ状態である（高密度縮退プラズマ）。このような固体中にあるプラズマ状態は，固体プラズマ (solid state plasma) あるいは，固体中の素励起の一つとしてプラズモン (plasmon) と呼ばれる。プラズモンの概念は，1950 年の Bohm と Pines の理論によって展開されたが，この理論は 1940 年代に行われた Rudberg や Ruthemann の電子線散乱や透過実験の結果をよく説明し，プラズモン研究の先駆となった。バルクのプラズモンは縦波であり[1]，横波である光とは通常は結合しない。しかし，結晶表面やナノ構造ではプラズモンに伴う電磁場が界面からしみ出す際に光の電場ベクトルと並行な成分が生まれ，外部電磁場と結合する。このような表面近傍のプラズモンについて Ritchie は薄膜を透過する高速電子に対するエネルギー損失の理論研究の中で，その存在を予言した。後に Swan と Powell らが反射電子エネルギー損失分光 (REELS) による実験を行い，バルクプラズモンとそのエネルギーのほぼ $1/\sqrt{2}$ の値をもつ損失ピークを発見し，これが Ritchie の予言した表面プラズモンであることを示した。

近年様々な分野で表面プラズモンの応用が試みられている。表面プラズモンのもつ大きな特徴として，ナノメートルサイズの金属構造物の形状やサイズを変えることでその特性を柔軟に制御できる点が挙げられる。これにより，新しいデバイス機能を創出でき，ナノテクノロジーの可能性を大きく拡げることができる。また，金属ナノ構造の合成・加工技術の進歩と，精度の高い電磁場計算プログラムなどが普及したことにより，意図した機能をもつナノ材料の精密な設計と製作とが可能となり，より現実的なナノ材料研究が可能となった。表面プラズモンデバイスの応用は，情報通信，生体材料，光触媒，太陽電池，環境モニタリングなど多岐にわたり，その応用範囲は急速に拡大しつつある。ここでは，まず，金属表面に沿って伝搬する伝搬型表面プラズモンと金属ナノ構造に局在する局在型プラズモンについて説明し，その後，その応用例を紹介したい。

6.3.1　バルクプラズモンと表面プラズモン

長波長（波数 $q \to 0$）の極限でのバルクプラズモンの振動数を直観的に求めてみる[1]。図 6.9 のように，仮想的な無限に大きいバルク金属の中の電子が，平衡の位置から z だけ一斉に変位した場合を考える。この固体中の

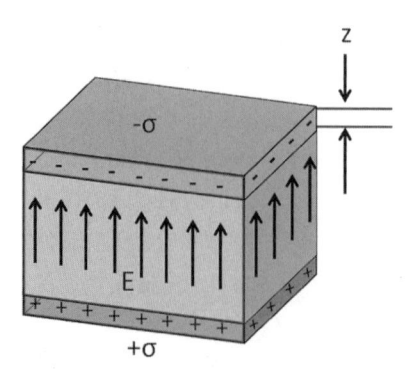

図 6.9 バルクの電子系が格子に対して z だけ変位した場合。電子系は変位方向と逆方向に，変位に比例した復元力を受け，そのため電子系は調和振動をする。

電子の体積密度が N の場合，この電子の変位によって無限に離れたバルク金属の上下面には $\sigma = eNz$ の面密度をもった電荷が生じ，$E = \dfrac{\sigma}{\varepsilon_0} = \dfrac{eNz}{\varepsilon_0}$ の電界がバルク内に生じる。このとき，自由電子の運動方程式はその質量を m として，

$$m\frac{d^2z}{dt^2} = -\frac{e^2N}{\varepsilon_0}z \tag{6.10}$$

となる。これは，電子の振動が調和振動となり，その振動数が

$$\omega_\mathrm{p} = \left(\frac{Ne^2}{m\varepsilon_0}\right)^{\frac{1}{2}} \tag{6.11}$$

であることを表している。ここで ω_p はプラズマ周波数と呼ばれる物質固有の振動数である。

上記は波長が限りなく大きい場合，つまり $q = 0$ である場合のプラズマ波であるが，ここで，波数 q をもつプラズモンの密度揺らぎは $\delta n(\boldsymbol{r}, t) \sim \delta n_0 \exp[i(\boldsymbol{q}\cdot\boldsymbol{r} - \omega_k t)]$ の形に記述でき，その分散関係は次のように表される。

$$\omega(q) \approx \left(\omega_\mathrm{p}^2 + \frac{3}{5}v_\mathrm{F}^2 q^2\right)^{\frac{1}{2}} \tag{6.12}$$

ここで，$\omega(q)$ はプラズモンの周波数，v_F は電子系のフェルミ波数である。また右辺第 2 項には量子プラズマであることを反映して $3/5 v_\mathrm{F}^2$ が入る（電

離したイオンのプラズマの場合には，代わりに $3(k_\mathrm{B}T)$ が入る）。後者の場合には，Bohm-Gross の分散式と呼ばれるものである。均一等方的な媒質の場合，プラズマ波は縦波となり，その電場ベクトルは進行方向と一致するため，これが横波である光と結合することは通常はない。しかし縦波と結合できる数〜数十 keV の高エネルギー電子線を厚さナノメートルスケールの薄膜を透過させ，電子エネルギー損失分光測定を行うことで観測できる。観測されるプラズモンのエネルギーは，金属の電子密度を $N \sim 10^{23}$ 個とすると，$\omega(q) \sim 10\,\mathrm{eV}$ のオーダーになる。

次に，金属の表面近傍にのみ伝搬するプラズモンを考える。表面では，対称性の破れにより界面垂直方向の運動量 q_s は複素数となり，表面近傍に束縛された電荷密度揺らぎが生じる。$z=0$ に界面が存在し，界面に局在する電荷密度の疎密波が x 方向に伝わる場合，$\delta n(z,x) \propto \exp\{i[q_x x - \omega_\mathrm{s}(q)t]\}\exp(-q_\mathrm{s}z)$ と表される。ここで q_x は表面平行方向に進行する波の波数，$\omega_\mathrm{s}(q)$ は波の固有振動数，そして $q_\mathrm{s}^{-1} \approx k_\mathrm{TF}^{-1}$ であり，トーマス–フェルミのスクリーニング長のオーダー，つまり金属の場合は 1 Å 程度となる。多くの場合 $\delta n(x,z)$ はデルタ関数的であるとして取り扱うが，この近似は $q \ll k_\mathrm{TF}$ の場合は十分に良い近似となる。誘電率が $\varepsilon(\omega)$ の金属と定数 ε_0 の誘電率をもつ部分とが接するとき，$\varepsilon(\omega) + \varepsilon_0 = 0$ がプラズモンを生じる条件となる。ここで，ドルーデ型の誘電関数 $\varepsilon(\omega) = 1 - (\omega_\mathrm{p}/\omega)^2$ を用いると $\omega_{\mathrm{s}0} = \omega_\mathrm{p}/(1+\varepsilon_0)^{\frac{1}{2}}$ が導かれる。金属が接する媒体が真空であるとき，このような波の固有値は $\omega_{\mathrm{s}0} = \omega_\mathrm{p}/\sqrt{2}\,(q \to 0)$ となり，バルクプラズモンの振動数に比べて小さな値になる。この結果は，反射電子線を用いたアルミニウム表面のプラズモン測定などの結果とよく合う。

6.3.2 表面プラズモンポラリトン

上に述べたように表面波の特徴は，振幅が界面に局在する，つまり界面から離れるに従って振幅が急速に減衰するような電磁波が界面の両側に存在することである。このような表面電磁波をもう少し詳しく見るため，ここではプラズモンと光との混成である表面プラズモンポラリトンの波数（運動量）依存性（つまり分散関係）を求めてみる。x 方向に進むこのような表面波は次のように表される。

$$\boldsymbol{E_1} = \boldsymbol{E}_0 \exp\{i[q_x x - \omega_\mathrm{s}(q)t]\} \exp(-q_1 z), \quad z \geq 0 \tag{6.13}$$

$$\boldsymbol{E_2} = \boldsymbol{E}_0 \exp\{i[q_x x - \omega_\mathrm{s}(q)t]\} \exp(q_2 z), \quad z \leq 0 \tag{6.14}$$

ここで，添え字 1, 2 はそれぞれ，媒質 1, 媒質 2 を表し，$\boldsymbol{E}$ は電磁場，q_x は波数の界面方向成分，ω_s は表面波の周波数である。q_1, q_2 が正の実数である場合に，波は界面から離れるにつれて減衰，つまり表面局在波となる。また，これらの電磁場は表面平行方向の成分が連続であり，電束密度と磁束密度の表面法線方向成分も連続でなければならない。そこで，磁場⊥進行方向である横磁波モード（transverse magnetic mode，TM 波）の場合は，

$$\frac{1}{\varepsilon_1} \frac{\partial E_1}{\partial z} = \frac{1}{\varepsilon_2} \frac{\partial E_2}{\partial z} \tag{6.15}$$

電場⊥進行方向である横電波モード（transverse electric mode，TE 波）の場合は，

$$\frac{1}{\mu_1} \frac{\partial E_1}{\partial z} = \frac{1}{\mu_2} \frac{\partial E_2}{\partial z} \tag{6.16}$$

となる。

ここで，$\varepsilon_1, \varepsilon_2$ はそれぞれ媒質 1, 2 の誘電率，μ_1, μ_2 はそれぞれ媒質 1, 2 の透磁率である。式 (6.13)〜(6.16) からそれぞれの場合に対して次の条件が導かれる。

$$\frac{\varepsilon_1}{\varepsilon_2} = -\frac{q_1}{q_2} \tag{6.17}$$

$$\frac{\mu_1}{\mu_2} = -\frac{q_1}{q_2} \tag{6.18}$$

これらの条件から，表面波が存在するためには二つの媒質の一方の誘電率または透磁率が負でなければならないことがわかる。

波動方程式，

$$\nabla^2 \boldsymbol{E_i} = \frac{\varepsilon_i}{c^2} \frac{\partial^2 E_i}{\partial t^2}, (i = 1, 2) \tag{6.19}$$

と式 (6.13), (6.14) より，電磁波の分散関係は

$$q_x^2 - q_i^2 = \frac{\varepsilon_i}{c^2} \omega_\mathrm{s}^2 \tag{6.20}$$

となり，これに条件式 (6.17) を用いると，

$$q_x = \left(\frac{\omega_\mathrm{s}}{c}\right)\left(\frac{\varepsilon_1 \varepsilon_2}{\varepsilon_1 + \varepsilon_2}\right)^{\frac{1}{2}} \tag{6.21}$$

が得られる。ただし、ここで c は真空中の光速であり、$\mu = 1$ とした。

媒質 2 の誘電関数をドルーデ型の誘電関数 $\varepsilon_2(\omega) = 1 - (\omega_\mathrm{p}/\omega_\mathrm{s})^2$ とし、式 (6.21) にこれを代入して、ω_s について解くと、

$$\left(\frac{\omega_\mathrm{s}}{\omega_\mathrm{p}}\right)^2 = \frac{1}{2\varepsilon_1}\left\{(1+\varepsilon_1)\left(\frac{q_x}{q_\mathrm{p}}\right)^2 + \varepsilon_1 \pm \sqrt{\left[(1+\varepsilon_1)\left(\frac{q_x}{q_\mathrm{p}}\right)^2 + \varepsilon_1\right]^2 - 4\varepsilon_1\left(\frac{q_x}{q_\mathrm{p}}\right)^2}\right\} \tag{6.22}$$

となる。ただし、$q_\mathrm{p} = \omega_\mathrm{p}/c$ である。媒質 1 を真空とし ($\varepsilon_1 = 1$)、波数の十分小さい $q_x/q_p \cong 0$ の場合は式 (6.22) を展開すると、

$$\omega_\mathrm{s}^2 \approx \omega_\mathrm{p}^2 + c^2 q_x^2 \quad \text{(複合プラスの場合)} \tag{6.23}$$

$$\omega_\mathrm{s}^2 \approx c^2 q_x^2 \quad \text{(複合マイナスの場合)} \tag{6.24}$$

となる。

q_x, q_y を表面平行方向の波数ベクトル $\boldsymbol{q}_\parallel$ と表現しなおして、プロットしたものが図 **6.10** である。図 6.10 の直線 I は光の分散関係（ライトライン, light line）である。曲線 II は伝搬方向が表面に平行な（伝搬波数を $\boldsymbol{q}_\parallel$ にもつ）バルクプラズモンの分散関係を表す。表面垂直方向の波数成分ももつ一般の場合もすべて含めて、バルクプラズモンは常にこの曲線よりも上側に存在する。曲線 III は式 (6.22) の複号のうちの正符号に対応し、金属、真空ともに透過するような伝搬型に近い電磁場モードである (Brewster モード)。曲線 IV は複号の負符号に対応したモードで、これは Fano モードと呼ばれ電磁界が金属-真空界面に局在する表面プラズモンポラリトンである。この Fano モードの表面プラズモンポラリトンは、式 (6.24) のように、$\boldsymbol{q}_\parallel = 0$ の近傍でほぼライトラインに沿って分散するが、波数が ω_p/c より十分大きくなると周波数が ω_sp へと漸近する。ここで ω_p はバルクプラズマ周波数、$\omega_\mathrm{sp} = \omega_\mathrm{p}/\sqrt{2}$ は表面プラズモンの周波数である。このモードはライトラインの下側に位置するため、速度 c の真空中の伝搬光では励起が不可能であ

る。しかし，もし速度が c よりも小さい光を用いることができれば，そのライトラインは Fano モード表面プラズモンポラリトンの分散曲線と交わるため，波数と振動数とを一致させることができる。そうすると，光から表面プラズモンポラリトンへのエネルギーの授けわたしが可能となる。そのような場合，光の反射スペクトルの中にプラズモンポラリトンの周波数に対応した極小が現れる。Otto はこのような "遅い" 光が屈折率 $n > 1$ をもつ材料でできたプリズム中に存在することに着目した（図 6.10 右図）。プリズムの中では光の位相速度は c/n となる。この光をプリズム底面で全反射させ，底面からしみ出したエバネッセント波を用いて近接する金属表面の表面プラズモンポラリトンを励起させることができる。このアイデアを用いて数多くの実験がなされた。Otto はこれを全反射抑制法 (frustrated total reflection, FTR) と呼び，後には全反射減衰法 (attenuated total reflection, ATR) と呼ばれ，材料の光学定数の決定に広く用いられた[9]。

光を用いて表面プラズモンポラリトンを測定する場合は，ライトラインの近傍を測定することになり，小さい波数に限られる。一方，波数が大きくな

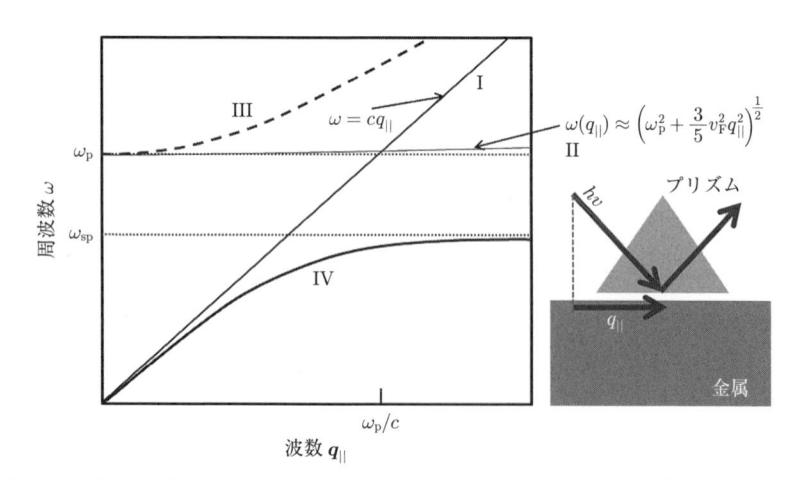

図 **6.10** 金属-真空界面における電磁波の分散関係。$q_{||}$ は表面平行方向の波数である。直線 I は光の分散関係（ライトライン，light line），曲線 II は（伝搬方向が $q_{||}$ と平行な）バルクプラズモンの分散関係，曲線 III は式 (6.22) の複号のうちの + に対応する。曲線 IV は複号の − に対応する表面プラズモンポラリトン。点線はバルクプラズマ周波数 ω_p と表面プラズモンの周波数 $\omega_{sp} = \omega_p/\sqrt{2}$ を表す。右下は全反射減衰 (ATR) の配置。屈折率 n のプリズムを用いるとその中の入射光のライトラインの傾きが c の代わりに c/n となる。

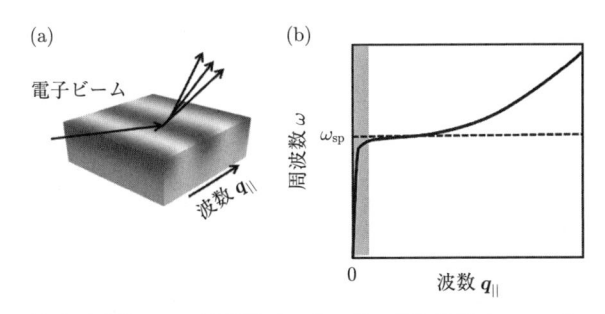

図 **6.11** (a) 低速電子線による反射電子エネルギー損失分光 (REELS) の模式図。(b) 大波数領域のプラズモン分散関係。図 6.10 で示したライトライン近傍の分散関係は，この図の原点近くの左端の領域に対応する。

り，分散曲線がライトラインから大きく外れると，表面プラズモンポラリトンの分散関係は表面近傍の波動関数と表面誘起電荷の原子レベルの分布状態を反映して大きく変化する。このような現象の測定には，波数のプローブ領域が大きい電子線を用いる。図 **6.11** (a) は反射電子エネルギー損失分光 (REELS) の模式図である。縦波的な電磁波を伴う電子が表面に入射すると表面プラズモンによる電荷の疎密波（TM 波）を励起する。通常，REELS では波数分解能は高くなく，ライトライン近傍の急峻な分散関係は積分されてしまい，分解できない。その代わり，逆格子ベクトル程度の大きな波数領域の分散関係の測定が可能である。波数が大きいということは，伝搬する表面波の波長が原子スケールに近づくということである。このため，大きな波数領域の分散関係には，電子の波動関数の表面近傍での振る舞いなど，量子効果が反映される。

表面プラズモンの周波数は（ポラリトン的となるライトライン近傍を除き）$\omega_{\mathrm{sp}} = \omega_{\mathrm{p}}/\sqrt{2}$ であり，バルク金属の性質を反映した値をとる。しかし，波数 q が ω_{p}/c よりも十分大きくなるとこの値からずれ始め，表面最外層の原子レベルの誘起電荷の生じ方によって分散関係が大きく影響を受ける。古典電磁気学ではプラズモンによって生じる金属表面の誘起電荷はデルタ関数的であるが，実際の誘起電荷は表面最外層から原子レベルにしみ出しており，その結果，当然表面の組成や原子配列構造により波動関数のしみ出しかたも変わる。たとえば，誘起電荷の重心位置が表面から真空側にあるときと，より内部側にあるときとで，プラズモンの分散関係も大きく変化してくる。たとえば，Na や K などの単純な s-電子金属では誘起電荷の重心位置は

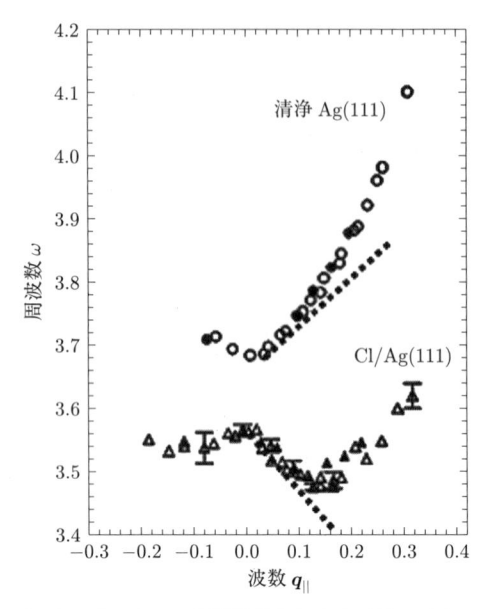

図 6.12 Ag(111) 表面のプラズモン分散関係と塩素を吸着させた Ag(111) 表面の分散関係。塩素吸着により表面近傍の電荷分布が変化して分散の傾き（破線）が $q = 0$ 近傍で大きく変化する[12]。

表面最外層から外側に位置しており，q が小さい値の場合はプラズモン分散の傾きは負になる[10]。反対に d-電子金属の場合には誘起電荷は表面最外層より内部に位置し，プラズモン分散の傾きは逆の正となる[10,11]。

図 6.12 は d-電子金属の表面である Ag(111) 表面に対して REELS により測定した実験結果の例である[12]。この実験では，表面最外層に電子親和力の高い原子を化学吸着させることで，意図的に表面誘起電荷を原子レベルで変化させ，プラズモン分散を大きく変化させている。まず，清浄表面の場合，表面誘起電荷の重心は表面より内部に位置し，プラズモン分散の傾きは確かに正である。しかし，この表面に Cl 原子を解離吸着させることにより，表面電荷の分布と誘起電荷の分布状況が大きく変化し，その結果がプラズモン分散にも反映されて傾きの極性が反転する。これは，Cl 原子の吸着により Ag 原子から Cl 原子への電荷移動が生じ，その結果，誘起電荷の位置が真空側に移動するからである。Cl 吸着層によって生じる誘電遮蔽のために，$q = 0$ におけるプラズモンのエネルギーにも若干の変化が見られ

るが，この変化は $q \neq 0$ で生じるエネルギーの大きな変化に比べると，比較的小さい．これは，$q = 0$ 近傍の長波長領域の誘起電荷は，バルク内部へと大きくしみ込んでいるため，バルクの性質を大きく引きずり，表面の変化には鈍感であるからである．一方，q の大きい，($q > 0.2$ Å で伝搬波長が小さい，つまり，誘起電荷のバルクへのしみ出しが小さい）領域での分散関係は，表面最外層の原子レベルでの電子状態変化には大変敏感である．

6.3.3 低次元電子系・金属ナノ構造のプラズモン

表面プラズモンは表面に局在した素励起であり，q が大きい領域では表面近傍の微視的な性質を強く反映するが，上述のように $q = 0$ においてはバルクの性質によりその振動数が決まる．一方，半導体表面上の金属超薄膜のように伝導電子が表面にしか存在せず，バルク内部の誘起電荷がほとんど生じないような系も存在する．たとえば単原子層程度の金属膜がシリコンに吸着して形成する系は，表面最外層のみが金属伝導を示す．このような系のプラズモン分散関係は金属表面のものとは大きく異なり，$q = 0$ 近傍の分散の傾きが1桁以上小さくなり，プラズモン振動数も赤外帯域に落ちてくる[13,14]．この分散関係を近似的に表すと，

$$\omega_{2D}(\boldsymbol{q}_{||}) = \{4\pi N_{2D} e^2 m^{*-1}(1+\varepsilon_s)^{-1}\boldsymbol{q}_{||} + 6N_{2D}\hbar^2\pi(2m^*)^{-2}\boldsymbol{q}_{||}^2 + O(\boldsymbol{q}_{||}^3)\}]^{1/2} \tag{6.25}$$

となる．ここで，N_{2D} は2次元系の電子面密度，ε_s は下地の誘電率である．2次元電子系の密度が小さい場合，その電子系はフェルミ統計の代わりに古典統計に従い，そのプラズモン振動数もマイクロ波のレベルである．一方，金属シートの電子密度は高いためフェルミ統計に従い（縮退電子系と呼ぶ），プラズモンの周波数も赤外から近赤外の周波数帯域に分布する．表面プラズモンがライトラインに沿って分散し，可視から紫外帯域にその振動数が分布することとは大きく異なる．金属膜の厚さがナノメートルオーダーである場合，たとえば，膜厚が金属のスクリーニング長程度の厚さとなる擬2次元電子系の場合は，図 6.10 の IV の Fano モードと図 6.12 の2次元の分散関係の中間的な分散となる．膜厚がさらに大きくなると，図 6.12 の分散から次第に図 6.10 の分散へと近づき，十分大きな膜厚で表面プラズモンの分散

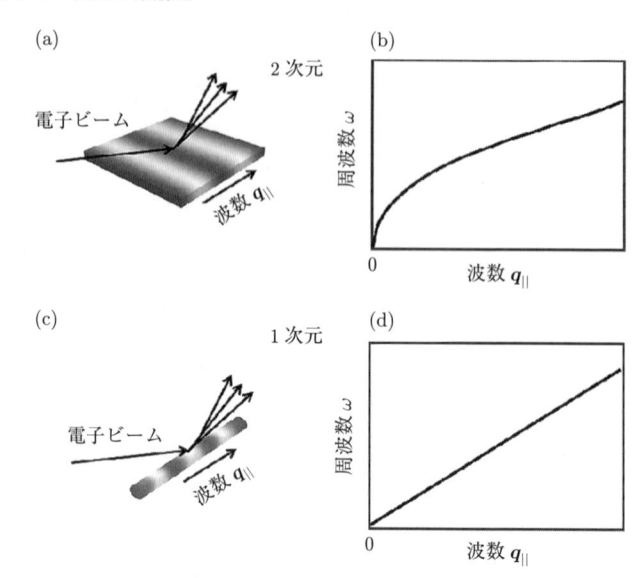

図 6.13 (a) 金属原子シートの中のプラズモンの電荷密度波の模式図，(b) 金属原子シートのプラズモン分散関係（2 次元プラズモン），(c) 原子ワイヤの中のプラズモンの電荷密度波の模式図，(d) 朝永理論で述べられている原子ワイヤのプラズモン（1 次元プラズモン）の分散関係[19]。

となる．このとき，その信号強度は $q \sim 0$ で高く，q が大きくなるにつれ弱まり，最後は膜の量子井戸状態でのバンド内・バンド間遷移と混成し励起の様子は複雑になる[13-15]。

　表面プラズモンは半無限電子系の終端に生ずるモードであり，その電荷分布はバルク内部へと 3 次元的にしみ出すため，バルクプラズモンと同じ 3 次元型のプラズモンとして分類できる．一方，2 次元系のプラズモンは誘起電荷が原子レベルで 2 次元平面に閉じ込められている点で純粋な 2 次元モードである．振動する電荷にかかる復元力（クーロン力）も 3 次元系に比べて小さいため，その振動数も小さくなる．特に $q \sim 0$ においては電荷の疎密波の生じる間隔が広くなるために，その傾向は顕著になる．このような傾向は 1 次元系の場合とも共通であり，1 次元でも同様のエネルギー帯域に生じるプラズモンが観察されている．たとえば金やインジウムなどからなる原子ワイヤ列に生じるプラズモンも観測されており，ワイヤ方向に沿ってプラズモンが伝搬することが明らかにされた（図 6.13 は金の原子ワイヤの測定例）[14,16]。波数が増すに従ってプラズモン振動数が単調に増加し，朝永

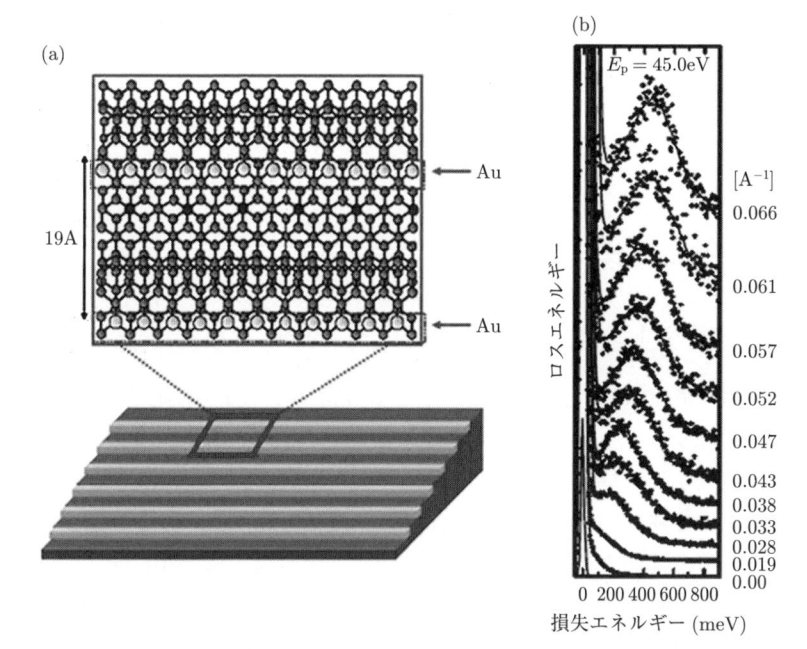

図 6.14 (a) Si(557)-Au における，金属原子鎖の原子配列構造の模式図，(b)REELS の運動量分解スペクトル[14,16]。

振一郎の理論で知られる音響波的振る舞いを示すことが確認されている（図 6.14）[17]。

6.3.4 局在型のプラズモン

上記のプラズモンはすべて，それぞれ 3，2，1 次元の伝搬型のプラズモンであり，伝搬方向に無限のサイズをもった金属媒体の中のプラズモンであった。このような開放系の中でも，半無限金属の表面プラズモンの場合はライトラインの近傍では光と混成することが可能であり，プラズモンポラリトンを生じる。一方，伝搬方向に閉じた有限のサイズをもつ系である場合，次元性に関わらずプラズモンの定在波が形成され，双極子共鳴が生じて光とも結合するようになる。これは，伝搬型プラズモンに対して，局在プラズモンと呼ばれ，プラズモンを応用する上で非常に重要な現象である。金属ナノ粒子のミープラズモンもこのような局在プラズモンである。金属ナノ粒子・ロッド，コアシェル型ナノ粒子，ナノディスクなどの局在プラズモン共鳴を用

いると，電磁波をナノスケールで伝搬，散乱させ，また集中させることができる。その応用分野は多岐にわたり，特にナノフォトニクス，プラズモニクス，バイオセンシング研究における最近の進展は著しい。より応用に興味をもたれる方は，他書を参考にしていただきたい[18,19]。

6.4 表面エキシトン

6.4.1 エキシトン

半導体や絶縁体を光励起した場合，バンドギャップより少し小さいエネルギーにエキシトン（exciton，励起子）が励起される[1,20,21]。エキシトンは電子と正孔がクーロン力で互いに束縛された状態にあり，結晶中を伝搬し，エネルギーを運ぶが電気的には中性であり電荷を運ばない。この電子-正孔のペアが格子間隔よりも大きく弱く結合している場合は Wannier エキシトン，結晶格子間隔よりも小さく強く結合している場合は Frenkel エキシトンと呼ばれる（図 6.15）。Wannier エキシトンは電子-正孔のペアが水素原子のような束縛状態を取りながら，その重心は結晶中を比較的自由に運動する。これらのエキシトンの理論は 1930 年代に Frenkel，Wannier らにより提案され，分子性結晶，アルカリハライド結晶，半導体・絶縁体結晶などの実験において展開された。近年はナノ粒子，半導体人工格子や有機材料にも研究が展開されている。Wannier エキシトンの運動は電子-正孔の相対運動と重心運動とに分離できる。その運動エネルギーを E_n，重心運動波数を K，構成する電子と正孔の有効質量をそれぞれ m_e，m_h とし，結晶ポテンシャルの影響もその中に繰りこむとすると，r は電子-正孔間の相対距離として，そのシュレーディンガー方程式は近似的に次のように表される。

$$\left\{\frac{\hbar^2 K^2}{2(m_e + m_h)} - \frac{\hbar^2}{2}\left(\frac{1}{m_e} + \frac{1}{m_h}\right)\nabla^2 - \frac{e^2}{4\pi\varepsilon r} + w\delta(r)\right\}F(r)$$
$$= [E - E_V - E_G]F(r) \tag{6.26}$$

左辺第 1 項は重心の運動，第 2 項と第 3 項は水素原子の運動に類似の関数で表され，第 4 項は交換相関相互作用を表す。右辺の E_V と E_G はそれぞれ価電子帯のエネルギーとバンドギャップのエネルギーである。この方程式の

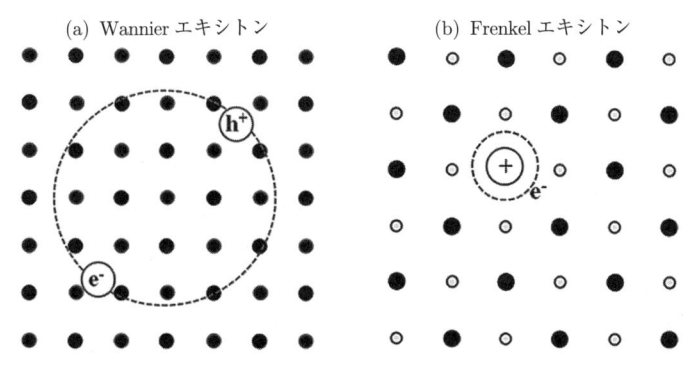

図 6.15 (a) 電子と正孔が弱く束縛された Wannier エキシトンと (b) 電子と正孔が強く結合した Frenkel エキシトンの模式図.

解は

$$E = E_V + E_n(K) \tag{6.27}$$

$$E_n(K) = E_G - \frac{\mu e^4}{32\pi\varepsilon^2\hbar^2 n^2} + \frac{\hbar^2 K^2}{2M} \tag{6.28}$$

となる.ここで,μ は m_e と m_h の換算質量,M は全質量 $m_e + m_h$ である.右辺第1項と第2項は水素原子状の相対運動を表し,第3項は質量 M,波数 K の運動を表す.エキシトンによる光の吸収が生じるときには,そのスペクトルが離散的であることがわかる.

式 (6.26) の交換相互作用の部分はエネルギーが小さいので,式 (6.27) では省略したが,実際はこの項に起因して双極子-双極子相互作用の効果が Wannier エキシトンの伝播に現れ,エキシトンの伝播方向に平行方向に分極する縦波エキシトンと垂直方向に分極する横波エキシトンとが存在することが知られている.

6.4.2 表面・ナノ構造のエキシトン

近年レーザーや半導体超格子やナノ粒子・ロッドなどの制作技術が進展し,エキシトンの量子サイズ効果や共振効果,あるいはプラズモンなどとの混成効果と組み合わせたデバイス研究が大きく進展している[22,23].このような研究では表面近傍のエキシトンや閉じ込められた局在エキシトン理解が重要である.弱結合 Wannier エキシトンの場合,微粒子のサイズを半径

R, エキシトンの有効ボーア半径（電子-正孔間距離）を $a_{\mathrm{B}} = \dfrac{4\pi\varepsilon\hbar^2}{\mu e^2}$ とすると, 式 (6.28) は

$$E_{\mathrm{n}}(K) = E_{\mathrm{G}} - \frac{\hbar^2}{2\mu a_{\mathrm{B}}^2 n^2} + \frac{\hbar^2 K^2}{2M} \tag{6.29}$$

となる。R と a_{B} の大小関係によって，閉じ込めの様子が大きく変わる。$R \gg a_{\mathrm{B}}$ の場合は，半径に比べて微粒子の大きさが十分に大きいので，電子-正孔対の重心運動が閉じ込め効果を反映して量子化される。この場合，その量子化レベルの最低エネルギーは

$$E_1(K) = E_{\mathrm{G}} - \frac{\hbar^2}{2\mu a_{\mathrm{B}}^2} + \frac{\hbar^2}{2M}\left(\frac{\pi}{R^*}\right)^2 \tag{6.30}$$

となる。ここで，$R^* = R - \eta(\sigma)a_{\mathrm{B}}$ である。$\sigma = m_{\mathrm{h}}/m_{\mathrm{e}}$ であり，$\eta(\sigma)$ は 1 のオーダーである。ここで，R に対して右辺第 2 項の補正が入るのは，Wannier エキシトンに大きさ a_{B} があり，微粒子の表面からこの a_{B} の分だけが dead layer となり，重心運動するエキシトンの近づける領域が制限されることを意味する。つまり，おおむねエキシトンのサイズ分だけ，微粒子のサイズが実効的に減ることを意味している。また，表面にはエキシトンにとって引力となるような鏡像力は存在しない。このため，エキシトンが表面最外層に強く局在することはない。

一方，$R \ll a_{\mathrm{B}}$ の場合には，微粒子のサイズがエキシトンのクーロン力の及ぶ範囲よりも小さいため，電子-正孔対のクーロン力による束縛が生じるよりも電子，正孔が個別に閉じ込められる効果の方が大きくなる。このときの量子化されたエネルギーの最低値は

$$E_1(K) = E_{\mathrm{G}} - \frac{\hbar^2}{2\mu a_{\mathrm{B}}^2}\left\{3.572\left(\frac{a_{\mathrm{B}}}{R}\right) + 0.248\right\} + \frac{\hbar^2}{2M}\left(\frac{\pi}{R}\right)^2 \tag{6.31}$$

となる。右辺第 4 項は電子-正孔の運動エネルギー，右辺第 2 項はクーロン引力による補正を表し，粒子の大きさがエキシトンの大きさに近づくとバルクの数倍の大きさになる。

過去，CuCl や CdS に微粒子について微粒子のサイズとエキシトンのエネルギーの関係が調べられている[21]。CuCl 微粒子の場合にはボーア半径 a_{B} が 0.7 nm であり，数 nm 程度の微粒子の中ではエキシトンが全体に拡がり，閉じ込められて量子サイズ効果を受けていることがわかっている，また，CdS の微粒子では，ボーア半径 a_{B} が 2.9 nm であり，エキシトンは拡

がれずに電子，正孔の個別閉じ込めの状態になっていることが知られている。このような微粒子の中でエキシトンが素励起として表現できるかの判別基準として，エネルギーとともにその寿命の測定が重要である。エキシトンとして存在するためには十分長い寿命が必要である。これは，パルス光で励起した際に，電子-正孔対が再結合して発光する光の強度の減衰曲線から評価できる。また，発光スペクトルの線幅からも評価できる。前者は減衰時間τ，後者は半値全幅Γを測定するが，これらの間には，不確定性の関係$\tau\Gamma \sim \hbar$が成り立つ。微粒子の場合，スラブ結晶と同様にそのフォノンが量子化されるため，粒子のサイズが小さい場合には状態密度が十分離散的となり，このためエキシトンがフォノンに散乱される確率がバルクに比べて極端に減少する。したがって，エキシトンの線幅が0.1 meVを切るような極めて幅の狭い発光が観測される場合がある。このように，エキシトンは微粒子の中では寿命が長く，また，振動子強度の大きな発光が観察されることが多い。また，Rとa_Bとが数倍程度しか違わない，半導体量子ドットの場合（GaAs量子ドット等の場合），エキシトンとエキシトンの相関が強くなり，2個結合したエキシトンやそれ以上のエキシトンが結合した状態が安定になる。

微粒子，量子ドットにおいては，上述の量子サイズ効果や表面の割合が増大することによる様々な効果が見られる。半導体微粒子のサイズが小さくなるとともに，バンドギャップが増大し発光スペクトルの高エネルギーへのシフトが観測されるなど，サイズ制御による発光エネルギーの制御が可能である。また，振動子強度，寿命，コヒーレンスの増大など，ディスプレイ素子や量子コンピューターなどに向けた応用面でも魅力的な特徴が挙げられる。

表面はWannierエキシトンにとっては近寄りにくく，その大きさa_B程度の距離をおいて表面から離れている。一方，エキシトンのサイズが小さいFrenkelエキシトンの表面モードは分子性結晶などでよく観測される。Frenkelエキシトンはボーア半径a_Bが小さく，1分子の内部にエキシトンが形成される。よく知られた例では芳香族アントラセン分子などのエキシトンが挙げられる。これらの有機半導体分子の結晶の表面近傍では，表面第1層，第2層に閉じ込められたエキシトンはそれぞれの層に応じて異なったエネルギー（サイトエネルギー）をもつ。このサイト間のエネルギーの違いはサイト間の移動エネルギーに比べて大きいので，表面のエキシトンのエ

ネルギーはバルクのエキシトンのエネルギーとは異なってくる。アントラセンの反射スペクトルを測定すると，このような表面に局在したエキシトンはバルクのエキシトンに比べて高いエネルギーに現れることが報告されている[24]。この表面エキシトンのエネルギーは窒素やメタンの表面吸着により変化することが観測されている。同様な現象は同じアセン系分子であるテトラセンや，BiI_3 などの層状結晶や希ガス結晶の表面などでも観測されている。

引用・参考文献

[1] 宇野良清，津屋昇，森田章，山下次郎（訳）："キッテル固体物理学入門（上・下）"（丸善，1988）．
[2] M. Born and K. Huang: "Dynamical Theory of Crystal Lattices", (oxford university Press, 1954).
[3] R. F. Wallis: Lattice Dynamics of Crystal Surfaces, in "Progress in Surface Science", Vol 4, ed. by S.G. Davison, (Pergamon, 1974).
[4] 大島忠平："物理学最前線 30 表面フォノン"，（共立出版，1992）．
[5] H. Ibach and D.L. Mills: "Electron Energy Loss Spectroscopy and Surface Vibrations", (Academic Press, 1982).
[6] W. Kress and F. W. de Wette: "Surface Phonons", (Springer-Verlag, 1991).
[7] T. Nagao, Y. Iizuka, T. Shimazaki and C. Oshima: Phys. Rev. B **55**, 10064 (1997).
[8] C. Oshima, T. Aizawa, M. Wuttig, R. Souda, S. Otani and Y. Ishizawa: Phys. Rev. B **36**, 7510 (1987).
[9] A. Otto: Phys. Status Solidi **26**, K99 (1968); Z. Physik **216**, 398 (1968).
[10] P.J. Feibelman: Prog. Surf. Sci. **12**, 287 (1982).
[11] M. Rocca and U. Valbusa: Phys. Rev. Lett. **64**, 2398 (1990).
[12] J.-S. Kim J-S, L. Chen, L.L. Kesmodel, P. Garcia-Gonzalez and A. Liebsch: Phys. Rev. B **56**, R4402 (1997).
[13] 長尾忠昭：応用物理 **73**，1312 (2004).
[14] T. Nagao: "Chapter 9: Low-dimensional plasmons in atom sheets and atom chains", in Dynamics at Solid State Surfaces and Interfaces, Volume I, ed. by U. Bovensiepen, H. Petek, M. Wolf (Wiley VCH, 2010), pp.189-211.
[15] S.V. Silkin et al.: Phys. Rev. B **84**, 165416 (2011).
[16] T. Nagao, S. Yaginuma, T. Inaoka and T. Sakurai: Phys. Rev. Lett. **97**, 116802(2006).
[17] S. Tomonaga: Prog. Theor. Phys. **5**, 544(1950).
[18] H. A. Atwater: Sci. Am. **296**, 56(2007).
[19] T. Nagao et al.: Sci. Technol. Adv. Mater. **11**, 054506(2010).
[20] C. F. Klingshirn: "Semicnductor Optics", (Springer, 1997).

[21] R.S. Knox: "Theory of Excitons", (Academic press, 1963).
[22] Y. Kayanuma: Phys. Rev. B **38**, 09797 (2011).
[23] 小間篤 他（編）：表面物性工学ハンドブック 第二版，（丸善，2007）第 9 章.
[24] J.M. Turlet and M. R. Philpott: J. Chem. Phys. **62**, 4260 (1975).

第 7 章

非弾性トンネル分光

7.1 はじめに

　トンネル効果は，ナノスケールにおいて，粒子がその運動エネルギーよりも高いポテンシャル障壁を通り抜けて反対側に移る現象である．これは，粒子・波動の二重性によるもので，量子力学の本質的性質に由来する現象である．トンネル効果は，1920年代に尖った金属針に電界を印加して生じる電界イオン化や電界電子放出などで研究されて以来，顕微鏡技術として発展し，最近ではSTMなども加えて広く応用されている．また，表界面に発現するトンネル効果を応用することで様々なデバイスが可能となる．たとえば高濃度にドープされた半導体のpn接合を用いるエサキダイオードや金属絶縁体接合を用いるMIMトンネル素子などがよく知られており，高周波発振機，微小メモリ，レーザーなど広い分野で使用されている．このようなトンネル接合の簡単な例を図 **7.1** に示す．トンネル接合は通常二つの物質，つまり金属，半導体，超伝導体などと，それらの間に挟まれたナノスケール厚さのトンネル障壁からなる構造をしている．電子がトンネル移動する確率は障壁の厚さとともに急激に減少する．トンネル抵抗 R_T は障壁の厚さを d，障壁の高さを ϕ，電子の有効質量を m^* として

第 7 章執筆：長尾忠昭

7.1 はじめに

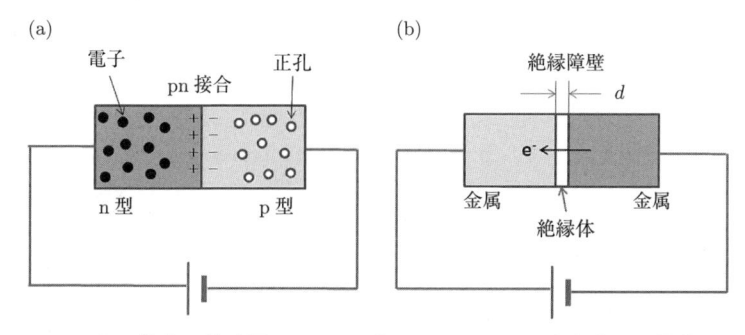

図 7.1 トンネル接合の模式図。(a) トンネルダイオード。高密度な不純物がドープされて，pn 接合近傍に空乏層による薄い障壁が形成されている。(b) 金属-絶縁体-金属接合によるトンネル障壁。両者とも障壁の厚さは数ナノメートルのオーダーである。

$$R_\mathrm{T} \propto \exp\left\{\frac{2d}{\hbar}\sqrt{2m*\phi}\right\} \tag{7.1}$$

となる。m^*，ϕ の値に対して，それぞれ自由電子の有効質量と 1 eV オーダーの値を用いると，たとえば d を 0.5 nm から 1 nm へと変化させるだけで，2 桁以上増大することになる。このため，トンネル障壁の厚さは 2, 3 nm 以下のものが多く用いられ，この現象を応用した固体デバイスはナノサイズのものとなる。たとえばトンネルダイオード（エサキダイオード）における pn 接合の場合には，不純物を高い濃度でドープすることにより薄い空乏層と急峻なポテンシャル障壁を形成しているが，この場合も 10 nm 程度以下の厚さとなっている。1 nm を切るようなトンネル障壁の場合は，構造制御技術もサブナノレベル，原子レベルの精度が望まれる。金属-半導体接合等の場合にはショットキー障壁がトンネル障壁となるが，この場合も電子のトンネル移動が起きるようにするためには，半導体のドープ量を高くして障壁の立ち上がりを急峻にする必要がある。また，ショットキー障壁がうまく形成できない材料の場合には，金属-半導体の間に絶縁体を挿入して障壁を実現した MOS 接合を用いることも可能であり，トンネル効果の実験によく使用される。走査型トンネル顕微鏡は，トンネル効果を応用したナノ計測技術であるが，プローブ探針と試料間のトンネルギャップはまさにこのオーダーとなっている。この場合も探針先端で空隙を介した局所的なトンネル接合（トンネルギャップ）が形成されている。

7.2 トンネル分光

トンネル電子の振る舞いをトンネル接合に印加するバイアス電圧の関数として調べる方法をトンネル分光 (tunneling spectroscopy) と呼ぶ。電流値などの測定を通して固体界面のバンド構造・エネルギー準位や素励起・準粒子のエネルギーなどについての知見を得ることができる。1950〜60 年代に開始されたトンネルダイオードやジョセフソン接合などの研究がよく知られており，フェルミレベル近傍の電子物性，フォノン，超伝導状態に関して精密な測定を可能とする手法として発展し用いられた[1-3]。また，走査型トンネル顕微鏡の探針-試料間のトンネルギャップを利用することで，空間分解された物性情報を得ることができ，近年，ナノサイエンス・材料科学における有力な計測手法となっている[4,5]。トンネル分光の例を，まずトンネルダイオードの pn 接合の例を取り上げて紹介する[1,2]。

トンネルダイオードのエネルギーダイアグラムは図 7.2(a)-(c) のように表される。色を付けた部分が電子によって満たされている準位である。p 側では正孔が高濃度にあり，このため価電子帯のあるレベル以上では電子がほとんどなくなった部分が存在する。一方，n 型では伝導帯のあるレベル以下に電子が密に詰まった状態ができている。ここで，このダイオードに，n 側に負のバイアス電圧 V_b を印加し，n 側のエネルギーレベルを高くする。(b) のように小さな V_b を印加した場合，n 側にある電子は p 側の空いた準位にトンネル移動が可能であり，電流が生じる。しかし，印加する V_b を大きくしていき (c) の状況を作ると，n 側の伝導帯の電子に対応するエネルギー準位は p 側のバンドギャップに入っているため，移動できる準位がなく，電流は流れなくなる。このため，電流値はバイアス電流とともに最初は増加し，その後は再び 0 になるはずである。この状況を I-V 曲線として測定したとすると，(d) のようなスペクトルが得られると予想される。しかし，実際の素子では，電流は完全には 0 にはならない。なぜならば，実際には①電子がエネルギーや運動量を変化させながらトンネルする過程が他にも存在するからであり，また，②電圧を上昇させるにつれて p 側と n 側のエネルギー差が縮まり，熱励起された伝導電子が n 側から p 側（右から左）へと，価電子帯の正孔が p 側から n 側（左から右）へとよじ登る確率が増すからである。このようにして，図 7.2(e) のようにスペクトルの傾き dI/dV が負

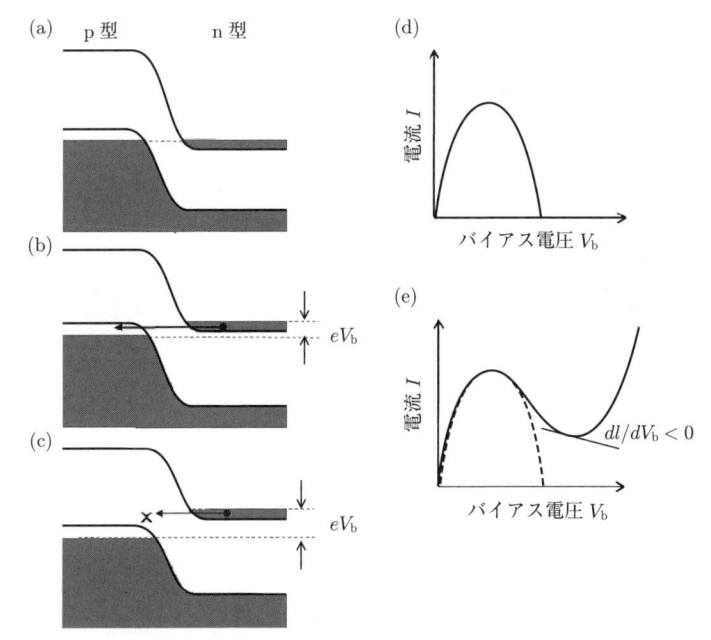

図 7.2 トンネルダイオードにおけるエネルギーダイアグラムと電圧-電圧 (I-V) 特性。(a) 電圧印加がないとき ($V_b = 0$)。(b) トンネル移動が起きる場合 (V_b が小)。(c) バンドギャップに入りトンネル移動が起きない場合 (V_b が大)。(d) 左のトンネル移動のメカニズムから予想される I-V 特性。(e) 実際の素子で観測される I-V 特性。直線部のように負性抵抗が現れる。

になり，負の微分抵抗が観測でき，そして再び dI/dV が正になり電流が再び増加する。障壁が障壁面に平行方向に平坦・スムースであると，トンネル移動に際してエネルギーだけでなく，運動量も保存されるためトンネルの条件が厳しくなる。しかし，完全に平坦な界面を製作することは難しく，実際にはナノレベルでの粗さや，不純物や欠陥が存在し，これらが運動量保存則を破ってくれ，トンネル移動のチャネルを増やし，その結果スペクトルのバックグランドやベースラインに反映される。

上述の①の「エネルギーを変化させながらトンネルする過程」には，たとえば pn 接合中のフォノンを励起しながらトンネルする場合がある。たとえば，図 **7.3**(a) のように，p 型領域ではバンドギャップ内に相当し，行き先のないエネルギーをもった n 領域の電子が，エネルギー $\hbar\omega$ のフォノンの励起によってエネルギーが減少することにより，行き先ができてトンネル移動が可能となる。逆バイアスの図 7.3(b) でも同様にフォノンを介してトン

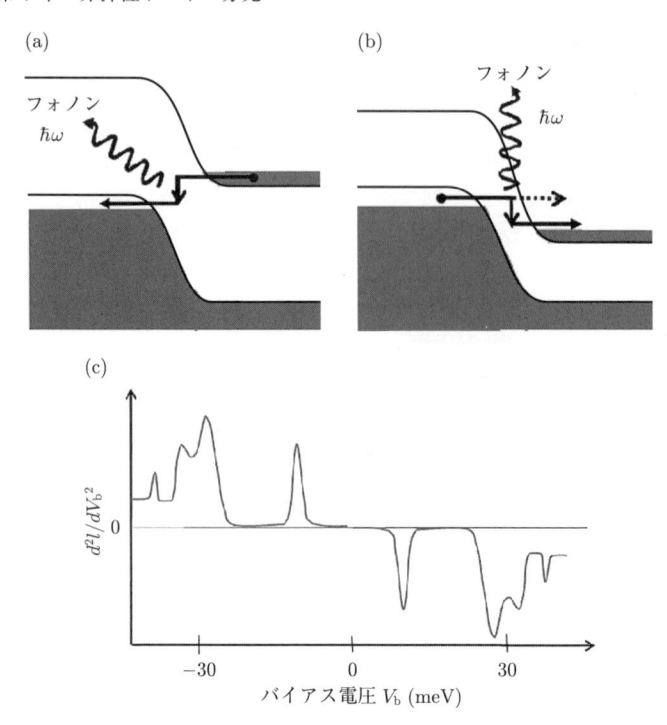

図 7.3 (a)(b) トンネルダイオードにおける，フォノンを介したトンネル移動。(c) Ge トンネルダイオードの 2 階微分トンネルスペクトルの例。フォノンピークの生じるメカニズムは 7.3 節の非弾性トンネルと類似している（図 7.5 参照）。

ネルする過程が可能である。(b) の場合はフォノンを励起しなくともトンネル移動が可能であるが，さらにバイアスの大きさが $\hbar\omega/e$ を超えると，フォノンを励起した後にトンネルする過程も新たなチャネルとして加わる。ただし，これには，エネルギー $\hbar\omega$ で電子がフォノンを励起したあとも，行き先に空の状態があることが必要である。伝導チャネルの増減の効果は I-V 特性曲線のスロープに反映され，その結果，微分コンダクタンス dI/dV_b が不連続に変化する。2 階微分 d^2I/dV_b^2 をとると，その効果がピークとして現れて，よりはっきりする。図 7.3(c) に Ge のトンネルダイオードのスペクトルを例として示す。30 meV 以下に現れるピークが Ge の音響フォノンに対応し，それ以上の振動エネルギーのピークが光学フォノンである。Ge は間接遷移型半導体であるが，トンネル移動の際にフォノンの吸収・放出が起きることで，本来は禁制の関係にある p 型と n 型の間での電子の波数（運動

量) の違いを埋め合わせ，新たなトンネル移動のチャネルを形成する．このようなフォノンの助けを借りたトンネル移動 (phonon-assisted tunneling) は，フォノンが基底状態にある液体 He 温度で明瞭に観測可能となる．

7.3 非弾性トンネル分光

前節の後半では pn 接合におけるフォノン介在型のトンネル移動の例を示した．ここでは，類似の，金属–絶縁体–金属接合 (MIM 接合) における不純物励起が介在したトンネル移動の例を示す．絶縁障壁の中に局所的な不純物が存在し，トンネル移動の際にその不純物の励起を伴う現象である．このトンネルは不純物を励起した後の電子のもつエネルギーが，トンネルする先の金属の空状態のエネルギーに一致すれば起こりうる．不純物の励起エネルギーが $\hbar\omega$ の場合，トンネルバイアスが $V_b = \hbar\omega/e$ に達すると，このトンネルプロセスによる新しいチャネルが開く．温度が十分低いときは，不純物は基底状態にあると考えられ，不純物の振動励起（電子エネルギーの損失）が生じるのみであり，電子が不純物からのエネルギーを吸収することはない．この現象は 1966 年に Jaklevic と Lambe により，アルミニウム–酸化アルミニウム–鉛によるトンネル接合を用いた実験で最初に報告されている[3]．トンネル接合の製作過程で酸化アルミニウムのトンネル障壁と金属との間にプロピオン酸 CH_3CH_2COOH や酢酸 CH_3COOH を吸着させ，2 階微分 d^2I/dV_b^2 のスペクトル中に O-H(0.45 eV) や C-H(0.38 eV) の振動エネルギーの非弾性トンネルピークを観測した．図 **7.4** にエネルギーダイアグラムを示す．バイアス電圧 V_b が正の場合，左から右側の空準位へと弾性トンネルが生じる．バイアス電圧が $\hbar\omega/e$ 以上となると，弾性トンネルに加えて振動励起可能なエネルギーをもった電子が右側にトンネルし，振動を励起してエネルギーが $\hbar\omega$ だけ低い空状態に移動する．バイアス電圧が $\hbar\omega/e$ となると，伝導のチャネルが増え，図 7.3 の場合と同様に 2 階微分 d^2I/dV_b^2 のスペクトルにピークが生じる (図 **7.5**)．このピークはバイアスの極性を変えても変化しない．この手法は非弾性トンネル分光 (inelastic tunneling spectroscopy) と呼ばれ，界面吸着分子の分子振動やフォノンを計測できる点で，6.2 節で述べた HREELS と似ており，発見・開発された時期もほとんど同じである．しかし，励起の生じるメカニズムは全く異な

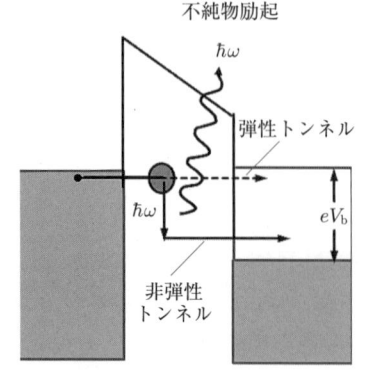

図 7.4 金属-絶縁体-金属トンネル接合における非弾性トンネル。絶縁障壁を真空ギャップに，金属電極を STM の探針に置き換えることで単一分子に対する非弾性トンネル分光が可能となる。

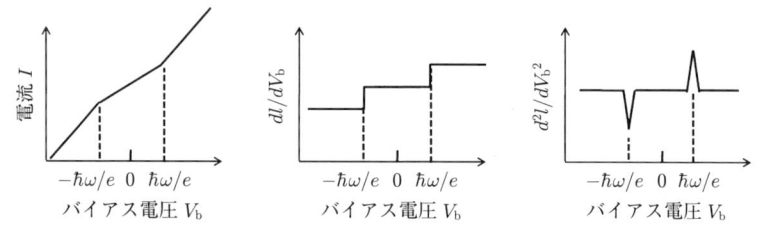

図 7.5 エネルギー $\hbar\omega$ の振動励起を伴う非弾性トンネルの I-V スペクトル，その 1 階微分と 2 階微分スペクトル。

る．HREELS においては長距離的な電磁気相互作用である双極子散乱機構により励起される．一方，非弾性トンネルにおいては，トンネル電子が励起する分子の共鳴準位にいったん入り，金属電極へと抜ける際に振動を励起する．これは，原子レベルの局所的な相互作用であり，HREELS や赤外分光のような手法と比べても，現象の生じる時間スケールや計測できる振動モードの対称性などが異なる．

この局所的である励起メカニズムを利用し，絶縁障壁を真空ギャップに，金属電極を走査型トンネル顕微鏡 (STM) の探針へと置き換えることで単一分子に対する非弾性トンネル分光が可能となる．STM による原子レベルの空間分解能と位置分解された振動分光とを組み合わせることで，個々の分子の吸着構造や化学結合状態に関する詳細な情報が得られる．この手法は，1998 年に HREELS の装置開発と振動分光の経験をもつ Ho らにより，液

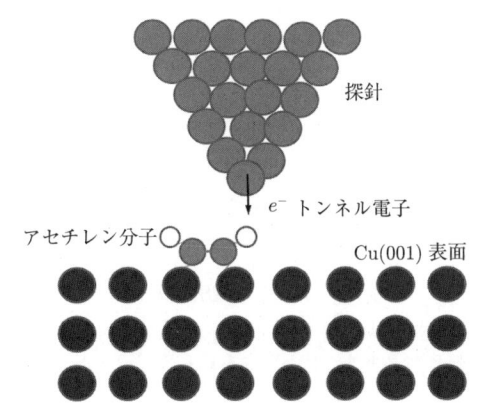

図 7.6 STM を用いた非弾性トンネル分光の模式図。Cu(001) 表面にアセチレン分子を吸着させ，振動スペクトルを測定。アセチレンは C=C 結合が表面に平行になるように吸着している。

体ヘリウム温度で動作する超高真空 STM 装置を用いて実証された[4]。この装置ではロックインアンプを用いた変調微分法により 2 階微分スペクトルを測定する。この方法により，自然減衰幅が 1 meV 以下の振動スペクトルでも精度の高い計測が可能である。ただし，ロックインアンプの時定数を大きくする必要があるため，一つのスペクトルの測定に数分程度必要である。この間，STM 探針の温度ドリフトにより，試料分子と探針との位置関係がずれないように，実験装置には高い安定性が必要とされる。

図 **7.6** は Cu(001) 表面に吸着したアセチレン分子 (C_2H_2) に対して STM を用いた非弾性トンネル分光の配置の模式図である。この系は C=C ボンドが表面に平行で Cu 原子に図のような位置関係で吸着することが知られている。図 **7.7** はこの実験で測定された振動スペクトルである。アセチレン分子の上に STM の探針を置き 2 階微分トンネルスペクトルを測定すると，358 meV 付近にピークが観測されることがわかる。これが分子振動のシグナルであることをチェックするために，アセチレンの水素原子を重水素で置換した場合 (C_2D_2) の測定も行われた。すると，今度は 266 meV 近傍にピークが現れた。この同位体シフトにより，観測したピークはアセチレン分子の振動モードであることが示唆されるが，実際 358 meV のエネルギーはよく知られたアセチレン分子の C-H 伸縮振動と一致する。アセチレンにはこの C-H 伸縮モード以外にも振動モードが存在するが，非弾性トンネルで

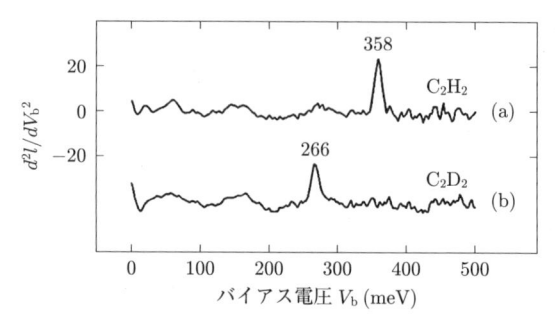

図 7.7 (a) STM を用いて非弾性トンネル分光により測定した Cu(001) 表面上のアセチレンの振動スペクトル。(b) 重水素化したアセチレン分子からの振動スペクトル。

観測できるのはこのモードのみである。

このようなトンネルスペクトルの測定を基板表面上の各点で行い，各振動モードに対応するピーク強度の 2 次元マッピングを得ることで分子振動の位置分解情報が得られる。これを応用すると表面に吸着した個々の分子が何であるかを化学的に同定することが可能となる。そのような結果を図 7.8 に示す[4]。C_2H_2 と C_2D_2 を Cu(001) 表面に同時に吸着させ，個々の分子の識別を，非弾性トンネル分光で行った例である。最初の図 7.8(a) は，表面上の二つの異なる分子を通常の STM モードで観測した結果である。C_2H_2 も C_2D_2 も区別なく，同様なイメージで観測されている（この STM の条件ではアセチレン分子は凹んで暗く見える）。次の図 7.8(b) は，C-H 振動エネルギーの 358 mV でシグナルを測定し，マッピングを取ったものである。ここでは，左側の一つの分子が観測できるが，これは C_2H_2 分子を見ていることになる。最後の図 7.8(c) は C-D の伸縮振動相当の 266 meV でシグナルを測定し，マッピングをとったものである。この場合は右側の分子のみが見えており，C_2D_2 を選択的に観測していることがわかる。このように，非弾性トンネルを用いた STM イメージングを行うことにより，分子種を振動分光学的に一つひとつ同定することが可能である。

つづいて，一つの分子中で特定の結合に着目してイメージングを行った例を示す[5]。図 7.9 はアセチレン分子の一つの H 原子を重水素 D で置換した C_2HD 分子に対する結果である。図 7.9(a) は STM のコンスタントカレント（定電流）モードのイメージであり，窪んだ dumb bell 型の細長いイメージが観測される。この細長い方向に対して垂直な方向が，C=C 結合の

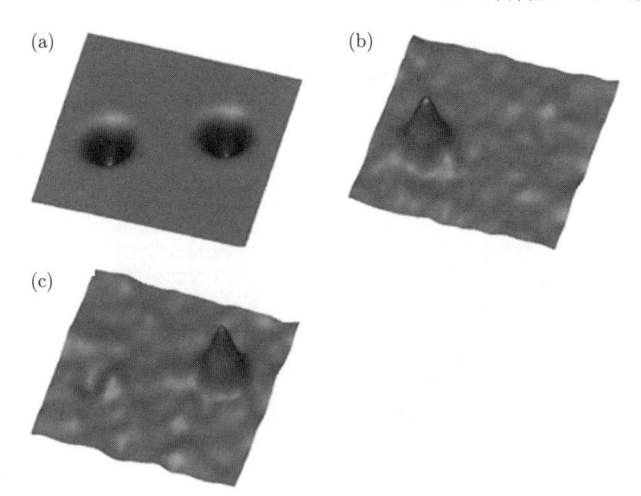

図 **7.8** Cu(001) 表面上に C_2H_2 と C_2D_2 を共吸着し，非弾性トンネル分光により化学識別した結果。(a) 通常の STM モードによる像。(b) C_2H_2 の像。(c) C_2D_2 の像。

方向である。図 7.9(b) は C-D 結合の伸縮振動に対応する 269 meV の振動エネルギーでマッピングを行った非弾性トンネル (d^2I/dV_b^2) イメージである。破線は図 7.9(a) の STM による暗い部分の輪郭を表したものであるが，(d^2I/dV_b^2) のイメージは分子の中心に対して非対象，つまり dumb bell 型の右側に現れており，C-D 結合を選択的に見ていることがわかる。一方，これに対して C-H 結合に対応する部分は dumb bell 型の左側となる。このような情報から分子内の H 原子と D 原子とが区別できる。H 原子と D 原子の高さを比較すると，D 原子の方が 0.006 Å だけ低いことがわかるが，これは D 原子に属する電子の波動関数が H 原子よりも空間的に若干縮んでいることなどが理由として考えられる。

ところで，振動を励起しながらマッピングを計測中に分子の向きが回転することがある。この回転の頻度は非弾性トンネルのシグナル強度に比例しており，またどの位置にトンネル電流を打ち込むかに依存している。メカニズムの詳細はここでは述べないが，これは表面ホッピングや回転において原子振動が重要な役割を果たしていることを示している。このようにして 180°回転した分子に対して，(d^2I/dV_b^2) イメージングを行うと，期待通り C-D 伸縮振動に対応する輝点の位置も追随して 180°回転する。これにより，輝点は探針や下地によるものではなく，単一分子の内部構造（ここでは C-D

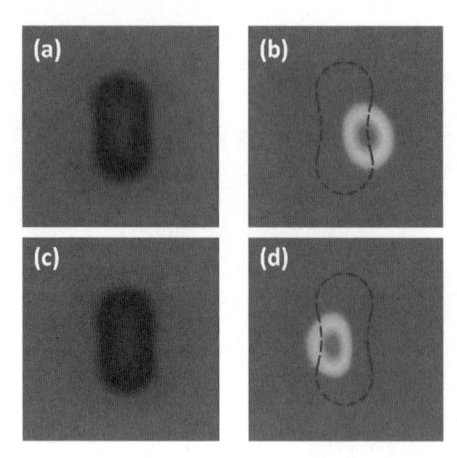

図 7.9 一つの分子の中で化学結合を識別しながらマッピングを行った例[5]。(a) C_2HD 分子の STM 像。(b) C-D 結合の伸縮振動対応する振動エネルギーでマッピングを取った像。(c) 同じ分子をトンネル電子で励起して 180° 回転させ，そのあとで観察した STM 像。(d) 回転後の分子の C-D 結合の振動に対するマッピング像。

結合部）に由来することが再確認できる。

以上の結果より，STM による非弾性トンネル分光を用いて，原子分解能で原子や化学結合の識別を行えることを紹介した。この手法は，光励起や原子マニピレーション等と組み合わせることで，材料科学における最も強力な分析手法の一つとしてさらに発展することが期待できる。たとえば，触媒反応などの微視的メカニズムの研究はもちろん，今後，一つの分子やタンパク質の内部で異なる官能器の空間識別などが可能となれば，生体分子の識別に至るまで応用が進むのではないかと考えられる[6]。

引用・参考文献

[1] D.C. Tsui: "Semiconductor Tunneling, Handbook on Semiconductores", Vol. 1, ed. by T. S. Moss, (North Holland).
[2] P.K. Hansma (ed.): "Tunneling Spectroscopy", (Plenum Press, 1982).
[3] R. C. Jaklevic and J. Lambe: Phys. Rev. Lett. **17**, 1139 (1966).
[4] B.C. Stipe, M.A. Razaei and W. Ho: Science **280**, 1732 (1998).
[5] B.C. Stipe, M.A. Razaei and W. Ho: Physical Review Letters **82**, 1732 (1999).
[6] Y. Sainoo, Y. Kim, T. Okawa, T. Komeda, H. Shigekawa and M. Kawai: Phys. Rev. Lett. **95**, 246102 (2005).

索　引

【欧字・数字】

2 次元水平力マップ……………37
2 次元電子ガス…………………98
2 次元摩擦力マップ……………27
4 端子プローブ法……………100
6 員環……………………………28
AFM………………………14, 165
α 鉄………………………………137
ARPES………………56, 67, 82
ATR……………………………232
BEEM…………………………126
Bohm-Gross の分散式………229
Brewster モード………………231
C_{60} 封入グラファイトフィルム……36
C_{60} 分子ベアリング……………38
Cassie の理論…………………186
CDW……………………………49
DIGS モデル…………………123
DM 相互作用……………134, 151
d バンド中心…………………191
Fano モード……………………231
FFM……………………………15
Frank-Van der Merwe 成長モード……8
Frenkel-Kontrova モデル………16
Frenkel エキシトン……………238
γ 鉄………………………………137
HREELS………………………216
Kramers 縮退……………………86
LEED…………………………144
MIGS モデル…………………122
MIM トンネル素子…………244
MSHG……………………146, 167
pn 接合………………………244
Rayleigh モード………………222
RHEED………………………146
RKKY 相互作用………………135
SFA……………………………14

Shuttleworth の方程式…………6
SMOKE……………………136, 165
Smoluckowski 効果……………94
SPEELS…………………143, 168
SPLEED…………………136, 166
SPM………………………14, 45, 133
SP-SPM……………………133, 164
SP-STM………………………138
SQUID…………………………141
SRPES……………………136, 166
STM……………………48, 84, 182
Stranski-Krastanov 成長モード……9
STS……………………………136
TE 波…………………………230
TM 波…………………………230
Tomlinson モデル………………16
Volmer-Weber 成長モード……9
Wannier エキシトン…………238
Wenzel の理論…………………185
Wulff プロット…………………10
XMCD 測定………………142, 167

【あ】

アモントン-クーロンの法則……15
安定平衡条件……………………19
暗電流…………………………121
アンモニア合成反応…………199
イオン結晶……………………174
移動度……………………………82
異方性溶解………………176, 183
エキシトン………………214, 238
エネルギー散逸…………………36
エネルギー分散関係………215, 216
エピタキシャル成長……………9
エピタキシャル超薄膜…………137
エントロピー項………………174
オーム性接触…………………119

【か】

会合反応 ································ 197
界面 ····································· 2
界面活性剤 ····························· 184
界面張力 ······························· 183
解離吸着 ······························· 196
化学吸着 ······························· 188
化学的安定性 ·························· 173
角度分解光電子分光 ············· 56, 82
火山型プロット ······················· 203
価電子帯 ································ 79
ガドリニウム ·························· 135
完全なぬれ ······························· 7
擬1次元金属的 ······················· 113
ギブス-デュエムの式 ·················· 2
ギブスの吸着式 ·························· 4
ギブスの分割面 ·························· 5
逆方向バイアス ······················· 117
キャリア密度 ··························· 82
吸着 ······························ 180, 197
吸着エネルギー ················ 191, 194
吸着熱 ································· 190
鏡像状態 ································ 77
キンク ································· 179
金属-絶縁体転移 ······················ 51
金属の溶解 ···························· 181
空間反転対称性 ························ 85
空乏層 ································· 107
クーロン孔 ···························· 91
グラファイト ··························· 14
グラフェン ····························· 88
原子間力顕微鏡 ························ 14
格子整合 ································ 32
格子不整合 ······························ 30
構造敏感 ······························· 204
高分解能電子エネルギー損失分光 ···· 216
コバルト薄膜 ·························· 139
コヒーレンス ··························· 50
固有角振動数 ·························· 214
近藤一重項 ···························· 161
近藤共鳴 ································ 62
近藤効果 ························· 60, 161

【さ】

最大静止摩擦力 ························ 37
サイドオン吸着状態 ·················· 201
酸化還元 ······························· 174
磁化ヒステリシス曲線 ·············· 140
磁化容易軸 ···························· 148
磁気光学カー効果 ···················· 165
磁気第二高調波発生 ·················· 167
仕事関数 ································ 91
磁性ワイヤ ···························· 156
磁壁 ······························ 151, 156
磁壁侵入 ······························· 159
ジャロシンスキー-守谷相互作用 ···· 134
順方向バイアス ······················· 118
準粒子 ································· 213
昇華エンタルピー ···················· 178
状態バンド ····························· 47
状態密度 ································ 80
ショックレー状態 ····················· 76
ショットキー-モット則 ············· 119
ショットキー極限 ·············· 98, 119
ショットキー障壁 ·············· 98, 117
ショットキー接触 ···················· 119
シランカップリング反応 ············ 187
真空準位 ································ 91
真実接触部 ····························· 16
親水性 ······················· 173, 183
水性ガスシフト反応 ·················· 205
水素終端シリコン ···················· 189
水平ループ ····························· 37
スティック・スリップ運動 ··········· 20
ステップ ······························· 179
ストーナ模型 ·························· 133
スピン軌道相互作用 ············ 64, 86
スピン波励起 ·························· 151
スピン分解光電子分光 ······· 136, 166
スピン偏極走査型トンネル顕微鏡 ···· 138
スピン偏極走査型プローブ顕微鏡 ···· 133, 164
スピン偏極低速電子回折 ······ 136, 166
スピン偏極電子エネルギー損失分光 · 143, 168

スラブ結晶 218, 220
整流現象 117
接触角 7, 183
接触電位差 97
全反射減衰法 232
双極子散乱機構 225, 250
走査型トンネル顕微鏡 84
走査型トンネル分光 136
走査型プローブ顕微鏡 14, 45, 133
層状物質 30
疎水性 173, 183
素励起 213

【た】

第一原理計算 205
第二高調波 146
脱離 197
多突起接触 30
タム状態 77
ダングリングボンド 79
弾道電子放射顕微鏡 126
チオール (SH) 基 188
チオール分子 189
力定数 221
蓄積層 96, 107
秩序-無秩序転移 52
超潤滑 30
超常磁性 158
超伝導量子干渉計 141
超薄膜結晶 218
低次元金属 44
低速電子回折 144
ディラックコーン 72, 88
ディラックフェルミオン 71
鉄薄膜 143, 150
デバイ長 107
デュプレの方程式 7
テラス 179
電界イオン化 244
電界効果 97, 108
電界電子放出 244
電荷密度波 49, 116
電子-格子結合 50

電子相関 57
伝導帯 79
透過型電子顕微鏡 37
動摩擦力 37
動力学行列 219
トポロジカル絶縁体 68
トポロジカル表面状態 77, 89
朝永-ラッティンジャー液体 63
ドルーデの式 81
トンネル効果 244
トンネル接合 244

【な】

ナノスケール摩擦 16
ナノドット 138, 158
ナノトライボロジー 12
ナノワイヤ 138
軟X線磁気円2色性測定 142, 167
ニッケル薄膜 148
ぬれ 6, 184
熱力学第一法則 1
ネルンストの式 175

【は】

バーディーン極限 98, 122
パイエルス転移 48, 116
パイエルス不安定性 48
ハイゼンベルグハミルトニアン 134
ハイゼンベルグ模型 133
薄膜成長 8
撥水性 186
バルク項 92
バルク状態 46, 79
バルクフォノン 215, 216
バルクプラズモン 227
反射高速電子回折 146
反転層 96, 107
バンドギャップ 52, 79
バンド分散 79
バンド湾曲 94
ヒステリシス 20
非弾性トンネル分光 249
微分コンダクタンス 248

標準電極電位··174
標準反応自由エネルギー·····················174
表面··2
表面粗さ··185
表面エキシトン·····································238
表面エネルギー······································178
表面エントロピー··5
表面応力···6
表面および界面の磁気モーメント·····141
表面拡散··197
表面過剰···3
表面共鳴··45
表面空間電荷層······································95
表面原子密度··176
表面項··91
表面再構成··180, 188, 195
表面磁気光学カー効果·····················136
表面磁性··132
表面修飾··187
表面状態···45, 75
表面状態伝導··································99, 110
表面状態バンド··78
表面相··2
表面張力·····························3, 178, 183, 184
表面フォノン···215
表面フォノン分光································216
表面プラズモン······························226, 227
表面プラズモンポラリトン·············229
頻度因子··200
ピン止め··96, 122
ファセット面·······························10, 198
フェルミ孔···91
フェルミ準位···91
フェルミ速度···80
フェルミ面··47
フォノン··214
フォノン分光··216
不確定性の関係·····································241
不完全なぬれ···7
付着仕事··7
フラーレン C_{60}······················35
プラズマ周波数····································228
プラズモン··································214, 227

フレーク探針···30
ブロッキング···158
分散関係··79
分子層···189
ヘリングボーン構造·························181
ヘルムホルツの自由エネルギー··········5
変位型相転移··51

【ま】

マイクロマシン··13
マグノン··214
マグノン励起···143
摩擦···12
摩擦係数··37
摩擦力顕微鏡···15
ミクロキネティクス·························211
ミスフィット転位·····························150
メニスカス···29
毛管力··29
モット絶縁体··57
モット転移···58

【や】

ヤング-デュプレの方程式······················7
ヤングの式······································7, 183
有効質量··80
有効ボーア半径····································240
横磁波モード···230
横電波モード···230

【ら】

ラシュバ効果····································64, 85
らせんスピン構造·····················134, 153
ラフニング転移···11
ラングミュア-ブロジェット膜········187
理想因子··125
リチャードソン定数·························120
粒子・波動の二重性·························244
量子サイズ効果····································240
量子スピンホール効果···············68, 70
臨界指数··135, 148
励起子···238
レドックス機構····································205

担当編集幹事

坂本 一之（さかもと かずゆき）

1994 年　大阪大学大学院基礎工学研究科修了
　　　　博士（理学）
現　在　千葉大学大学院融合科学研究科准教授
専　門　表面物理学，低次元物性

現代表面科学シリーズ 3 **表面物性** *Physical Properties at Surfaces* 2012 年 10 月 25 日　初版 1 刷発行	編　集　日本表面科学会　© 2012 発行者　南條光章 発行所　**共立出版株式会社** 　　　　東京都文京区小日向 4-6-19 　　　　電話　03-3947-2511（代表） 　　　　郵便番号　112-8700 　　　　振替口座　00110-2-57035 　　　　URL http://www.kyoritsu-pub.co.jp/ 印　刷　大日本法令印刷 製　本　協栄製本
検印廃止 NDC 428.4 ISBN 978-4-320-03371-9	社団法人 自然科学書協会 会員 Printed in Japan

JCOPY ＜(社)出版者著作権管理機構委託出版物＞

本書の無断複写は著作権法上での例外を除き禁じられています．複写される場合は，そのつど事前に，(社)出版者著作権管理機構（電話 03-3513-6969, FAX 03-3513-6979, e-mail: info@jcopy.or.jp）の許諾を得てください．

日本表面科学会 編集

現代表面科学シリーズ

全6巻

研究・開発の現場で活かせる
現代表面科学の体系を身に付ける！

今日の社会で大きな課題となっているエネルギー問題や環境問題を解決していくための新しい物質系や新技術の開発において，表面科学は無くてはならない基幹学問の一つになっている。2009年に設立30周年を迎えた日本表面科学会では，表面科学に親しみながら現代社会における役割を広く理解してもらうとともに，急速に発展してきた表面科学の最新の学問体系をわかりやすく学んでもらい，研究や開発の現場での実践に活かせるシリーズを刊行することを期して『現代表面科学シリーズ』を企画した。《編集委員会委員長：近藤　寛》

① 表面科学こと始め　開拓者たちのひらめきに学ぶ

担当編集幹事：久保田　純・・・272頁・定価3,675円

表面科学の開拓者が記した原典の解説とその研究にまつわるエピソードの紹介を通して，表面科学の学問としての誕生の様子と優れた研究が生まれる瞬間を紹介。

- 第1章　白熱電球開発に見る表面科学の原点
- 第2章　オージェ効果の証明と固体表面分析法への応用
- 第3章　X線光電子分光法の開発史
- 第4章　電子回折の発見と電子の波動性の証明
- 第5章　電子回折の実験に成功・・・・・・・・・他（全16章）

② 表面科学の基礎

担当編集幹事：板倉明子・・・・・・・・・・・・・・・・・・続　刊

大学・大学院，講習会等での教科書を意図して，表面科学の最新の学問体系を「表面科学の基礎」，「表面物性」，「表面新物質創製」の3巻で分り易く丁寧に解説。

- 第1章　表面の定義と現実の表面について
- 第2章　表面の構造
- 第3章　表面の電子状態
- 第4章　超高速ダイナミックス
- 第5章　表面の分析法／第6章　表面の計算科学

③ 表面物性

担当編集幹事：坂本一之・・・・・272頁・定価3,675円

大学・大学院，講習会等での教科書を意図して，表面科学の最新の学問体系を「表面科学の基礎」，「表面物性」，「表面新物質創製」の3巻で分り易く丁寧に解説。

- 第1章　力学物性／第2章　低次元物性
- 第3章　電子的・電気的特性
- 第4章　表面・ナノ構造磁性
- 第5章　化学的特性／第6章　表面の素励起
- 第7章　非弾性トンネル分光

④ 表面新物質創製

担当編集幹事：白石賢二・・・・・208頁・定価3,465円

表面制御や表面との相互作用を利用して「表面を舞台としたナノスケールの新物質の創製」に焦点を当て，ナノスケールの表面制御技術を分かり易く解説。

- 第1章　欠陥制御エピタキシャル成長技術による表面物質創製
- 第2章　走査型プローブ顕微鏡による表面物質創製
- 第3章　自己組織化によるナノワイヤ，ナノドット形成
- 第4章　表面を利用した炭素系ナノ材料の創製

⑤ ひとの暮らしと表面科学

担当編集幹事：犬飼潤治・・・・・250頁・定価3,465円

実生活の中で身近なトピックを切り口に「その背後に表面科学あり」という状況を解説し，そのトピックに関わる表面科学的アプローチのエッセンスを紹介。

- 第1章　人間と健康のための表面科学
- 第2章　宇宙と地球の表面科学
- 第3章　ものつくりのための表面科学
- 第4章　環境・エネルギーのための表面科学
- 第5章　次世代テクノロジーのための表面科学

⑥ 問題と解説で学ぶ表面科学

担当編集幹事：松井文彦・・・・・・・・・・・・・・・・・・続　刊

表面科学の考え方や実験・解析手法を実践で使えるように，重要な概念や実験・解析方法に関する多くの具体的事例を取り上げ，問題と解説により表面科学の理解を促す。

- 第1章　表面の構造
- 第2章　表面の電子状態
- 第3章　表面の機能・ダイナミクス
- 第4章　表面実験・工学の周辺

■各巻：A5判・並製本（税込価格）■　　共立出版　　http://www.kyoritsu-pub.co.jp/